無敵のバイオテクニカルシリーズ

イラストでみる
超基本バイオ実験ノート

ぜひ覚えておきたい分子生物学実験の準備と基本操作

著／田村隆明

羊土社

【注意事項】本書の情報について

　本書に記載されている内容は，発行時点における最新の情報に基づき，正確を期するよう，執筆者，監修・編者ならびに出版社はそれぞれ最善の努力を払っております．しかし科学・医学・医療の進歩により，定義や概念，技術の操作方法や診療の方針が変更となり，本書をご使用になる時点においては記載された内容が正確かつ完全ではなくなる場合がございます．また，本書に記載されている企業名や商品名，URL等の情報が予告なく変更される場合もございますのでご了承ください．

序

～生命科学の研究室に入室した諸君に，本書を贈る～

　夢とロマンを胸に研究室の門を叩いた若者にとって，実験室は新しい世界への入り口である．研究には「データを出してなんぼのもの」という現実的側面があり，まずはスマートな実験によって切れ味のよい結果を出そうと努力する日々を過ごすことになる．実験はプロトコールを決めて材料を用意し，一連の作業によって結果を出すプロセスである．プロセスが同じであれば常に一定の結果が出るはずであるが，初心者はなかなか先輩のようにうまくいかない．新人の誰もが経験する最初の壁である．実験のスキルは経験がモノを言うところがあるので，心配しなくても2～3年も経てば誰でも達者に実験をこなせるようになるが，スピードが勝負の時代，そんなに時間をかけていられないという事情がある．初心者を指導する上級生や教員が，早く手のかからないようになって欲しいと願うのは，いずこも同じようである．

　そんな悩みを解決してくれるお助けグッズに「実験キット」と，「プロトコール本」とよばれる実験解説書がある．特に後者は論文を読まなくとも実験ができるので，実に重宝する．ベテランになれば，手順のチェック程度にしか使わないプロトコール本だが，初心者はそれを見て実験をはじめる事も少なくない．しかしスイスイと実験できるように書かれているはずの説明文も，初心者にとってははじめてのことばかりで，概して作業がはかどらないものである．プロトコール本は「基本の操作と知識は会得済み」という暗黙の了解の上で書かれているのに，初心者にはその「常識」が身についていないことが原因である．先輩学生が心配することは実験の成否だけではない．「目を離したスキに変なことをしないか」，「研究室全体が痛手を被るような事故を起こさないか」などと，気の休まるときがない．ともかく，研究室活動の出だし部分をどう過ごすかは，教える側，教えられる側双方にとって，永遠の課題である．

　このような理由により，初学者が実験に入る前やプロトコール本に入る前に理解しておくべき事柄をまとめたベーシックな解説本が望まれるが，本書はそのような要求を受けてつくられた．本書は11章と付録から構成され，実験室で毎日行う事柄や基本的な機器使用法，実験の元になる基本操作や実験を安全に行うための必要事項，そして実験で汎用されるデータの数々など，生命科学実験や実験室で必要なことを幅広く解説している．主観に基づく記述をできるだけ避け，客観的基準やデータに基づいて作業基準や基礎技術を説明するように心掛けた．トピックスが多く，多少オムニバス風になっていることを危惧しつつも，どんなバイオ研究室にも通用し，必要とされる内容のかなりの部分を網羅できたのではないかと自負している．本書が，若手諸君のこれから進む研究の礎となるならば，書き手としてこれに勝る喜びはない．最後にあたり，とりとめのない原稿をこのようなすばらしい形に仕立てていただいた羊土社の中川　尚，秋本佳子の両氏に，心より感謝します．

椿花映る書斎にて　　2005年

田村隆明

無敵のバイオテクニカルシリーズ

超基本バイオ実験ノート
イラストでみる

第1章　実験をはじめる前に

1　実験を行う際の服装 ……………12
- 1-1　実験着 …………………………12
- 1-2　履物 ……………………………13
- 1-3　身なり …………………………13
- 1-4　特殊な実験室での注意 ………14
  1）クリーンルーム　2）低温室　3）遺伝子組換え実験室　4）動物実験室　5）RI実験室

2　実験台（ベンチ）の環境づくり …15

3　ベンチに備えておくもの ………17
- 3-1　文具類 …………………………17
- 3-2　シート，紙類 …………………17
- 3-3　チューブ，ラック，チップ，ピペット …………………………18
- 3-4　実験小物や道具 ………………19
- 3-5　小型機器 ………………………19
- 3-6　ゴミ箱 …………………………19

4　パソコンのセットアップ ………19

第2章　実験室のルーチン

1　実験室で使用する水 ……………21
- 1-1　水のグレード …………………21
- 1-2　水をつくる ……………………22
  1）イオン交換水　2）蒸留水（distilled water）　3）純水製造装置
- 1-3　水を貯える ……………………23

2　器具を洗浄する …………………24
- 2-1　器具を流しに出すときの注意 …24
- 2-2　洗剤 ……………………………25
- 2-3　すすぎ …………………………25
- 2-4　洗浄方法の使い分け …………26
  1）汚れのほとんどないもの　2）通常のよごれ　3）強固な汚れやブラシの使えない場合　4）超音波洗浄機
- 2-5　ガラスピペット ………………27
- 2-6　大腸菌専用器具 ………………28
- 2-7　RNA実験用器具 ………………28

3　器具を乾かす ……………………29
- 3-1　乾燥棚に器具を並べる ………29
- 3-2　電熱乾燥機 ……………………29
- 3-3　ピペット ………………………29

4　器具を収納する …………………30
- 4-1　一般器具 ………………………30
- 4-2　ガラスピペットと綿栓 ………31
- 4-3　小物類 …………………………31

第3章　保守と点検

1　冷却機器 …………………………32
- 1-1　冷蔵庫 …………………………32
- 1-2　冷凍庫 …………………………33
- 1-3　超低温槽 ………………………33
- 1-4　霜取り …………………………33

2　液体窒素 …………………………34
- 2-1　液体窒素保存 …………………34
- 2-2　保存容器の管理 ………………34

3　ドライアイス ……………………35

4　恒温水槽 …………………………36

5　オートクレーブ …………………37

6　乾燥箱「デシケーター」 …………37

7　廃棄物の処理 ……………………38

CONTENTS

   7-1　ゴミの分別 ……………………… 38
   7-2　大腸菌実験用ゴミ ……………… 39
   7-3　液状廃棄物 ……………………… 40
   7-4　粗大ゴミ ………………………… 40

8　クーラー/エアコン ……………………… 40

9　掃除 ……………………………………… 41

10　停電に対する備え ……………………… 41

11　電気器具の簡単な修理 ………………… 42

第4章　機械の取り扱い

1　天秤 ……………………………………… 44
   1-1　直視型電子天秤 ………………… 44
       1）種類　2）設置と保守　3）使用法
   1-2　一般のはかり …………………… 46
   1-3　重量用はかり …………………… 46

2　pHメーター ……………………………… 46
   2-1　水素イオン濃度とpH …………… 46
   2-2　pHメーターとpH測定 …………… 47
   2-3　保守 ……………………………… 48

3　分光光度計 ……………………………… 48
   3-1　吸光度 …………………………… 48
   3-2　分光光度計の構造 ……………… 49
   3-3　測定の実際 ……………………… 49

4　遠心分離機 ……………………………… 51
   4-1　重力加速度 ……………………… 51
   4-2　遠心機の種類 …………………… 52
       1）微量遠心機　2）低速遠心機　3）高速遠心機
   4-3　ローター ………………………… 52
   4-4　遠沈管に試料を入れる ………… 53
       1）バランスをとる　2）試料の漏れに対する注意
   4-5　運転 ……………………………… 55
       1）ローターのセット　2）加速と減速　3）運転

5　超遠心機 ………………………………… 55
   5-1　真空中での運転 ………………… 56
   5-2　安全システム …………………… 56
       1）ドライブ側の対応　2）過速度回転（オーバースピード）
   5-3　ローターと遠心チューブ ……… 57
   5-4　操作の実際 ……………………… 59
       1）チューブのセット　2）運転　3）試料の回収

6　電気泳動用電源 ………………………… 60
   6-1　パワーサプライの選択 ………… 60
   6-2　使用法 …………………………… 61

7　紫外線照射装置 ………………………… 61

8　真空発生装置 …………………………… 62
   8-1　種類 ……………………………… 62
       1）水流ポンプ　2）油回転ポンプ（真空ポンプ）　3）オイルレスポンプ　4）エアポンプ/コンプレッサー
   8-2　真空ラインの組み立て ………… 63
       1）アスピレーター　2）凍結乾燥機　3）トラップと乾燥剤　4）空気取り入れ口

9　超音波発振機 …………………………… 64
   9-1　機械の構造 ……………………… 64
   9-2　使用法 …………………………… 65

10　ガスバーナー …………………………… 65

11　ドラフトチャンバー …………………… 66

第5章　一般的な実験手技

1　汎用器具の取り扱い …………………… 67
   1-1　チューブ（試験管） …………… 67
       1）エッペンチューブ　2）2段プッシュロック式チューブ　3）ネジブタ式チューブ
   1-2　ピペッター ……………………… 68
       1）ゴムキャップ（スポイト）　2）安全ピペッター　3）電動ピペッター
   1-3　挟む器具 ………………………… 69
       1）ピンセット　2）鉗子

2　計量器 …………………………………… 69
   2-1　メスピペット …………………… 69
   2-2　メスシリンダー ………………… 70

- 3 ピペットマン ……………………… 71
  - 3-1 種類と構造 ……………………… 71
  - 3-2 チップ ……………………… 71
  - 3-3 使用法 ……………………… 71
  - 3-4 保守 ……………………… 73
- 4 基本操作 ……………………… 73
  - 4-1 溶かす/混ぜる ……………………… 73
    1）手で混ぜる　2）ボルテックスミキサー　3）スターラー　4）振盪器（シェーカー）　5）その他の器具
  - 4-2 液体の温度制御 ……………………… 75
    1）通常の方法　2）大容量の温度調節や迅速な温度調節
  - 4-3 液を除く ……………………… 75
    1）傾斜（デカンテーション）　2）スポイト/ピペットマン　3）アスピレーター
  - 4-4 ろ過 ……………………… 77
    1）ろ紙による自然ろ過　2）カラムを使う方法　3）ブッフナーロートによる吸引ろ過　4）ジャケット入りメンブレンフィルター
  - 4-5 分注する ……………………… 78
- 5 冷やす ……………………… 78
  - 5-1 氷冷 ……………………… 78
  - 5-2 凍結 ……………………… 79
- 6 熱をかける ……………………… 80
  - 6-1 温める ……………………… 80
  - 6-2 煮沸 ……………………… 80
  - 6-3 凍結試料の融解 ……………………… 81
- 7 水分調節 ……………………… 82
  - 7-1 器具の乾燥 ……………………… 82
  - 7-2 溶液の蒸発, 濃縮, 乾固 ……………………… 82
  - 7-3 凍結乾燥（lyophilization）……………………… 82
- 8 手袋 ……………………… 83
  - 8-1 実験操作用 ……………………… 83
  - 8-2 その他の手袋 ……………………… 84
- 9 器具の位置どり ……………………… 84
  - 9-1 水平・垂直とり ……………………… 84
  - 9-2 ラック組み ……………………… 85
  - 9-3 実験室用ジャッキ ……………………… 85
- 10 ホースの扱い ……………………… 85
- 11 ガラス細工 ……………………… 86
  1）角落とし　2）キャピラリー　3）コンラージ棒　4）沸石
- 12 試料の管理・移動 ……………………… 87
  - 12-1 整理と収納/凍結試料 ……………………… 87
  - 12-2 郵送する/海外への発送 ……………………… 88
  - 12-3 実験小動物の輸送 ……………………… 89

第6章　滅菌操作

- 1 滅菌 ……………………… 90
  - 1-1 滅菌とは ……………………… 90
  - 1-2 滅菌の種類 ……………………… 90
    1）熱によるもの　2）熱を使わない方法　3）薬品処理
  - 1-3 滅菌とRNase除去 ……………………… 91
- 2 フィルター滅菌 ……………………… 91
- 3 乾熱滅菌 ……………………… 92
- 4 火炎滅菌 ……………………… 92
- 5 オートクレーブ ……………………… 93
  - 5-1 構造と機能 ……………………… 93
  - 5-2 使用方法/器具の滅菌 ……………………… 94
  - 5-3 溶液の滅菌 ……………………… 94
  - 5-4 大腸菌培地の滅菌 ……………………… 96
    1）液体培地　2）寒天培地
  - 5-5 標準法以外の使い方 ……………………… 96
- 6 消毒/殺菌 ……………………… 97
  - 6-1 滅菌との違い ……………………… 97
  - 6-2 消毒薬 ……………………… 97
  - 6-3 殺菌灯 ……………………… 97
- 7 クリーンベンチ ……………………… 98
  - 7-1 構造 ……………………… 98
  - 7-2 使用 ……………………… 98
  - 7-3 無菌チェック ……………………… 98

CONTENTS

第7章　溶液をつくる

- **1　濃度について** …………………… 99
- **2　溶液作製の基本操作** …………… 100
  - 2-1　天秤と計量器 ………………… 100
    1）天秤　2）計量器
  - 2-2　粉末を正確にとる手技 ……… 100
    1）スパーテルを使う　2）スパーテルを使わない
  - 2-3　液体を正確にとる …………… 100
  - 2-4　器具に残った溶液の処理 …… 102
    1）共洗い　2）洗い込み
- **3　溶液の調製** ……………………… 102
  - 3-1　実験の精度と有効数字 ……… 102
  - 3-2　標準的な溶液作製法 ………… 103
    1）粉末試薬　2）液体試薬
  - 3-3　特殊なプロトコール ………… 105
    1）粘度の高い試薬　2）発熱する試薬　3）吸湿性試薬　4）ビンごと溶かす
  - 3-4　容器への移し入れから保存まで … 107
    1）保存容器の種類　2）滅菌　3）保存　4）ストック溶液と使用中溶液
  - 3-5　代表的溶液の調製法 ………… 108
- **4　バッファー** ……………………… 109
  - 4-1　水溶液のpH ………………… 109
  - 4-2　バッファー …………………… 109
  - 4-3　代表的バッファーの作製法 … 110
- **5　管理と廃棄** ……………………… 111
  - 5-1　保管 …………………………… 111
  - 5-2　廃棄 …………………………… 111

第8章　分子生物学実験の基礎

- **1　DNA実験** ……………………… 112
  - 1-1　DNA …………………………… 112
    1）一般的性質　2）安定性
  - 1-2　検出 …………………………… 113
    1）定量と純度　2）エチジウムブロマイド
  - 1-3　沈殿/濃縮法 ………………… 114
    1）エタノール沈殿　2）その他の沈殿法　3）減圧濃縮や有機溶媒による濃縮
  - 1-4　精製 …………………………… 116
    1）タンパク質の分解とDNAからの解離　2）フェノール抽出　3）低分子除去　4）DEAEセルロースによる精製　5）有機溶媒の除去
- **2　オリゴヌクレオチド** …………… 119
  - 2-1　注文する ……………………… 119
  - 2-2　プライマーの設計とTm …… 119
  - 2-3　PCR …………………………… 119
- **3　RNA実験の指針** ……………… 120
- **4　タンパク質実験** ………………… 121
  - 4-1　タンパク質の取り扱い ……… 121
  - 4-2　低分子除去/脱塩 …………… 121
  - 4-3　濃縮 …………………………… 121
- **5　酵素反応を確実に進めるコツ** … 122
- **6　コンピュータの活用** …………… 123
  - 6-1　市販の解析ソフトを使う …… 123
  - 6-2　インターネットを利用する … 123

第9章　大腸菌実験

- **1　大腸菌** …………………………… 124
  - 1-1　大腸菌とは …………………… 124
  - 1-2　増殖 …………………………… 125
  - 1-3　培地 …………………………… 125
  - 1-4　滅菌と殺菌 …………………… 126
- **2　培地の作製と保存** ……………… 126
  - 2-1　大腸菌実験と生化学実験との厳密さの違い ……………………… 126
  - 2-2　液体培地と培養器具 ………… 126
  - 2-3　寒天培地とプレートの作製 … 127
- **3　培地と一緒にオートクレーブしないもの** …………………………… 128
  - 3-1　別途添加 ……………………… 128
  - 3-2　抗生物質 ……………………… 129

  3-3　カラーセレクション（ブルーホワイトアッセイ）用試薬 …………130
4　植菌器具 ………………………130
  4-1　白金耳／白金線 ……………130
  4-2　楊枝／竹串／チップ ………131
5　培養の実際 ……………………132
  5-1　液体培養と振盪器 …………132
  5-2　プレートによる培養 …………133
6　液体培養からの集菌 …………135
7　菌株の保存 ……………………135
  7-1　室温保存 ……………………135
  7-2　プレートのままの保存 ………135
  7-3　グリセロールストック ………135
  7-4　その他の方法 ………………136

第10章　ラジオアイソトープ実験

1　ラジオアイソトープ（放射性同位元素）と放射能 ………………137
  1-1　核種と崩壊 …………………137
  1-2　放射線の種類 ………………138
  1-3　半減期 ………………………138
  1-4　エネルギーと飛程 …………138
  1-5　放射線の性質 ………………139
2　RI実験の基礎 …………………139
  2-1　RIを使用する理由 …………139
  2-2　バイオ実験で使用される核種 …140
  2-3　標識（ラベル）法 …………141
  2-4　RI製品の規格 ………………142
3　RI実験における手続きと決まりごと ………………………………143
  3-1　RI取り扱い作業の管理 ……143
  3-2　RI実験室の利用基準 ………143
    1）入室時　2）実験中　3）退出時　4）線源の管理

4　被ばく …………………………145
  4-1　被ばくとその防護 …………145
    1）内部被ばく　2）外部被ばく
  4-2　人体への影響 ………………146
5　RI実験の実際 …………………147
  5-1　実験室の整備 ………………147
  5-2　RI実験の一般的注意 ………148
  5-3　^{32}Pを使う実験 ……………148
  5-4　ヨウ素を使う実験 …………149
6　RIの測定と検出 ………………150
  6-1　液体シンチレーションカウンター（液シン） ……………………150
  6-2　チェレンコフ光 ……………150
  6-3　GM計数管 …………………151
  6-4　γカウンター ………………151
  6-5　オートラジオグラフィー …151
7　実験終了後の作業 ……………151
  7-1　廃棄物の処理 ………………151
  7-2　RI汚染とその対策 …………151
    1）汚染原因と汚染チェック　2）除染

第11章　実験を安全に行うために

1　注意を要する化学物質 ………153
  1-1　毒物・劇物 …………………153
  1-2　危険物 ………………………153
  1-3　環境汚染物質 ………………154
    1）発癌性物質　2）水質汚染物質　3）悪臭物質
  1-4　高圧ガス ……………………155
    1）高圧ガス　2）液化ガス
  1-5　寒剤 …………………………156
  1-6　ガス中毒，ガス爆発 ………156
2　取り扱いに注意すべき天然物由来化合物 ………………………………156
3　研究設備と操作に関する注意 …156

CONTENTS

- 3-1 オートクレーブ ……………… 156
- 3-2 遠心機 ……………………… 156
- 3-3 加熱と冷却 …………………… 157
- 3-4 電気に関する事柄 …………… 157
- 3-5 ガラス器具 …………………… 158

4 廃棄物処理
- 4-1 薬品 …………………………… 158
- 4-2 生物廃棄物 …………………… 159
- 4-3 危険な廃棄物 ………………… 159

5 安全対策
- 5-1 地震 …………………………… 159
- 5-2 火災 …………………………… 160
- 5-3 換気 …………………………… 161
- 5-4 水のトラブル ………………… 161

6 バイオハザード対応
- 6-1 遺伝子組換え実験 …………… 161
- 6-2 病原微生物やその他の生物材料 … 162

7 応急措置 …………………………… 162
- 7-1 化学物質による中毒 ………… 162
- 7-2 やけど，出血，蘇生法 ……… 163

付録
バイオ実験に役立つ必須情報

1 物理化学データ ……………… 164
❶ 元素周期表と原子量 ❷ SI単位と基本物理定数 ❸ 主な水溶性試薬の分子量 ❹ 主な水溶性試薬（市販品）のモル濃度

2 試薬と溶液 …………………… 166
❶ バッファー ❷ 硫安（硫酸アンモニウム）溶液 ❸ ショ糖溶液の各種パラメーター ❹ 塩化セシウム溶液の各種パラメーター

3 反応 ……………………………… 169
❶ 酵素反応液 ❷ 代表的制限酵素の反応に使用されるユニバーサルバッファー（反応液）❸ 認識配列による制限酵素の分類 ❹ 安定化剤 ❺ 界面活性剤 ❻ プロテアーゼインヒビター

4 タンパク質と核酸 …………… 173
❶ 遺伝コード ❷ タンパク質をつくるアミノ酸の名称と性質 ❸ 紫外線吸収とタンパク質濃度 ❹ 核酸とタンパク質の換算式 ❺ ヌクレオチドデータ

5 実験操作に関するデータ …… 175
❶ 遠心力（重力加速度）を求める ❷ オートクレーブの圧力と温度 ❸ ゲル濾過担体の性能 ❹ プラスミド調製用アルカリ溶解法

6 電気泳動 ……………………… 177
❶ アガロースゲルによるDNAの分離 ❷ ポリアクリルアミドゲルによるDNAの分離 ❸ SDS-PAGEによるタンパク質の分離

7 大腸菌実験 …………………… 179
❶ よく使われる大腸菌株 ❷ 主な大腸菌のクローニングプラスミド ❸ 抗生物質 ❹ マスタープレート用台紙 ❺ 大腸菌培地の組成

8 その他 ………………………… 181
❶ 生物に関するデータ ❷ 各種プラスチックの性質 ❸ 有用URL

索引 ……………………………… 183

無敵のバイオテクニカルシリーズ 一覧

無敵のバイオテクニカルシリーズは,実験のイロハからよくわかる実験・研究入門書です!

研究室に入ってまず最初に読む本

イラストでみる 超基本バイオ実験ノート
実験の準備から機器の使用法,安全操作,試薬調製,基本操作まで,バイオ実験に必須な基礎技術を網羅した入門書

バイオ研究 はじめの一歩
研究を行うための方針,方法の考え方,技術の初歩,研究成果の発表方法,研究室のルールなど,研究の心構えと基礎知識が満載

↓ 基本が一通りわかったら…

実験の基本やコツを身に付けよう

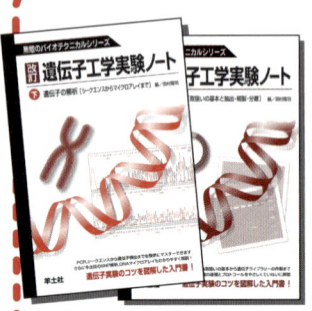
遺伝子工学実験ノート（上・下巻）

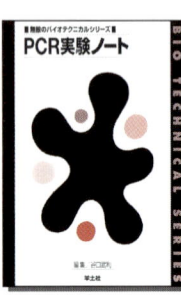
PCR実験ノート

分子生物学実験カード

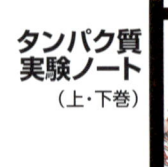
タンパク質実験ノート（上・下巻）

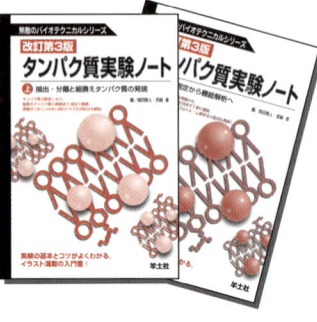
バイオ実験の進めかた

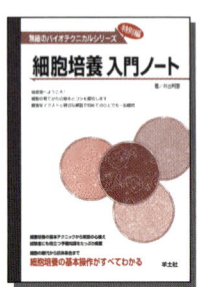
細胞培養入門ノート

↓ さらに研究を発展させるために…

エキスパートとしての技術と知識を磨こう

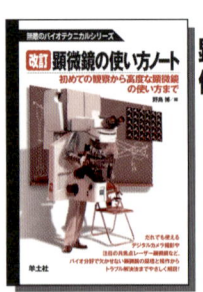
顕微鏡の使い方ノート

脳・神経研究の進めかた

タンパク実験の進めかた

↓

これであなたもプロの研究者

無敵のバイオテクニカルシリーズ

超 イラストでみる 基本バイオ実験ノート

ぜひ覚えておきたい分子生物学実験の準備と基本操作

著／田村隆明

第1章

実験をはじめる前に

実験を行うときの服装を整え，実験台を整理整頓し，実験器具をもれなく備えていかに実験の効率をあげるかは，最初に考えなくてはならないことである．本章ではまずこの点について述べる．

1 実験を行う際の服装

実験するときの服装は，以下の点を規準にする．
①実験によって自身が汚染しない
②実験者自身が実験室を汚染しない
③動きやすく，安全が確保できる

実験では通常の生活にない種々の試薬，試料，材料を用いるため，作業によっては体や衣服が汚染されることはある程度避けられない．また，実験室の中には衣服や体を激しく汚損させるもの（現像液，強酸，強アルカリ，染色液など）も多く，なかには健康に悪影響を与えかねない試薬（毒物・劇物など）もあり，場合によっては病原体のようなものを扱うかもしれない．「実験すれば汚れが付く」ということを，まずは念頭に入れる必要がある．またこれとは別に，実験者自身が汚れを実験室にもち込むこともある．人為的に研究室の環境が崩れ，実験試料に悪影響が及ぶことは避けなくてはならない．最後に，どのような作業でも同じであるが，疲れにくく，動きやすく，安全を確保できる服装をしなくてはならない．実験室には遠心機やオートクレーブのような危険な機器も多く，衣服などが機器に引っ掛かったり，足元が不安定にならないよう，安全に心掛ける．以下に，服装と身なりに関する具体的な注意点を述べる．

1-1 実験着

衣服は袖や裾が必要以上に広がらず，自由な動きのできるものであれば何でも構わないが，上記の①や②を考慮し，衣服を包む実験着を着用することが多い．バイオ実験の場合の実験着は，膝までの丈をもつ「白衣」が一般的である（図1-1）．白い色は清潔感を表現しているだけではなく，「汚れ」が一目でわかるという自衛の意味もあり，特に医療現場では重要である．素材はいろいろあるが，綿100％のものは耐薬品性が低く，腐食性試薬により破れやすい[a]．

[a] 薄い試薬でも，水分の蒸発により濃縮されるため，後で穴が開いていることに気付くことがある．

簡単で短時間な作業の場合では白衣を着ないこともあるが，上記①や②が予想される作

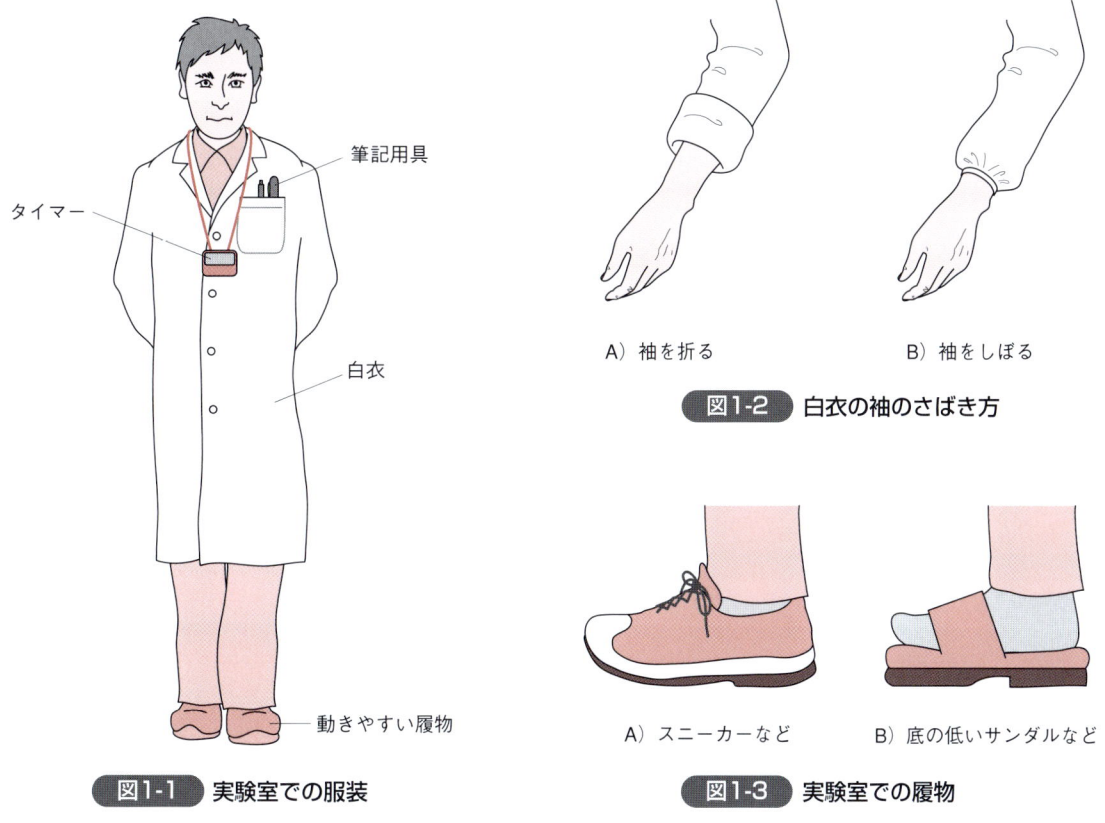

図1-1 実験室での服装

図1-2 白衣の袖のさばき方

図1-3 実験室での履物

業ではできるだけ着用するようにする．白衣の袖口は付属のひもでしぼるか，少し折り返す（図1-2）．こうすることにより，袖が実験試料や機器に触れるのを防ぎ，また手袋の装着が容易になる．

 白衣を着たまま研究室外に出たり，食事したりすることは好ましいことではない．医療現場で使用した白衣を着たまま，不特定多数が集まる場所で食事をするなどは言語道断．

1-2 履物

動きやすいもので，清浄なものであれば何でもよい．スニーカーやサンダルを使用する（図1-3）．かかと（ヒール）の高いものは履かない．実験室の汚れる主たる原因が靴に付いてもち込まれる泥などの汚れであるため，実験室スペース，あるいは研究室エリアに入るときには履物を替えることが望ましい．

1-3 身なり

長い髪は実験操作を煩わしくするのみならず，ガスバーナーの火が移るなどの事故を招くため，髪は束ねてゴムやピンなどでまとめる（図1-4）．エッペンドルフチューブ（以下，エッペンもしくはエッペンチューブとする）を指で開けたりするような細かな作業が多いので，爪は伸ばし過ぎず，清潔にする．実験中は匂いの強い香粧品は使用しない．周囲に迷惑が及ぶ以外にも，実験中に発生する匂い（ガスもれ，試薬，物が燃える臭いなど）に鈍感になり，事故につながりかねない．

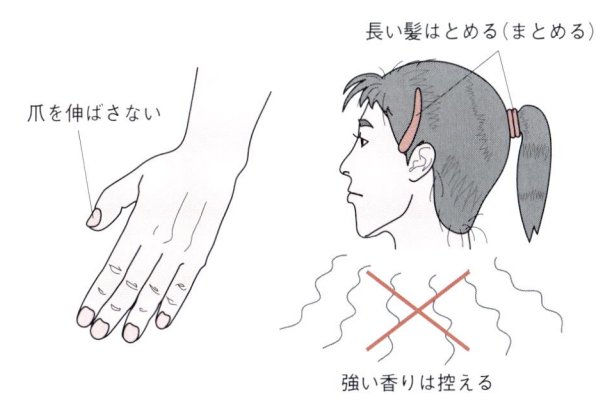

図1-4 身だしなみに関する注意

1-4 特殊な実験室での注意

1）クリーンルーム

バイオ実験で最も清潔を保つ必要のあるエリアで，通常の研究では組織培養室がこれに相当する．殺菌灯で消毒したり，HEPAフィルター（微生物をろ過できる高性能フィルター）を通した空気を供給する研究室もある．プロテインシークエンサーや電子顕微鏡が設置されている実験室も，清浄な環境が要求される．このような部屋に入る場合は履物を専用のものに変えるのが望ましい[b]．

[b] このような部屋に機械やガスボンベなどをもち込む場合も，汚れがある場合はきれいにしてから搬入する．恒温水槽なども，水を長期間溜めておくと腐るので，こまめに交換する．

2）低温室

バイオ実験室に特徴的な2〜4℃に設定された実験室．短時間の作業であれば通常の服装でもよいが，長時間連続して作業をする場合は防寒具を着用する．防寒具を低温室のドア付近にかけておくと便利（図1-5）．

図1-5　低温室で作業するときの備え

3）遺伝子組換え実験室（11章参照）

P1〜P2実験室であれば通常の実験着で問題ないが，P3実験室の中の施設に入る場合は，前室で専用の実験着や履物に変えなくてはならない．

4）動物実験室

動物実験室（飼育室も含む）では特に前述の①と②に留意する．通常飼育（conventional）の動物室であっても，内部に病原体などをもち込まないよう，遺伝子組換え実験P2レベルの注意で出入りする．中に入るときは消毒薬で手を消毒する．体調が悪かったり感染症の疑いがある場合は，立ち入りを自粛する．衣服や履物を替えるのはもちろんであるが，使い捨てのマスクや帽子を着用するなどして，自身と動物の保護に留意する（図1-6）．SPF動物（specific pathogen free animal）を飼育している部屋に入るときには，上の規準を厳密に守り，さらに前室で衣服を全部交換し，エアシャワーで清浄状態をさらに高める．事前にシャワーを浴びることを要求する研究室もある．

5）RI実験室

法令に基づいて専用の実験着とスリッパを着用する（10章参照）．

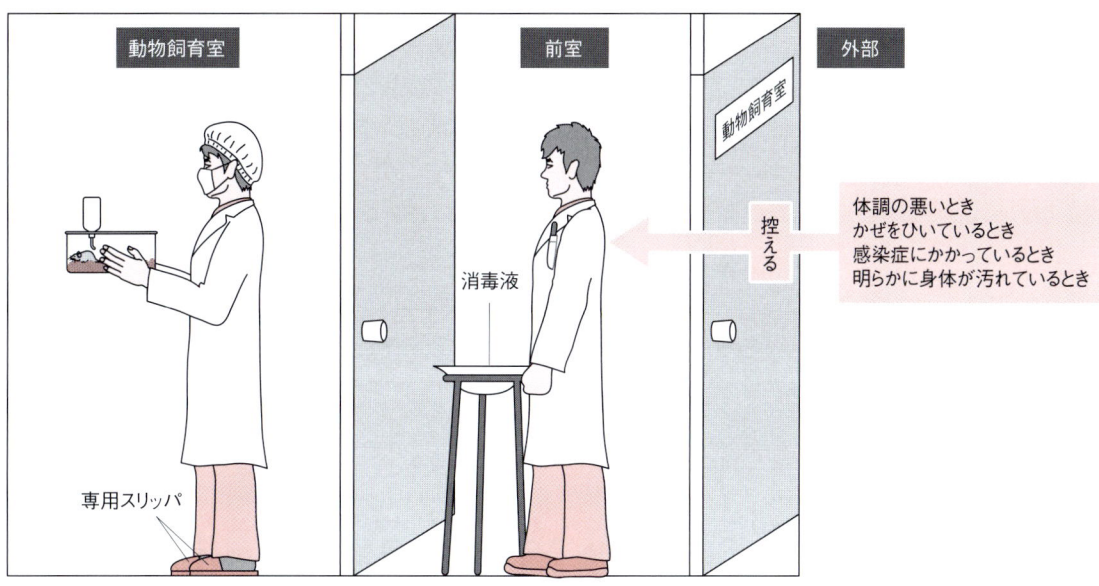

図1-6 通常レベルの動物飼育室へ出入りする場合に励行すること
前室に入ったら手指を消毒し，専用の履物にはき替え，マスク，帽子（使い捨てのもの）を着用し，実験着も替える

2　実験台（ベンチ）の環境づくり

　実験台（ベンチ）をいかに整備し，使いやすくするかは実験の効率に大きく影響するのみならず，実験の成否にもかかわる．以下にそれらに関する具体的な解説を記す．多くの研究室では，初心者が広いスペースを与えられることは少なく，まずは限られたベンチスペースをいかに広く使うかを考える．ベンチスペースとしてはベンチの上，試薬棚，引き出し，そしてベンチサイドを指すが，この位置に本類やノート類，小型機具や小物類，そして試薬を置き，かつ取りやすさと使いやすさに留意して並べる（表1-1，図1-7）．
　実験をはじめる前にはベンチスペースを水やアルコールでふき，まず清浄な環境をつく

文具類	筆記用具，油性フェルトペン（細〜太）ハサミ，定規，セロハンテープ
テープ類	色付紙テープ，色付ビニールテープ
シート類	サランラップ，アルミホイル，パラフィルム
紙類	キムワイプ，キムタオル，ペーパータオル
分注にかかわるもの	エッペン，エッペンラック，ピペットマンラック，チップ，ピペッター
チューブ	15 ml，50 ml コニカルチューブ 4 ml，14 ml プッシュロック式チューブ
ピペット	5〜20 ml メスピペット，パスツールピペット
小型機器・道具	ボルテックスミキサー，マイクロ遠心機，電動ピペッター
小物類	安全ピペッター，スポイト，タイマー，ピンセット
その他	ディスポ手袋，カッター（メス），マスク，pH試験紙，ゴミ箱

表1-1 ベンチやその近くに備えておくもの

る（図1-8）．操作によってベンチが汚れる可能性のある場合や，メンブレンなど，清浄なものを広げる場合は，ベンチ上に必要に応じてアルミホイルやプラスチックラップ，あるいは大型のろ紙（ワットマンの3MMやアドバンテックのNo.1）を敷く（図1-8）．

　椅子は腰かけタイプのものが望ましく，腰かけの高さは，座ったときにベンチの高さと肘の高さが同じくらいになるように調整する．背もたれに体重をかけ，のけ反った体勢で

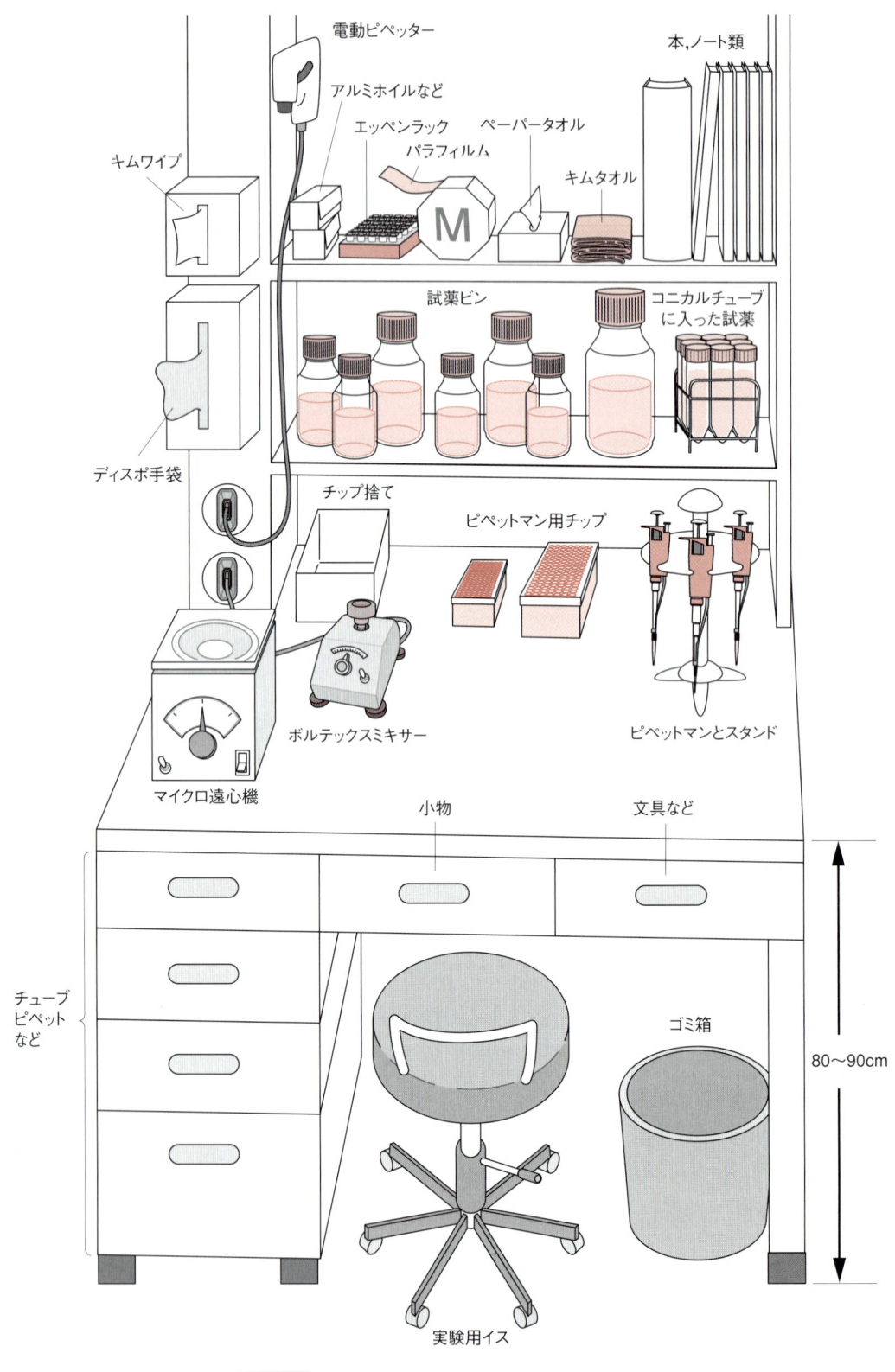

図1-7　標準的な実験机（ベンチ）まわり

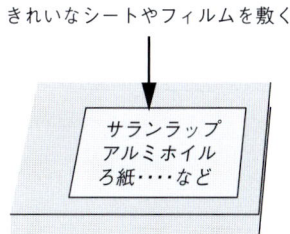

図1-8 ベンチスペースを清浄にする方法

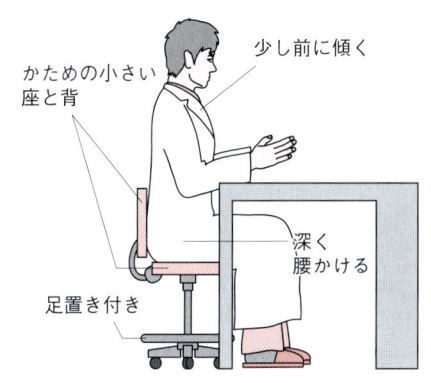
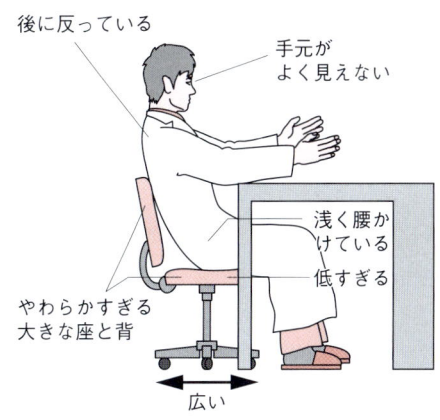

図1-9 ベンチで作業するときの姿勢とイスの選択
ゆったりとくつろげるオフィス用のイスは実験には向いていない

座って作業する新人をよくみかけるが，あまりよくない．実験するときは，体が少し前かがみになる体勢で作業するようにする．このため，座る部分や背もたれが大きくクッションの柔らかい椅子は実験には向かない（図1-9）．

3 ベンチに備えておくもの

3-1 文具類

筆記用具〔ボールペンや鉛筆，油性のフェルトペン（中太と極細）〕，ハサミ，定規，テープを常備する．器具やチューブにマークする場合は，消えてしまうことを防ぐため，油性ペンを使用する．場合によっては書いた字が消えないように，字の上からセロハンテープを貼ったり（図1-10），試料の区別をつけるために色付テープ（ビニールテープや紙テープ）を使ったりするので，それらを用意するのもよい．

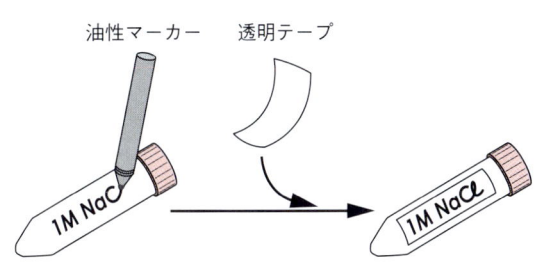

図1-10 マーカーで書いた文字を消えにくくする方法

3-2 シート，紙類

シート類にはプラスチックラップ（サランラップなど），アルミホイル，ろ紙などがある．包んだり，覆ったり，まとめたり，遮光したり，あるいは清浄な場所を確保したり汚

れを広げないなどの，さまざまな目的に使われる（図1-8）．紙は実験の必需品である．単に汚れを吸い取るのであればティッシュペーパーでよいが，紙の繊維が残らないようにして液や汚れをふき取るときには，専用のワイパー（キムワイプなど）を用いる．大量の水分を吸い取るためには厚手のペーパータオル（キムタオルなど）を使用し，手をふくだけであれば通常の紙タオル（ティッシュタイプやロールタイプがある）を使用する．これらのもののなかで特に使用頻度の高いものをベンチのそばに常備する[c]．

[c] キムワイプの箱は丈夫なので，ベンチ上の棚にフックを付け，そこに箱を差し込んで吊るしておくと，中の紙を取りやすい（図1-7）．

パラフィンがコートされた半透明で伸縮性のあるフィルム（パラフィルムなど）は，容器にフタをしたり，あるいはフタをさらにシールしたりするときに使用されるが，それ以外にも，液体をのせて微量チューブのように使用したり，四方をシールし，袋としても用いられる（図1-11）．シートではないが，プラスチック製のディスポ手袋も実験によっては必須であり，備えておく．

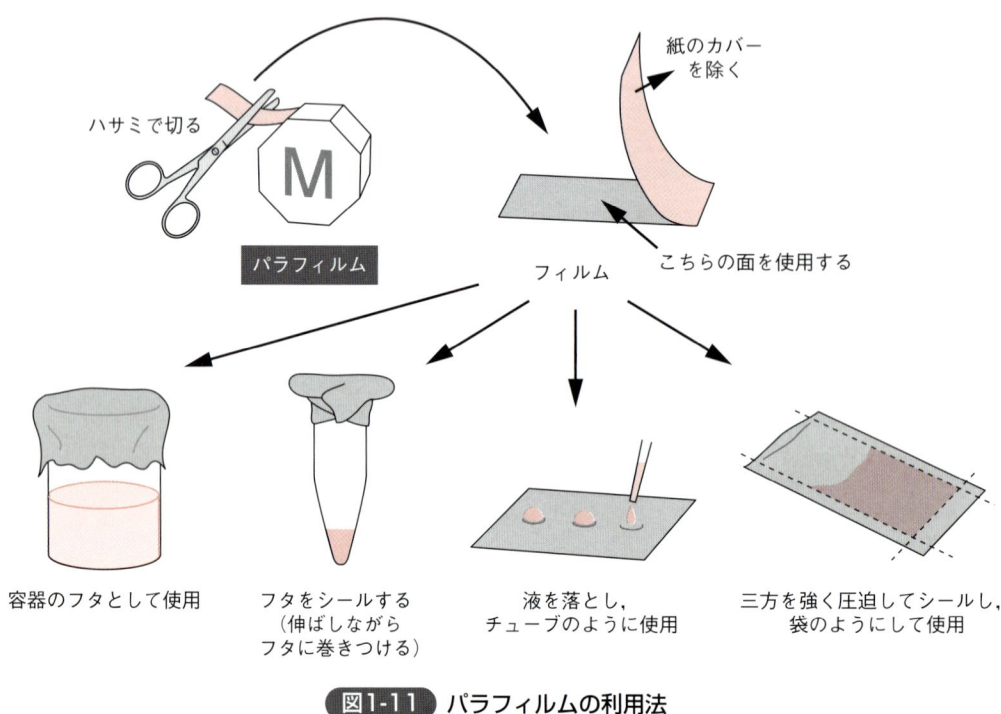

図1-11 パラフィルムの利用法

3-3　チューブ，ラック，チップ，ピペット

0.5 ml，1.5 ml のエッペンチューブ（エッペン），そして15 ml，50 ml のコニカルチューブ〔Becton Dickinson社（ブランド名：ファルコン）やコーニング社製〕をフタのついている容器に入れ，手元に置く．このほか4 ml と14 ml のプッシュロック式チューブ，15 ml のネジブタ付きチューブなどもあると便利である．これらチューブを立てるラック（試験管立て）もそれぞれのものを用意しておく．1.5 ml 用ラックは，ギルソン社のフラクションコレクター用ラックが代用でき，便利である[d]．

[d] バイオ実験で使用するチューブ（試験管）は，ほとんどプラスチック製になっている（プラスチックの材質や使用基準については付録8-2を参照のこと）．

ピペットマンタイプのピペッターに用いるチップ（吸い取り用の細い円錐形の吸い口）は清浄な状態でケースに入っているので，そのケースをベンチの上に置く．

黄色チップは0.2 ml まで，青色チップは1 ml までの範囲で使用する．必要があれば0.01 ml 以下で使用するマイクロチップ（白色）や，5～10 ml で使用するマクロチップ（白色）も準備する．プラスチック製の使い捨てピペットは，5～20 ml の容量の中で，よく使用するものを常備する．

3-4　実験小物や道具

ピペットマンタイプのピペッターは必需品であり，P20，P200，P1000はぜひ手元に置きたい．メスピペットを口で吸うときに危険が予想されるようだったら，ゴム製安全ピペッターやゴムキャップ（スポイト）を用意し，これを使用する．メス（ゲルやフィルターを切るのに使う），ピンセット，タイマー（アラーム付きで携帯できるもの）などもあると便利である．

3-5　小型機器

チューブ内の試料を混ぜるときに使用するボルテックスミキサー，エッペンの中身を落としたり（スピンダウン）ちょっと遠心するときに使うマイクロ遠心機（6本掛け．回転くんやチビタンなどの製品がある），メスピペット用の電動式のピペッター（充電式のものが便利）などを手の届く所に置く．

3-6　ゴミ箱

エッペンやチップなどのゴミが大量に出るため，それらを捨てるための専用の小箱を用意する．一般ゴミ（紙類など）とは別にする．

居室と実験室との住み分け：研究室エリアに入るときに履物を内履に交換するのが，研究室を清潔に保つために重要．実験室スペースでは飲食や喫煙をしない．国立大学はすべて独立行政法人となって，労働安全衛生法の適用を受けるようになり，居室と実験室を分けることが義務づけられている．

4　パソコンのセットアップ

パソコンはデータベースやデータ解析装置，図書館や郵便ポスト，さらには書類や書画の作成機となる研究室の必需品である．研究室への入室が決まったらぜひ自身が占有できるパソコンをもちたい．余裕のある研究であれば，研究室から与えられることもある．パソコンにインストールするソフトはあげればきりがないが，最低限，以下のようなものは用意したい．

＊インターネット接続
　　Netscape Navigator，Internet Explorerなど
＊電子メール（メーラー）
　　Outlook Express，Microsoft Entourageなど
＊文書作成（ワープロ）
　　Microsoft Word，一太郎，EGWORDなど

＊プレゼンテーション/グラフィックス/画像処理/ドロー（作画）

　Adobe Photoshop，Adobe Illustrator，CANVAS，花子，Adobe Reader，Microsoft PowerPointなど

＊表計算

　Microsoft Excel，Lotus1・2・3など

＊総合ソフト

　Microsoft Office，AppleWorksなど

＊システム管理

　Norton SystemWorks，Norton Antivirus，抹消Drive，ウイルスバスターなど

なお，大容量の外部記憶媒体〔外付けハードディスク，CD-R/CD-RW，MO，DVD-R/DVD-RW，USBフラッシュメモリ（ドライバ不要で機械間の互換性があり便利）など〕の接続も必要である．朝研究室に来たらまずパソコンを立ち上げる。

● パソコンはいちいちシャットダウンしないで，スリープ状態（あるいはスクリーンセーバーの状態）にし，使うときにすぐ動くようにできる方が実際的．スリープ状態では電気をほとんど消費しない．ただし，セキュリティには注意する．

また，メールチェックを朝の日課にしたい．研究室に入室したら早めに電子メールのメールアドレスをもらい（IPアドレスの配付が必要な場合がある．機関や部門から配付される），パソコン上にメールボックスをつくる．

第2章 実験室のルーチン

研究室の一員が日常的にやらなくてはならない作業（ルーチン）の中心は実験用の水を用意し，器具を洗浄することである．実験は器具の片付けと洗浄，そしてそれを乾燥させて収納することによって終了する．この章ではそれらの指針について解説する．

1 実験室で使用する水

1-1 水のグレード

実験では種々のグレード（純度）の水を使用する．水道水には微粒子などの不溶性物質をはじめ，塩素など多くの物質が溶けており，このような多くの不純物が混入している水（飲むには問題ない程度）は，生化学実験の立場からみると汚水に近く，そのままでは使用することはできない．実験室で使用する水は表2-1のように4つの段階に分けられ，一般の実験には精製水～純水～超純水のいずれかを使用する．水道水は汚れの予備洗浄やオートクレーブ水，手洗いや掃除用の水として使われる．水道水を活性炭とイオン交換樹脂処理してつくられる精製水[a]は，最近ではあまり利用されず，純水で代用されることが多いが，細菌培養であればこれでも使用できる．

表2-1 バイオ実験に使われる水とその用途

水の種類	作製法，特徴	用途
井水	一般に上水より水質が落ちる	バイオ実験には使えない
水道水	上水道の水そのまま	・予備すすぎと洗剤による洗浄 ・オートクレーブタンクの水
精製水	イオン交換水 1回蒸留水 比抵抗1MΩ・cm以下	・器具のすすぎ ・大腸菌の培養
純水 〔RX水〕*	ミリポアのRX，RO，Elixシステム（あるいは相当する機械）で作製 比抵抗1～10MΩ・cm	・電気泳動用バッファーや染色液など大量に使用する溶液の作製
	2回蒸留水はこの中間に位置する	
超純水 〔SP水〕*	ミリポアのMilli-Q-SP，-Plusなど（あるいは相当する機械）で作製 比抵抗17MΩ・cm以上	・器具の最終すすぎ ・試薬の調製や酵素反応液 ・生化学的／分子生物学的解析実験 ・組織培養

＊本書では便宜上このように記す

> ⓐ 精製水という定義はあいまいで，蒸留水も精製水に入れることがある．正確にはイオン交換水というべきであろう．施設全体に精製水を供給するセントラル純水システムもこのレベルの水．

　純水はミリポア社製のRX，RO，Elix（活性炭プレフィルター，逆浸透膜，イオン交換を組み合わせた装置）などで処理された比抵抗ⓑが1〜10 MΩ·cmの水で，1回蒸留水以上の純度をもつ．

> ⓑ 比抵抗（specific resistivity）：電気の流れにくさの指標．大きいほど電気を通さない．純粋なH_2Oはほとんど電気を通さない．電解質などが溶け込むことにより，電気を通すようになる．抵抗R（Ω）＝比抵抗P（Ω·cm）×長さL（cm）／面積S（cm^2）で求める．

　純水は分子生物学実験に使用するの基本水準の水である．電気泳動バッファーや染色液など大量に使用するもの，そして予備の器具すすぎなどに使用される．純水をミリポアのMilli-Q（SPやPlusなどの製品．メンブレンフィルター，イオン交換などが組み合わせられ，さらに純粋な水ができる）で処理された水は17 MΩ·cm以上の比抵抗をもつ超純水で，2回蒸留水以上の純度があり，酵素反応液や溶液のストック，組織培養用，最終のすすぎなどに広く使われる．紫外線処理して細菌を殺し，パイロジェン（pyrogen，細菌のつくる発熱性物質）のない（パイロジェンフリー）組織培養専用の超純水をつくる装置もある．

　本書では特に断らない限り，実験で使用する水は超純水とし，純水の場合はRX水などと記す．

1-2　水をつくる

1）イオン交換水

　脱イオン水ともいう．プレフィルター（細かいゴミなどをろ過する筒）が茶色になったら，新しいものと交換する．イオン交換樹脂は透明な筒に入っていることが多く，中が見える．通常深緑色をしているが，イオン交換能力がなくなると茶色に変色する．全体が褐変する前に変える．ストッキングのようなメッシュの袋に入っているので，それごと交換する（図2-1）．

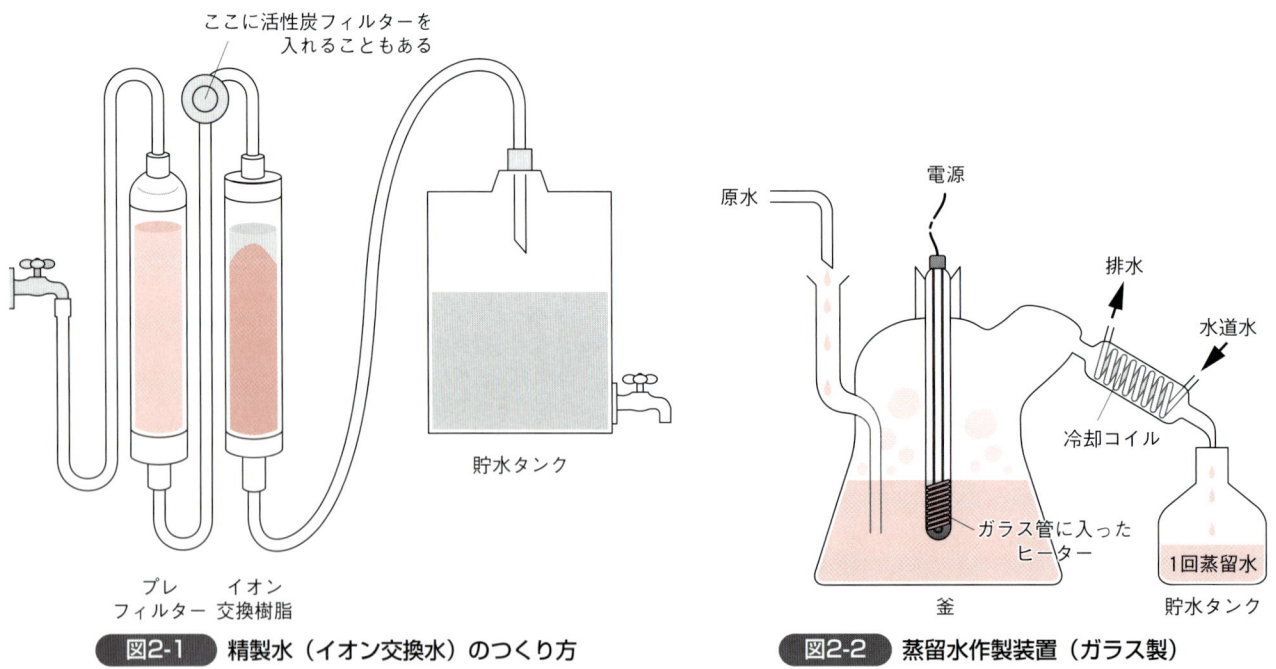

図2-1　精製水（イオン交換水）のつくり方

図2-2　蒸留水作製装置（ガラス製）

2）蒸留水（distilled water）

さまざまなタイプの蒸留装置（総ガラス製）が使用されており（図2-2），なかには2段蒸留を一組の装置で同時に行えるものもある．水道水は原水に使用しない（注：水あかや石灰分が付着し，あまりきれいな水ができず，掃除も大変）．タンクにイオン交換水を入れ，それを落下させて原水とする場合，タンクの水が枯渇しないように注意する．浮き「フロート」にリレースイッチをつけて本体と連動させると，断水しても蒸留機の電源が切れるので便利．冷却水の水切れや，その水で流しが詰まって溢れることのないように注意する．手製の装置の場合，突沸により装置が破損する危険性があるので，必ず沸石©を入れる．週1回程度の割合で中の水を捨て，また年数回の頻度で釜を洗浄する．

© 沸石（図2-3）：多孔質で内部に多量の空気を含む石．実験室ではガラスの毛細管か，ガラス細工でつくった沸石（5章参照）を使う．

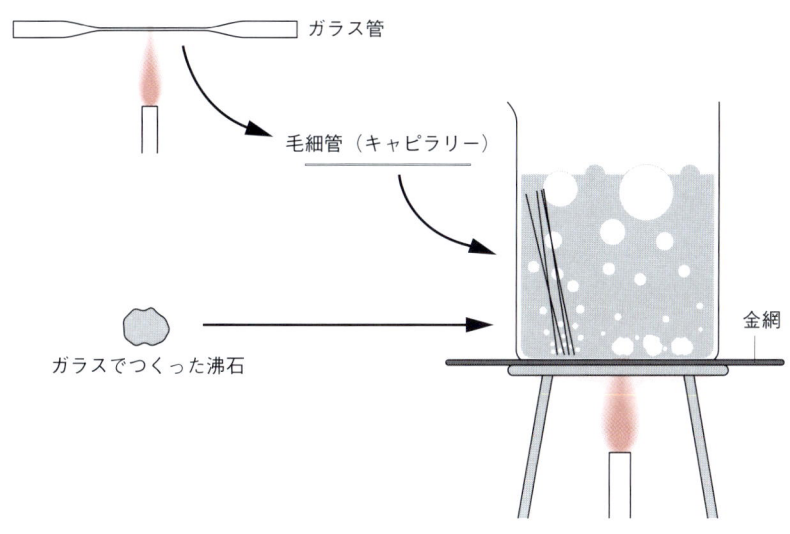

図2-3 沸石の使用
沸石は多孔質で中に空気を含む．沸騰水中に入れることで突沸を防ぐ

3）純水製造装置

ミリポア社や東レなどからさまざまな製品が出ている．つくった純水をタンクにためるようなしくみになっている．水栓を付けてそれを使用すると同時に，これが超純水の原水となる（注：純水の製造速度が遅いため，十分な容量のタンク50〜200 l が必要）．超純水はスイッチのon/offで直接取り出し口から採水する．プレフィルターや精製モジュールが劣化すると比抵抗が低下して（水質が悪化）サインが出るので，精製モジュールのパッケージごと交換する．水圧が一定範囲から外れても機械が停止する（断水スイッチになっている）．

1-3　水を貯える

超純水をプラスチック製のタンクや洗浄ビン（あるいは噴水ビン）に貯え，必要な場所に置いて使用する（図2-4）．取り出し口から採水したばかりの水は規定通りの純度をもつ．しかし，長期保存しているとゴミや微生物が混入し，内部に水あかが溜まるなどして水質が悪化するので，年に数回はタンクを洗浄する．ガラスビンに密閉保存したものは汚染を心配する必要はない．

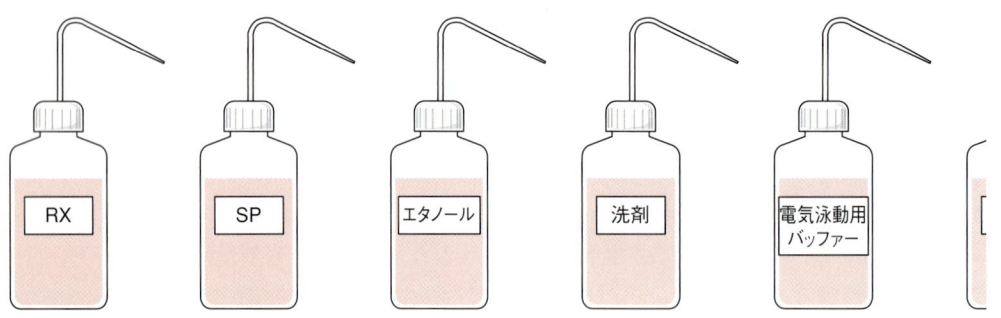

図2-4 洗浄ビン（噴水ビン）の利用
洗浄ビンに純水やエタノール，あるいは洗剤や試薬などを入れ，有効に利用する

2　器具を洗浄する

2-1　器具を流しに出すときの注意

使い捨て（ディスポ，disposable）器具以外の実験器具は，原則的に洗って再利用する[d]．

[d] 経済性を考えてディスポ器具（特に50 mL コニカルチューブなど，多少値の張るもの）を洗って再利用することがある．ただその場合，汚れが除けたとしても，目盛りが消えたり，強度が弱くなったりして本来の規準で使用できないことがあるので注意する．

洗浄に回す器具（ピペット以外）をすぐに洗わない場合，1～2回水道水で中を洗い，水を張って流しに置いておく（図2-5）．これをしないで長時間放置すると，特に汚れが激しい場合，汚れが内面にこびり付き，なかなか落ちない．使用したものがすぐ除けるような場合は，使った器具は後述のように簡単にすすげばよい．

 汚れたものを長時間放置しないことが肝要である．

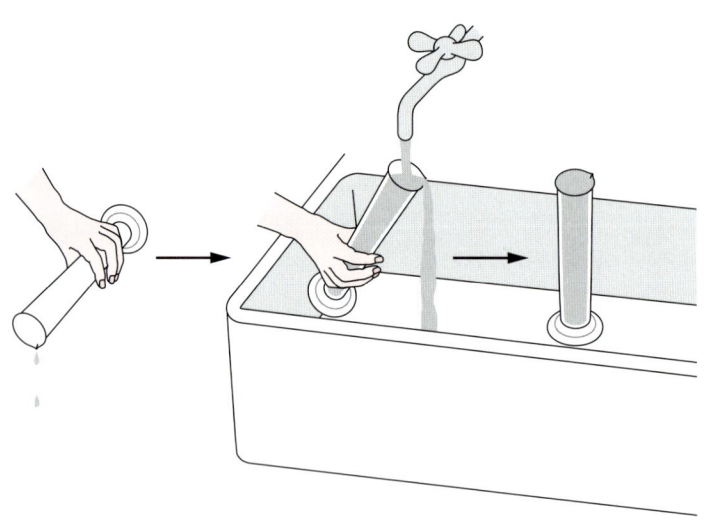

図2-5 すぐ洗わない場合の器具の扱い
使い終わってすぐ洗浄しない場合，水道水で1～2回すすぎ，水を張って流しに静置しておく

2-2 洗剤

水に溶ける試薬であれば，基本的には水洗を重ねることで完全に除くことができるが，洗剤はそのような汚れをより効果的に除くために使用される．しかし，洗剤の使用は逆に洗剤が残るという危険性も生むため，洗剤使用後のすすぎを十分行うことが重要となる．家庭用の中性洗剤は泡立ちはよいが，泡を完全に消すためには3～10回程度のすすぎが必要であり，洗剤成分を完全に除くためにはさらにその倍以上のすすぎが必要といわれる．泡立つことが重要ではない．研究用に適した洗剤は，汚れを落とす以外に，すすぎで簡単に除かれることが条件となる．このような目的のために試薬メーカーでは実験専用の洗剤（スキャットなど）を出している．濃縮液として売っているので，これを規定の倍率で純水で薄め，それを洗浄ビンに入れて使用する．大腸菌などを使った器具の場合はアンチバクテリア用の洗剤を使うのもよい．

2-3 すすぎ

分子生物学実験での標準的すすぎは以下のようにする（図2-6）．
① 洗剤の泡がなくなるまで水道水でよくすすぐ
② 洗剤の泡が消えてからさらに5回以上すすぐ
③ 純水で3回すすぐ
④ 超純水で3回すすぐ

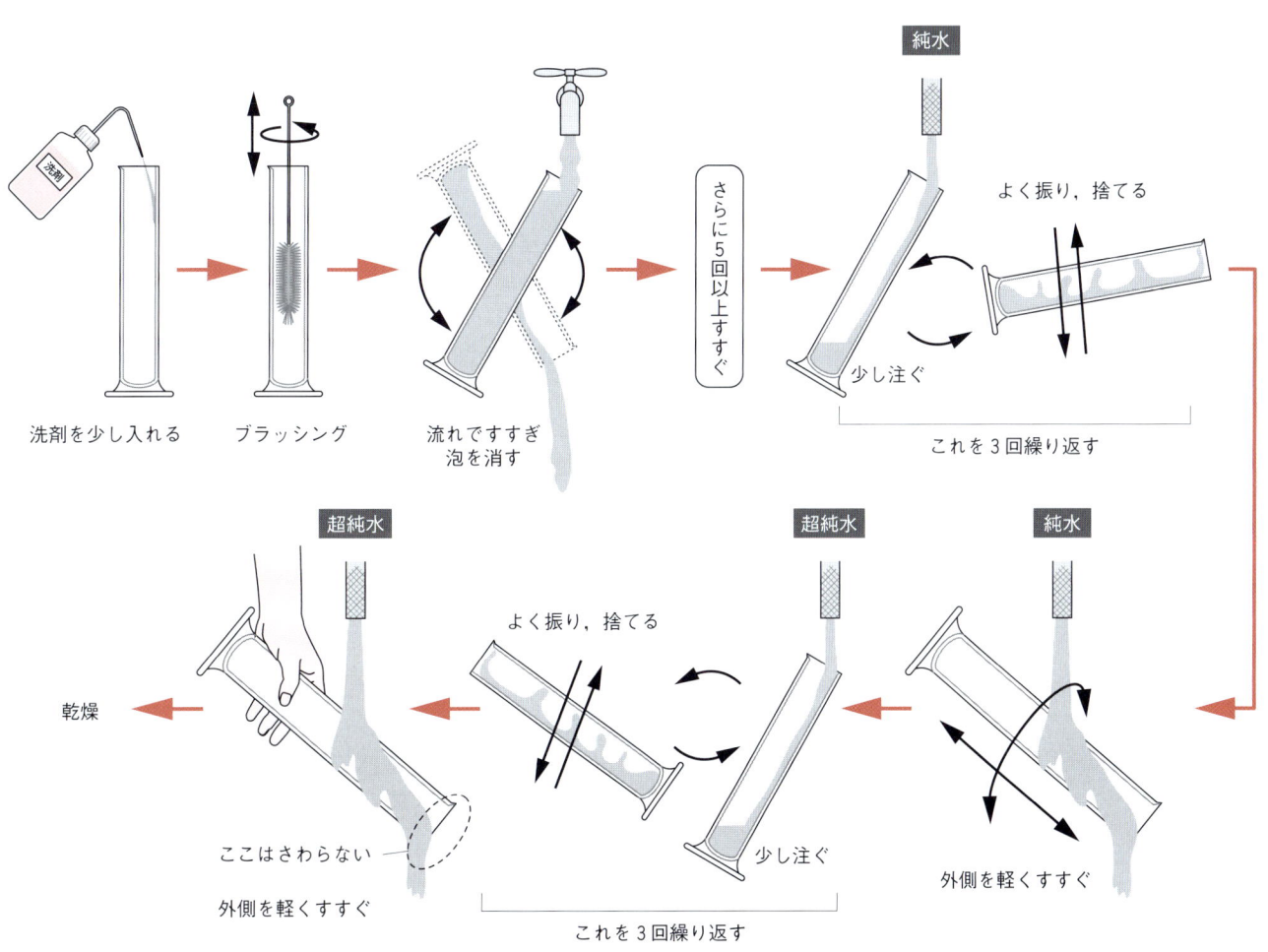

図2-6 器具の洗いとすすぎ（標準的な方法）

いずれの場合も流水（たまり水でない，新鮮な水）で，1個ずつすすぐ．ただ，チューブのフタのような細かなものをたくさんすすぐときは，それらをまとめてビーカーに入れ，ビーカーの中身をすすぐ要領でまとめてやるのが実際的である（図2-7）．容器の中を洗うのが主だが，容器の外側もすすぐようにする（容器を逆さまにしたときなど，口に汚水がつくのを防ぐため）．最終すすぎの終わったものは清潔にすべき所は手でもたない．

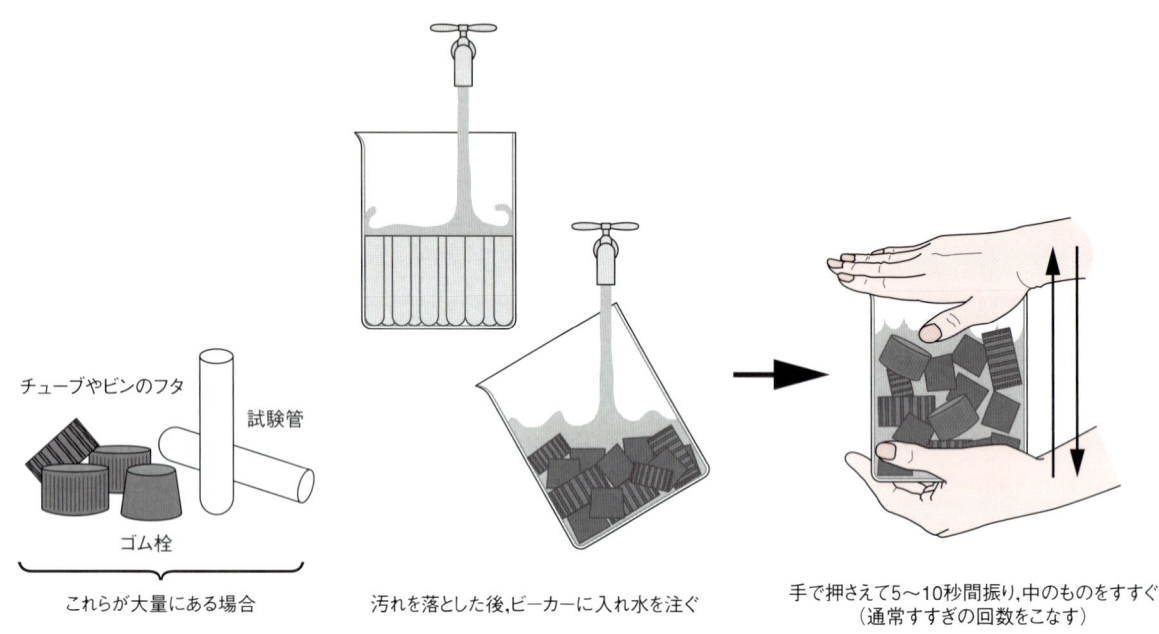

図2-7　大量にある比較的小さな器具の効率的すすぎ法

2-4　洗浄方法の使い分け（図2-8）

1）汚れのほとんどないもの
　薄い塩溶液など，水によく溶ける試薬を用いた器具の場合，洗剤をつけることはむしろ汚れをつけることにもなりかねない．このような場合は，水道水でよくすすぎ，続いて通常の純水によるすすぎに移る．アルコールなど，放っておいても揮発するものは，最終すすぎだけをきちんと行えばよい．いずれの場合も，ブラシは使わない．

2）通常のよごれ
　洗剤をブラシにつけるか容器内に少し入れ，中をよくブラッシングする（10〜30秒間）．窪んだ部分は汚れがとれにくいので特に念入りに行う．力を入れると内部に傷を付け破損の危険があり，力を入れ過ぎない．その後は標準的なすすぎに移る．

3）強固な汚れやブラシの使えない場合
　血液や高濃度生体成分や細胞などがついたガラス器具などは，一度汚れが付くとなかなか除けない．かつてはクロム硫酸混液に数日浸けて有機物を酸化分解していたが，現在では使用が禁止されている．そこでまず，汚れた器具を濃いめの洗剤液に長い時間（1日以上）浸けておき，その後ブラッシングできるものはブラッシングをし，中に手が入る場合はナイロンタワシで汚れを落とす．ブラッシングできない場合は加熱するか，あるいは超音波処理をする．後は前述の方法ですすぐ．

4）超音波洗浄機
　超音波発生装置を備えたバットで汚れを落とす方法がある．大量のスパーテル（薬さじ），ハサミ，ピンセットなどの金属器具や，ブラシのとどかない器具，汚れのひどい器具など

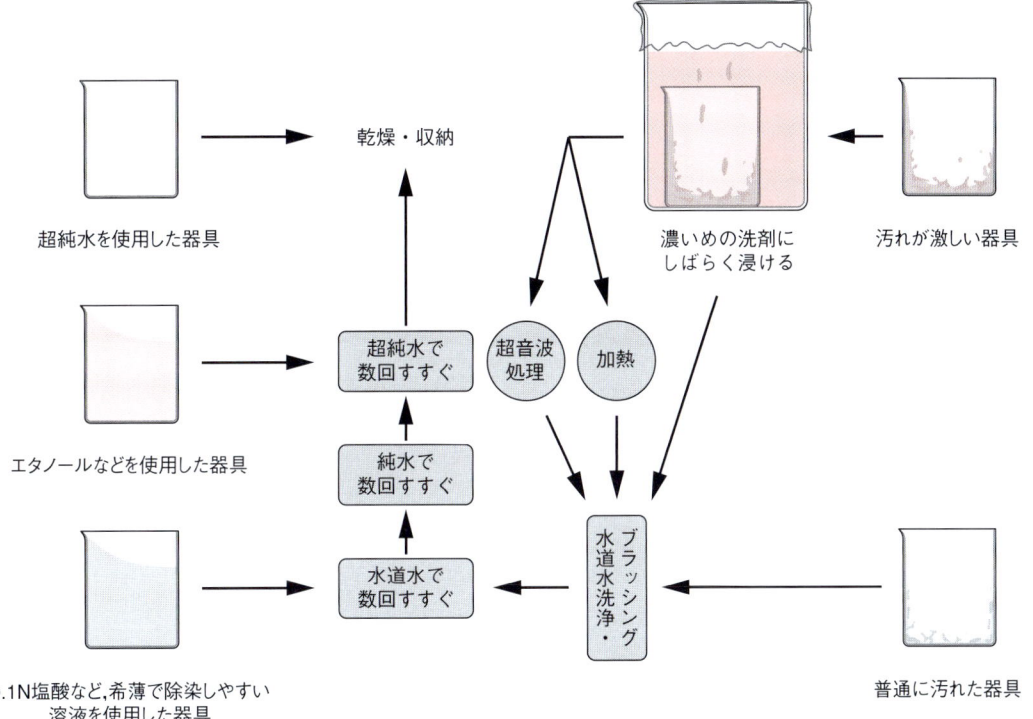

図2-8 一般器具の洗浄・すすぎのプロトコール

を洗浄するのに効果的である．器具を洗剤を入れた機械に浸し，10～30分間超音波をかける．その後は通常のすすぎを行う．

 ブラッシングの是非：メスシリンダーなどの計量器は，細かな傷が付く可能性があり，容量が狂うのでブラシの使用はよくないとされる．しかしバイオ実験精度の実験であれば，実質的に問題ない．

2-5 ガラスピペット

使用後のガラスピペット（特に断わらない限りメスピペット）は水を張ったバケツに先から入れて乾燥を防ぐ．作業後に綿栓を除き（図2-9のように先を曲げた注射針を用いて綿を引き抜く），筒状の洗剤容器用の専用かごに先を上にして入れ，一晩以上浸ける[e]．

[e] 洗剤も腐る：洗剤とて細菌やカビが増え，特に一度でも使用した洗剤は夏季には急速に腐敗する．臭いにおいがする前に交換する．

その後，かごごと取り出し，サイホン式のピペット洗浄器[f]に入れ，水道水を半日程度流し続ける（図2-10）．すすぎはかごごとすすぎ用の純水が入ってる筒に数回出し入れさせ，さらに超純水の入ってるすすぎ筒で数回すすぐ．これらのすすぎ用の水はやがて汚れるので，数回使用したら新しいものと取り替える．本数が少ない場合は洗浄ビンで1本ずつ丹念にすすぐ．

[f] サイホン式ウォッシャー水量の注意：サイホン式ピペットウォッシャーは水道水を流しっ放しにするが，水道水の流量に注意する．水量が少ないとサイホンホースの上部から水が一気に下に降りず（サイホンとして機能せず，チョロチョロとフローシステムのように水が流れ降りる），結果ピペットが全然洗われないということになってしまう．

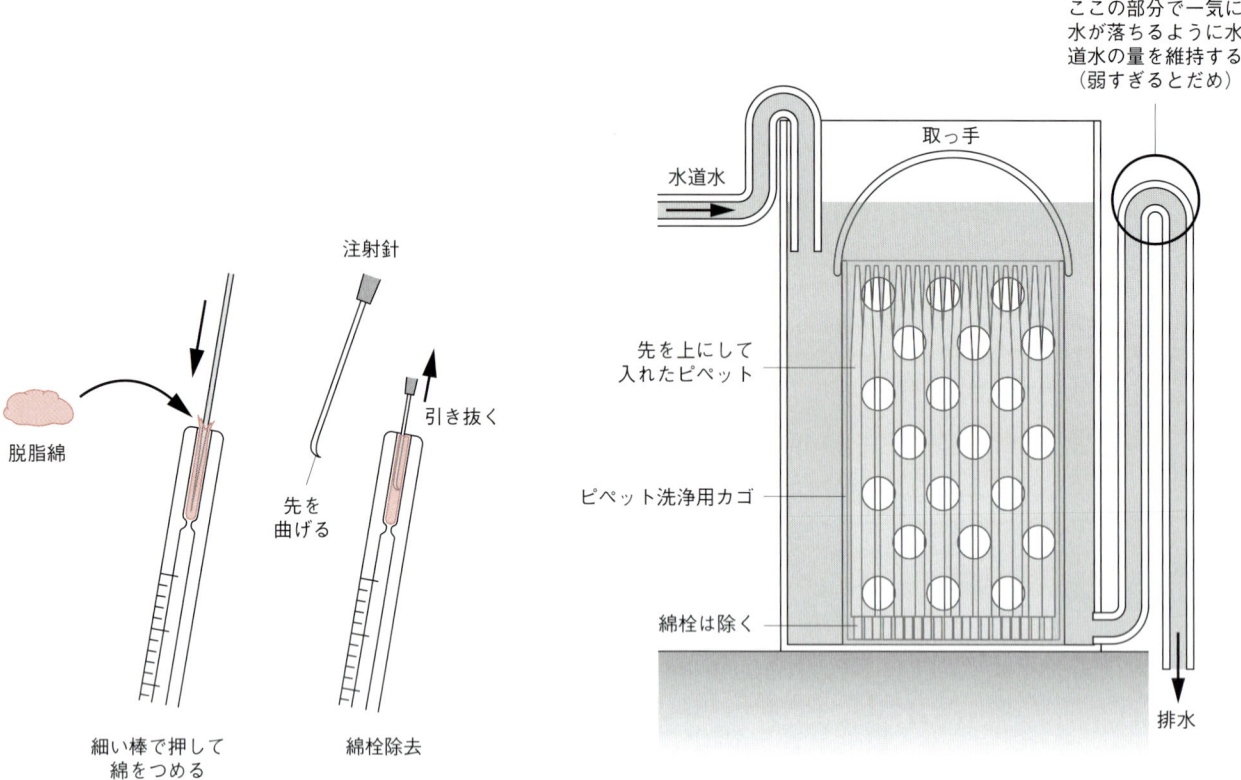

図2-9 メスピペットの綿栓つめと綿栓とり

図2-10 ピペットウォッシャー（洗浄器）によるピペットのすすぎ
洗剤に浸けたあと，ウォッシャーで洗浄し，すすぎ用水の入った筒で全体をすすぐ（むろん1本ずつすすいでもよい）

2-6 大腸菌専用器具

培養用の三角フラスコは実験に使用後，専用の細菌用洗剤などで内部をすすぐと同時に殺菌する．その後は通常の器具と同じように洗浄するが，すすぎは純水までで十分である．培地を溶かしたビーカーやメスシリンダーも通常器具と同じように洗浄してもよいが，実質的にはよく水洗いした後，純水で数回すすぐだけでも問題ない[g]．

---

[g] 細菌培養用の器具洗浄や水にあまりこだわらないのは，細菌が微量混在成分に抵抗性があるという理由だけではなく，むしろそのような微量成分（微量元素やミネラル分）が細菌の増殖因子となるという理由もある．細菌の増殖に時間がかかる完全合成培地作製の場合，この傾向が特に強い．

2-7 RNA実験用器具

RNA実験の場合，RNase（RNA分解酵素）を除く必要があり，器具の洗浄にも特別な配慮が要る．RNase除去用洗剤（アブソルブなど）に一晩浸けた後，十分に水洗し，後は定法通りにすすぐ．水酸化ナトリウム溶液に浸け，水洗後塩酸や酢酸で中和し，その後すすぐという方法もある（主にプラスチック器具）．DEPC水（8章参照）に浸け，オートクレーブしてDEPCを除き，その後水洗とすすぎをする方法もある．

3 器具を乾かす

3-1 乾燥棚に器具を並べる

　洗浄した器具を乾かす基本的方法は自然乾燥である．ゴミなどが入らないようにした乾燥棚にプラスチックやステンレス製のカゴを置き，そこに清浄な紙を敷き（紙はその都度替える），その上に器具を並べる（図2-11）．容器類は口を下にする．スパーテルやピンセットなどは柄の部分をもつようにし，またスターラーのバー（回転磁石），小さくて多量にあるチューブのフタやゴム栓などの小物はきれいなビーカーなどでまとめてすすいだものをそのまま（ビーカーの口を上にして）乾かす．

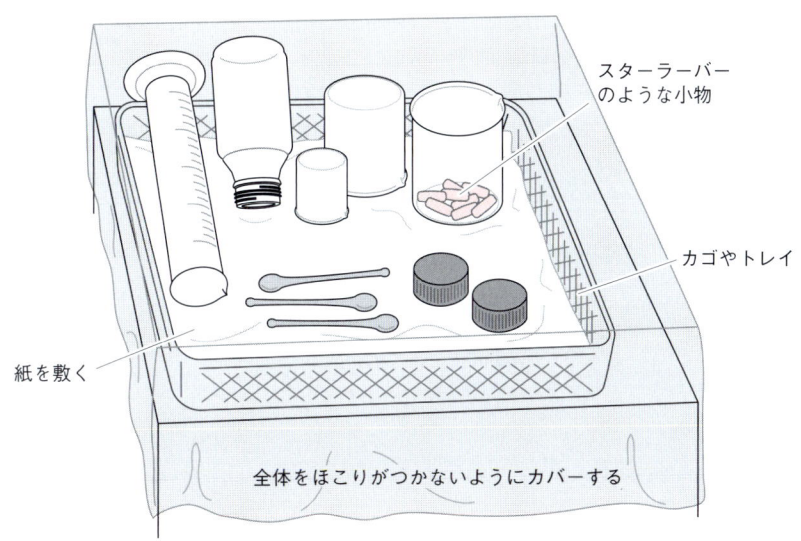

図2-11　乾燥棚を用いた器具の自然乾燥

3-2 電熱乾燥機

　自然乾燥では乾くのに1日以上必要である．ただ実験によっては急を要することもあり，器具の種類によっては乾燥にさらに長い時間を要してしまう．その場合は電気式の乾燥機を使用するのが効果的である（図2-12）．庫内温度を50〜60℃に設定し，通常終日運転する．70℃以上にすると手でもてないばかりか，プラスチックの材質によっては溶けることもある．乾燥を迅速にするため，送風式の機械の方がよい．ピペットのような細いチューブ状のものや，アルミホイルで包んだものをオートクレーブし（アルミホイルで包んだ器具や滅菌ケースに入れたピペットチップなど），それを乾燥させる場合は必須である．

 分析化学ではガラス計量器は逆さにして自然乾燥させることを基本とする．加熱により容器に歪みが生じ，容器に誤差が出るのを防ぐためだが，バイオ実験ではほとんど問題にはならない．

3-3 ピペット

　すすいだ後のピペットは図2-13のようにカゴに入れ，それを乾燥機で乾かす．

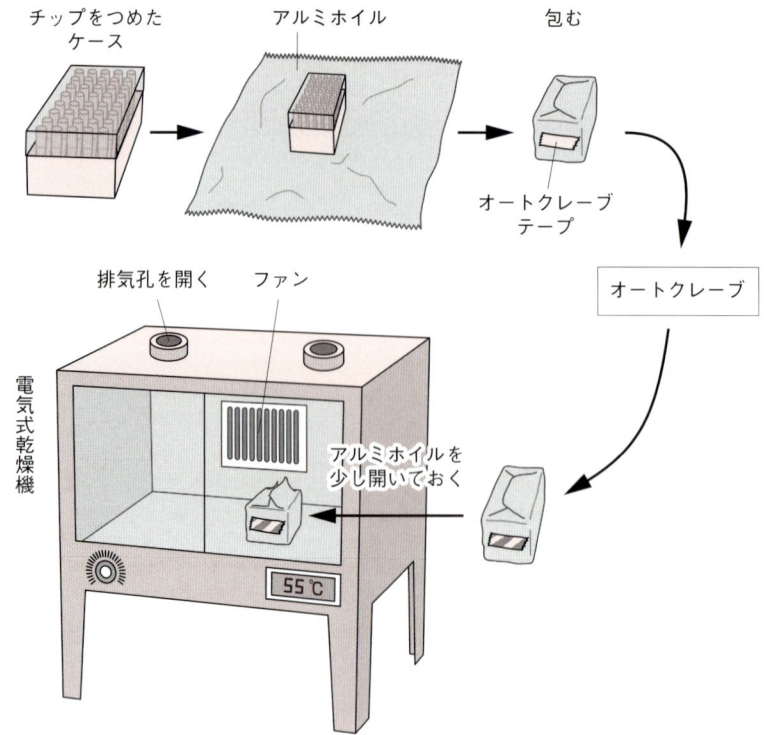

図2-12 乾燥機を用いた器具の乾燥（オートクレーブしたチップケースの場合）

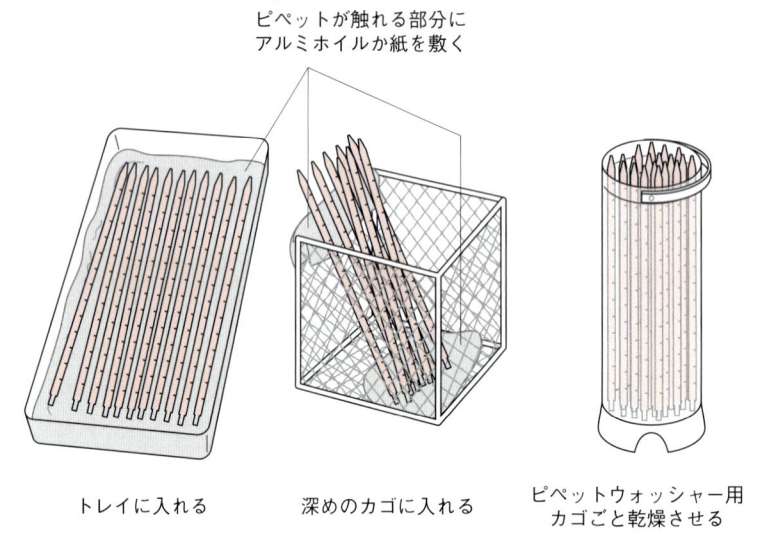

図2-13 ピペットの乾燥

4 器具を収納する

4-1 一般器具

　乾燥が終わった器具は速やかに片付け，しかるべき場所に収納する（図2-14）．ガラスビン，チューブ，ボトルなどはフタをして収納する．フタのないビーカーやメスシリンダ

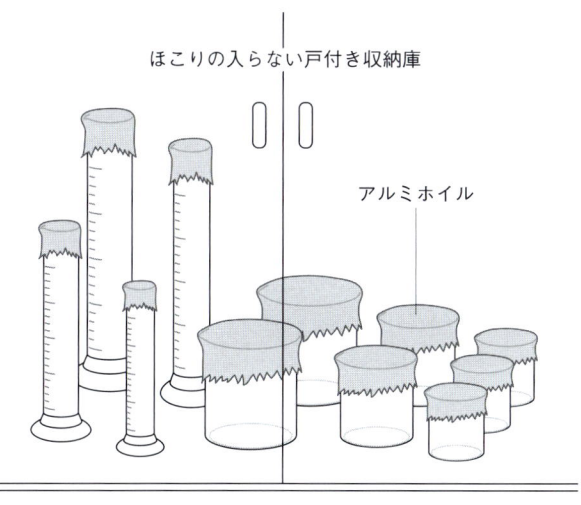

図2-14 洗浄・乾燥の終わったガラス器具の収納

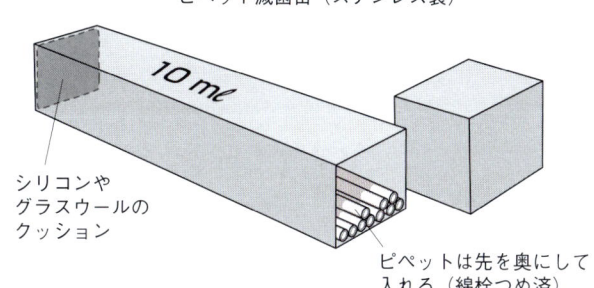

図2-15 ピペットのピペット缶（滅菌缶）への収納

ーの場合は，口にアルミホイルを軽くかぶせてから収納する．メスシリンダーは倒れやすく高価なので，詰めて収納せず，余裕をもって配置する．ガラス器具収納庫はガラス戸付きのほこりの入らないものを使用する．使用後，戸は閉める．その他の器具もフタや扉がついている机や箱，あるいはロッカーのような所に収納する．

4-2 ガラスピペットと綿栓

　　ガラスピペットはサイズごとに専用のピペット缶か収納ケースに納める（図2-15）．ピペット缶はステンレス製でそのまま乾熱滅菌でき，ピペットは先端から入れる．ピペットの先を保護する目的で，ピペット缶の奥にガラス繊維の厚手の布を折って敷くか，専用のシリコンパットを入れる．

　　ピペットは綿栓をして使用することが多い．綿栓の目的は，液の吸い出しをゆっくりさせる以外にも，口やピペッターに液が入るのを防ぐ両方の目的がある．楊枝か細い金属の棒を用いて脱脂綿を少しだけ（1～2 cm分）挿入する（図2-9 参照）．

4-3 小物類

　　スターラーバー，ゴム栓，スパーテル，ピンセットなど，清浄な状態で使用する小物は，紙などを敷いた専用のケースか引き出しに入れる．したがってこれらを取り出すときも汚れのないピンセットでつまむなどの注意が必要．

 小物を再度使うときの注意：小物は個別に包装しない限り，保存中でもゴミなどがついて汚れやすい．用心のため，収納場所から取り出して使う直前に超純水で軽くすすぐことを勧める．すぐに乾燥させたいときは，最後にエタノールですすぐ．

第3章 保守と点検

研究室で使用する機械は常に最良の状態で運転できるように整備し，故障を発生させず，少しでも長く使用できるような気配りが必要である．またトラブルに対しても適切に対処し，実験が滞ることのないようにしなくてはならない．この章では汎用実験機器の保守・点検について解説する．

1 冷却機器

1-1 冷蔵庫

冷蔵庫（refrigerator）はバイオ実験に必須な機械の代表である（図3-1）．多くの試薬は冷温の方が安定であり，低温保存してはならないものはごくわずかしかない．むろん培地や実験で得た生体試料，フェノールのような劣化しやすい試薬などは低温保存が必須である．ただ，必要以上に冷蔵庫をいっぱいにすると冷えが悪くなるとともに，扉を開け閉めする回数が増え，温度上昇につながる．また長年使っている機械ではドアのパッキンや磁石が劣化し，少しの力でドアが開くことがあるので注意が必要である（図3-2）．後述の冷凍庫も同じであるが，ドアが自然の状態で手前に動かないように，機械の傾きを微調整する．冷蔵庫は4℃（2〜4℃の範囲）に設定する．0℃付近にすると，場所によって

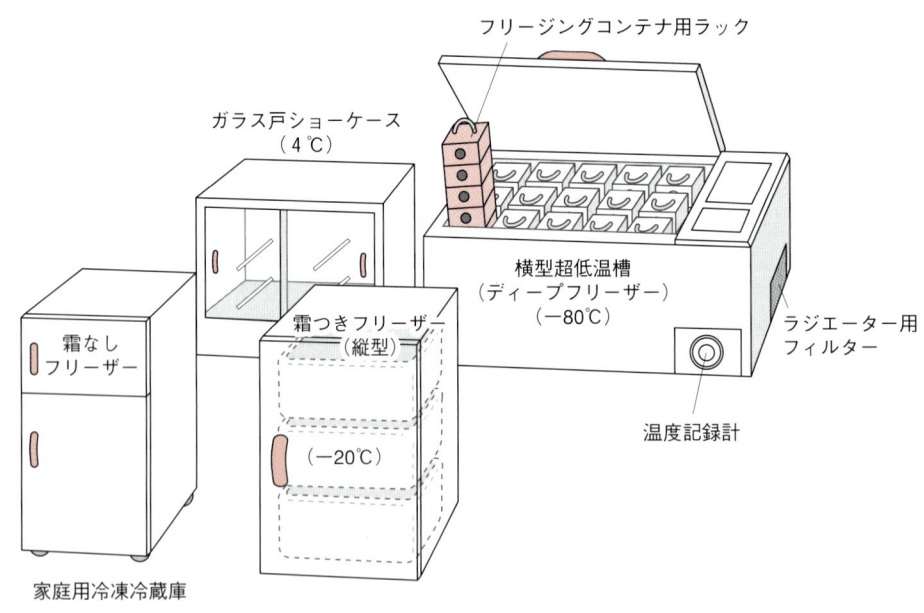

図3-1　さまざまな冷却用機器

は中のものが凍ってしまう．透明なガラスドアの冷蔵庫もあるが，光が入るので，遮光保存する試薬（フェノールやアクリルアミド）を入れる場合には注意を要する（ビンの方を遮光するかドアに遮光カバーをする）．

1-2 冷凍庫

冷凍庫（フリーザー）は－10～－65℃といろいろな温度設定のものがある（図3-1）．－75℃以下のものを超低温槽（ディープフリーザー）というが，一般に冷凍庫といえば－20℃のものを指す．家庭用冷蔵庫に付属しているものや専用のものなどいろいろあるが，使用規準のポイントは設定温度以外に温度管理の厳密さ，そして「霜なし」か「霜つき」かという点である．一応凍っていればよ

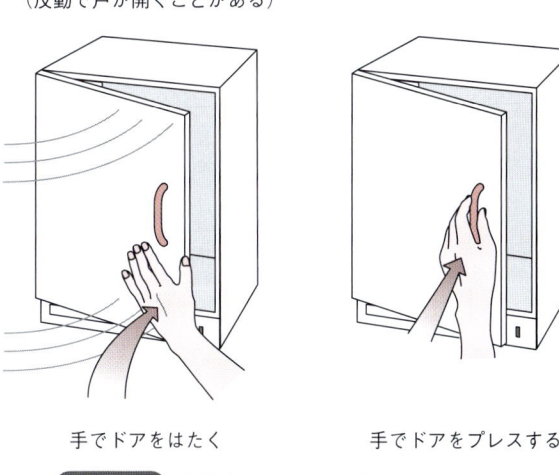

図3-2 冷蔵庫など，箱型容器の扉の閉め方

いというもの（使用中のDNA試料など）は霜なしフリーザーでもよい．しかし霜なしフリーザーは一定時間ごとに加温して霜を溶かしているため，温度が上昇する（一時的に局所的に氷点下以上になる）．そのため安定に保存すべき試料や酵素の保存には霜つきフリーザーを使用しなくてはならない．－40℃以下の冷凍庫は凍結状態が安定に維持できるという点で優れている．ただ凍結防止のグリセロールが入っている酵素試料などは凍ってしまう可能性があり，向いていない．

1-3 超低温槽

超低温槽の標準温度は－80℃だが，なかには－135℃や－150℃というものもある．－100℃以下になると氷の結晶が安定化して生体高分子の保存によいとされる．－150℃の超低温槽は液体窒素に代わる働きをもつ（ただこのような高性能超低温槽はコンプレッサーの負担が大きく，騒音や発熱量も非常に大きい）．超低温槽には，不安定な核酸やタンパク質，細胞や組織，コンピテントセルなどを保存する（0.5～2年くらいは安定に保存できる）．縦型と横型の2種類がある．保存のためには横型が優れているが，試料を頻繁に出し入れする場合は機動性の高い縦型が使いやすい．横型の場合，試料の整理と出し入れを円滑にするために，収納ラック（ステンレス製でいくつもの段や引き出しがついている）を使うとよい．凍傷を防止するために，厚手の手袋を着用して作業する．

1-4 霜取り

霜つきフリーザーは，一定期間ごと（年に2～4回の頻度）に霜を取り除く．専用のヘラがあるのでそれで霜や氷を除くが，硬くなった氷は木槌でたたき落とす．ドライバーのような鋭利なものを使用する場合，決してドアのパッキンや槽の壁などにキズをいれないように細心の注意を払わなくてはならない（注：穴をあけたり冷媒のパイプを破損する可能性がある）．霜のつき加減は実験室の温度/湿度でも，また開け閉めする頻度でも違う．ドアに霜がついてしまうと，それがどんどん成長して最後にはドアが閉められなくなるので注意する．

 霜取りと同時に重要なことに，ラジエーター（放熱板）への空気取り入れ口に付いているフィルターの掃除がある．月1度以上，フィルターを取り外してホコリを除く．

2 液体窒素

2-1 液体窒素保存

　不安定なタンパク質や核酸，さらには細胞や組織を保存する最良の環境で，半永久的に保存することができ，また停電の影響も受けず理想的である．液体窒素は口が狭く内部が広い，トックリ状の専用容器（液体窒素コンテナ）に入れる（図3-3）．容量により30～数百 l というサイズがある．リザーバー内に専用の容器（箱型や筒型がある）が複数入るようになっており，中に小型チューブ（凍結用セラムチューブ）や密封タイプのガラスアンプルを入れる．容器は番号が付してある．カタログや試料ノートをつくり，試料の整理をする（例：A-3にはL細胞のチューブが8本［○月×日／△年にB氏が作製］．○月×日／△年にC氏が1本使用）．大きな組織を凍らせる場合，図3-3のように，組織をプラスチックボトルに入れる．ボトルに穴を開け，その穴にタコ糸を通し，糸を容器の外に出し，そこにタグをつける．液体窒素自身は－195.8℃であるが，コンテナ内部では窒素に接していない所でも－150℃程度にはなっている．

　コンテナの分別使用：液体窒素中でも細胞は生きている（休眠状態）．そのため大腸菌と培養細胞の両方を通常チューブで保管するのは不適当である．可能性は低いが，液体窒素内に浮遊した細菌が細胞のチューブに入らないとも限らない．

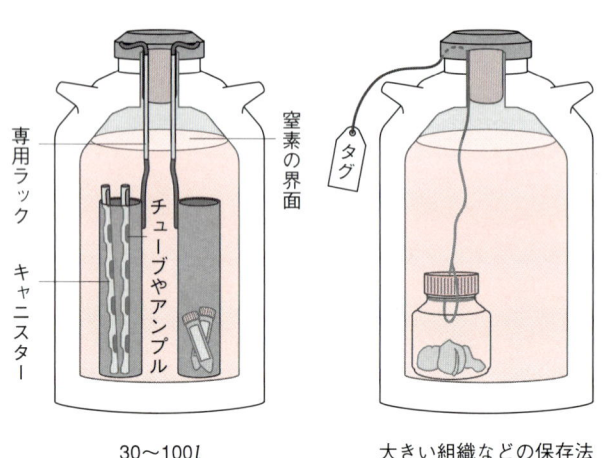

図3-3　研究室で使われる小型の液体窒素コンテナ
コンテナは涼しく，人通りの少ない，換気のある所に静置する

2-2 保存容器の管理

　コンテナに入っている液体窒素は一定の割合で減っていく．自然に減るようにしているので，決して容器を密封して減りを防止しようとしないように（爆発するので，きわめて危険）．液体窒素コンテナは容器の形状や性能により蒸発量が異なる．専用のゲージなどを使い，毎週残量をチェックし，一定の高さ以下に窒素が減ったら補充する（月0.5～4回のペース）（図3-4）．液体窒素は各機関で取り扱いの講習会があるのでそれを受講し，その指示通りにメインタンクから研究室専用の運搬用タンク（5～20 l）に取り入れる．作業

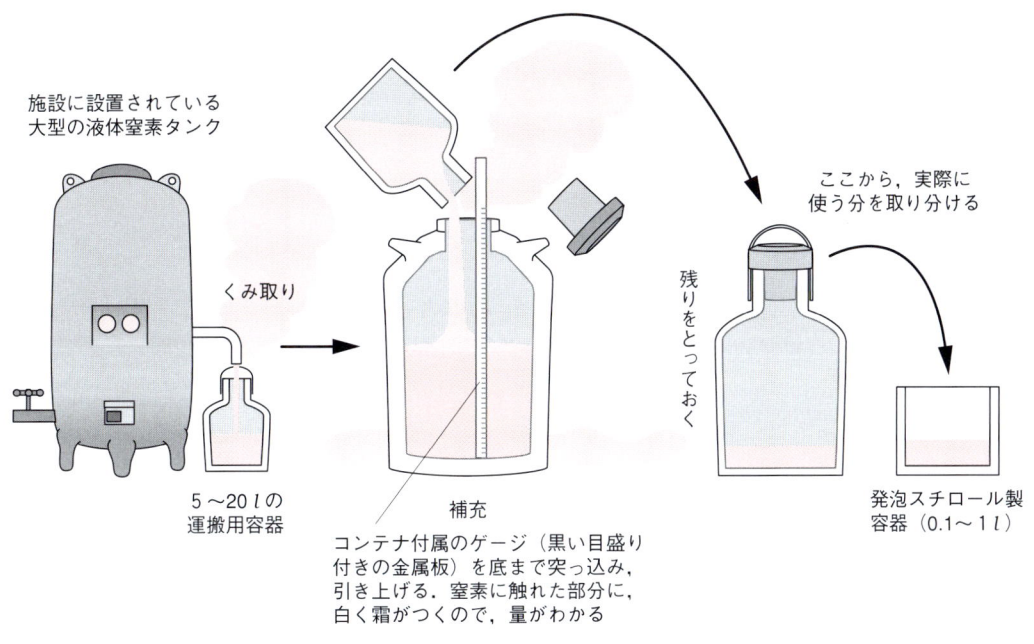

図3-4 液体窒素の補充と使用の方法

では凍傷の危険があるので，必ず専用手袋（皮製など）を着用する．

窒素の減りを少なくするためには，「操作が終わったらすぐフタをし，容器は揺らさない」ことを心掛ける．コンテナを低温室に入れる研究室がある．少しでも減りを防ぐための措置と思うが，減りの防止にあまり効果がないばかりか，寒くて操作しづらく，また低温室という密閉された空間で大量の窒素ガスが発生し，窒息の危険があるので勧められない．

生体試料の急速冷凍では液体窒素を使う．この場合，運搬用容器に入っている液体窒素を発泡スチロール容器に必要な分だけとって使用する．このため，液体窒素が24時間採取できない施設では，運搬容器にも液体窒素を常時保存しておく．

 濡れ手での極低温操作は危険：手が乾いていれば多少液体窒素に触れても，一瞬であれば問題ない．しかし，水がついている状態で，超低温槽庫内や液体窒素に触れると，一瞬にして皮膚が凍りついてしまい，危険である．

3 ドライアイス

ドライアイス（−78.5℃）は試料の冷凍状態での運搬に必須であり，またアセトンやアルコールと混ぜて寒剤としても使用されることがある．必要に応じて業者から購入する．少量であればアイスクリーム屋などでも買える所がある．細かなフレークアイス状のものとブロック状のものがあり（図3-5），容器にびっしりつめるには前者がよいが，長もちの点では後者がよい．手袋をして扱い，ぬれた手ではさわらない．凍傷になる．

ドライアイスを保存するときには，ブロックを新聞紙に包み，厚手の断熱箱かクーラーボックスに入れる（図3-6）．超低温槽に入れると長もちするが，庫内に炭酸ガスが充満して中の氷（水）が酸性になるため，あまり勧められない．

図3-5 ドライアイスの3つの形態

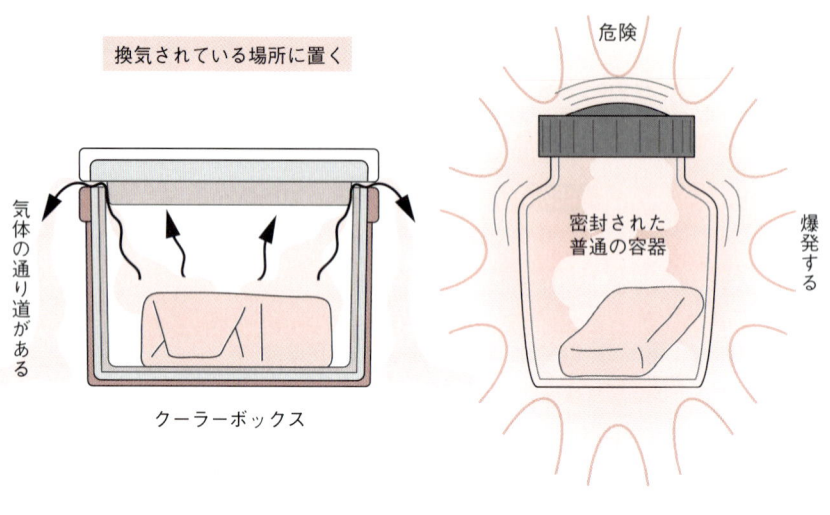

図3-6 ドライアイスの保存法

 液体窒素と同様，ドライアイスを密封容器に入れてはいけない．ガスボンベでない限り必ず爆発する！
また，液体窒素と同様，大量のドライアイスを換気のない狭い部屋に保存しないこと．窒息事故を起こしかねない．

4 恒温水槽

　恒温水槽も，長く使用していると雑菌が生えたり水槽内に水アカがつき，好ましくない．水は頻繁に交換するようにする．水道水で構わないが，純水を使用すると水の劣化は少しは抑えられる．筆者の研究室では，水槽にEDTAを1 mMになるように加えるようにしている．こうすると水はほとんど腐ることなく，長い期間きれいに使用できる．温度調節の設定が悪く，表示温度と実際の温度がズレていることがある．検定済み水銀温度計などを使い，正確に温度を測定し，必要があれば補正するか，修理に出す．

5　オートクレーブ

　オートクレーブのタンク内は，培地がこぼれたり金属サビがついたりするために，定期的に掃除する必要がある．電源を落としてから円形の金属製簀子（すのこ）を外し，中をタワシで磨いた後，水道水で数回すすぐ．排水は機械の下にコックがあるので，そこを開いて行う．機械のヒーターはタンクの底にあるセンサー（リレースイッチ）でon/offするしくみになっている．センサーはナットのようなもので，水があると電気が流れてリレースイッチが入る（図3-7）．ときどきセンサーを外し，きれいに拭く．

図3-7 オートクレーブタンク内部の構造（ななめ上から見た図）

6　乾燥箱「デシケーター」

　デシケーターは試薬や器具を乾燥状態で保存するのに使用される．小さなものはガラス製で，すりガラスのフタ（グリースが塗ってある）で密封できるようになっている．プラスチック製の箱のようなものもある（図3-8）．

　デシケーターには乾燥剤が入っている．よく使用される乾燥剤はシリカゲル（直径数mmのガラス様の粒）で，着色されているものが一般的である．青色が乾燥状態を示し，水分を吸って脱水能が落ちると赤くなる．赤くなったシリカゲルは新しいものと交換する．入れる量はトレイに数cmの厚さになる量を目安にするが，数カ月間もつようでないと不足していると判断する．劣化したシリカゲルは加熱して再生させる．金属トレイにシリカゲルを薄く（これが重要）敷き，乾熱滅菌機（あるいはオーブン）を使い，180℃以上で数時間以上加熱する（中途半端に加熱しても，またすぐ赤変してしまうので，十分に行う．図3-9）．このとき，庫内の空気が外に出やすいように，換気ダンパーは開けておく．

図3-8 デシケーター（乾燥箱）

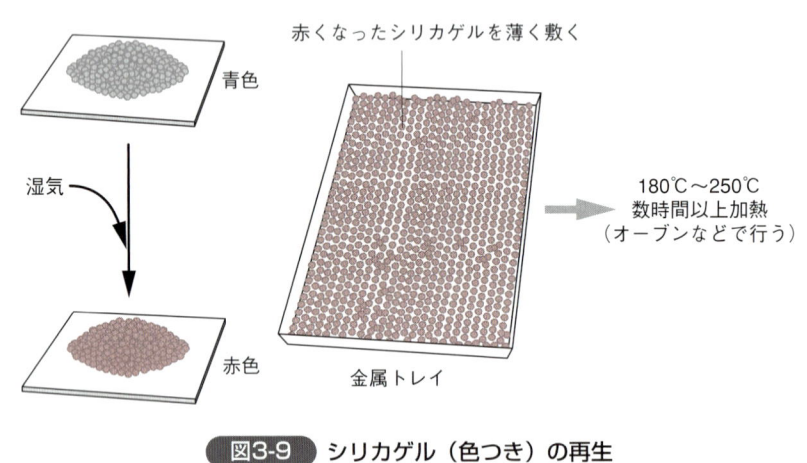

図3-9 シリカゲル（色つき）の再生

7 廃棄物の処理

7-1 ゴミの分別

　実験ではさまざまなゴミが出る．ゴミは材質（ガラス，金属，そして紙や木など）により別々にゴミ箱（袋）にまとめる（図3-10）．割れたガラスは鋭利で危険である．捨てる場合はむしろ少し砕くなどし，厚手のプラスチック袋か容器に入れて，しかるべきルールに従ってゴミ出しする．最も大量に出るゴミはプラスチックゴミである．社会はゴミを減らす方向に確実に向かっているが，研究の現場ではどうもそのような流れにはなっていないようである．全体的に研究費が上昇しているのに加えて，人件費の高騰を抑えて，時間の効率化と研究結果の安定化を計るため，ディスポ器具やキット製品が幅を利かせているのが実情である．大学が独立行政法人化した後では，労働安全衛生上の規準順守が特に厳格に適用されることになり，ゴミの分別や安全のチェックは念入りに行う必要がある．プラスチックゴミ（エッペン，チップ，シャーレ，培養用フラスコなど）は紙や木と分け，

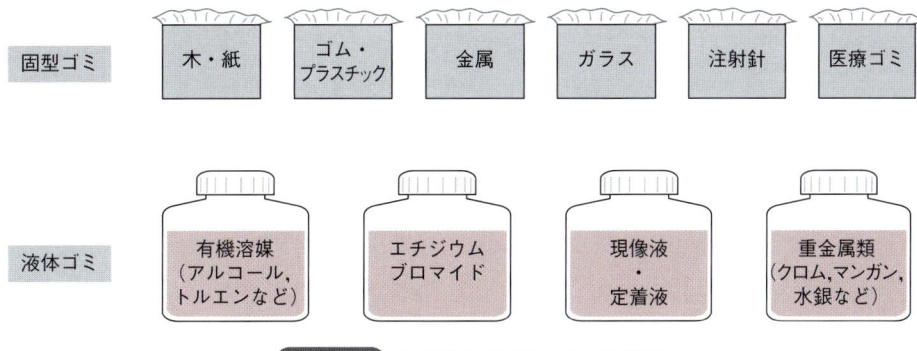

図3-10 研究室から出るゴミの分別

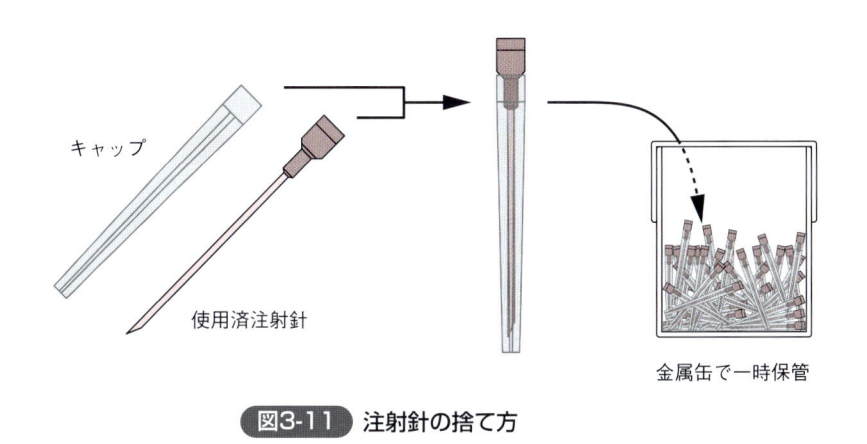

図3-11 注射針の捨て方

別々に集めるようにする（自治体や施設の基準により，可燃物として出せないところが多い）．注射針は医療ゴミとして研究機関でまとめて廃棄している所が多いようである．実験で使用した注射針はキャップをした後，金属缶などに入れて一時保管しておく（図3-11）．

7-2 大腸菌実験用ゴミ

使い終わった寒天培地の入ったシャーレ（プレート）には細菌がついているので，そのままでは捨てられない．シャーレをオートクレーブバッグ（プラスチック製でオートクレーブ可能な大きな袋）に入れ，口を縛った後でオートクレーブする（図3-12）．オートクレーブ後（寒天培地が固まってから），プラスチックゴミとして搬出する．

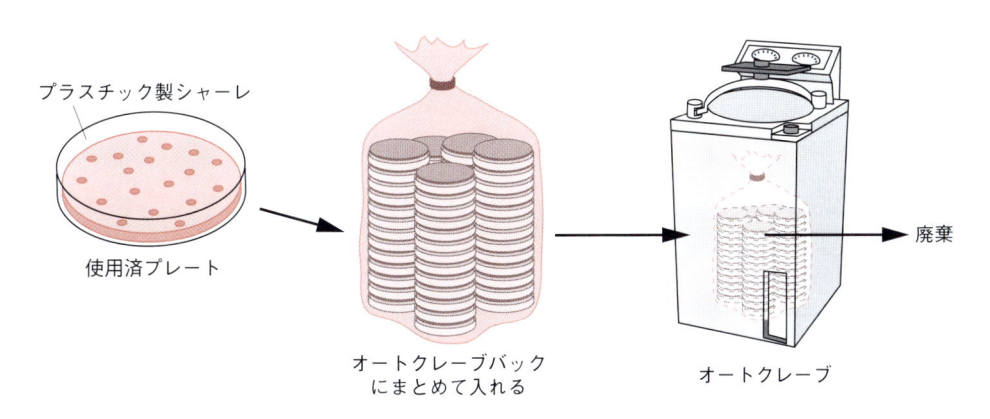

図3-12 使用済プレートの処理方法

7-3　液状廃棄物

　　実験に使用した有害な有機溶媒（ベンゼンなど），腐食性試薬（フェノールなど），有害物質（エチジウムブロマイドなど）などは分別して廃棄物タンクに一時保管し，適当な時期に業者に処理を委託する（施設で処理設備をもっているところもある）（7章，11章参照）．大量の強酸や強アルカリを捨てる場合は，まず中和し，それから流しに流す．写真の現像を行っている場合（X線フィルムの自動現像機も同様），使用済みの現像液と定着液は流しに捨てず，回収業者に処理を委託する．

7-4　粗大ゴミ

　　冷蔵庫やその他大型の機械が粗大ゴミとなる場合，施設の規定に従って処分する．機器は研究機関の備品として登録されているものが大部分であるため（登録番号を書いたシールを貼ってあることが多い），勝手に処分できないこともあり，廃棄する前には必ず手続きを確認しなくてはならない[a]．

[a] 通常備品は最低5年間は処分できない．購入金額の高いものはその期間が延びることがある．

8　クーラー/エアコン

　　最近の実験室はクーラー（エアコン）の設置が普通になっている．実験室には冷凍庫やインキュベーターなどの発熱体が多く，一般の部屋よりかなり室温が高くなってしまう．そのためクーラーは必需品であり，ところによっては冬期でも運転している研究室もあるほどだ．このためクーラーにはかなりの負担がかかるので，整備をかかさないように注意する．月1回以上，室内機の吸気パネルについているフィルターを掃除する（電気掃除機でホコリを吸うか，水洗いする）（図3-13）．

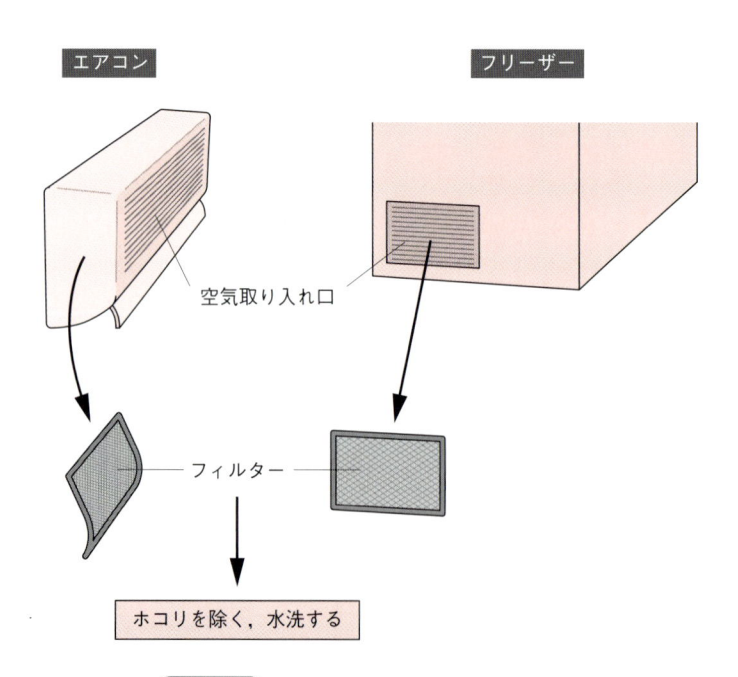

図3-13　エアコンのフィルター等の掃除

> **memo** 実験室の湿度管理：湿度の高い実験室はカビが発生しやすく，クーラーも効きにくく，また冷蔵庫も冷えにくい．フリーザーに霜がついたり，試薬が吸湿するなど，多くのトラブルを発生する．湿度の高い部屋はエアコンで除湿することが必須となるが，乾燥機（除湿機）もかなりの効果がある．

9 掃除

　研究室を清潔に保つため，必ず定期的に掃除をする．掃除をどのくらいの頻度で行うかは，実験室の使用頻度（1日当たりの実験者数），研究室の構造，老朽化の程度，そして実験室の種類により異なる．一般実験室であれば，週0.5～1回の掃除が基本である．上述したさまざまな機器の保守点検も，掃除の時間に合わせて行うと，忘れることがなくてよい．以下に定期的掃除/保守項目を列挙する．

* 床の掃除〔バキュームクリーナー（電気掃除機）を使って行う〕
* ゴミ捨て
* 洗剤や純水の交換や補充
* 恒温水槽の水（水槽も）のチェックおよび交換
* 液体窒素のチェックおよび補充
* クーラーやフリーザーのフィルター掃除
* オートクレーブタンクの掃除
* その他，気が付いたところ

組織培養室や精密機器室，顕微鏡室は特に念入りに掃除をし，足拭きマットがある場合はそれを交換するか，よく掃除する．

10 停電に対する備え

　研究施設は，通常年に1回以上の停電がある．研究支援体制の整っている施設や病院など，非常用電源が用意されている施設では，停電で重大な被害を受ける実験用の機器は，はじめから非常用電源に接続しておく．一般に停電時の対応が必要な実験機器には表3-1にあげたようなものがある．非常電源のない施設ではその都度停電に対する対応が必要となる．停電はだいたい8時間以内で終わるので，以下にその程度の停電時間に応じた対応

表3-1　停電に対する対応

停電への対応の必要な研究用機器	対応*
冷蔵庫	Ⓖ，Ⓓ，あるいは何もしない
冷凍庫	Ⓖ，Ⓓ
超低温槽	Ⓓ
炭酸ガスインキュベーター	Ⓖ，あるいはガスの供給を止める
パソコン	シャットダウン
コンピュータ制御の精密機器	シャットダウン
動（植）物飼育設備	何もしない／Ⓖ／動植物を避難させる／冬であれば暖房器具を入れる

Ⓖ：発電機　　　　　＊非常用電源につなげる場合は前もってつないでおく
Ⓓ：ドライアイス

策を述べる.

　冷蔵庫は取りたてて対応の必要はないが，必要な場合のみ溶液が凍らないようにして，大きさに応じて1〜5 kgのドライアイスを入れる．冷凍庫は10〜30 kgのドライアイスが必要である．ドライアイスを庫内の数カ所に置き，温度の均一化を図る．凍結防止用グリセロールの入っている酵素試料などがある場合，そばにドライアイスを置かないように注意する．中身が詰まっているほど温度が上昇しにくい．超低温槽では30〜80 kgのドライアイスが必要である（温度上昇時に液化炭酸ガス注入式の安全装置のあるものは必要ない）．超低温槽の電源が切れると，10分間に1〜3℃温度が上昇するので，停電時間が1時間以内であれば，特には寒剤を入れる必要もないかもしれない．ともかく，停電の数時間前にはドライアイスを入れ終え，停電が復旧して温度が正常になるまでは絶対に扉を開けてはいけない[b]．

---

[b] 通常の冷蔵庫や冷凍庫なら発電機でも対応できる．超低温槽は電気容量が大きく，通常サイズの発電機では対応できない．発電機を使用する場合はガソリンの扱いに注意し，運転中は発電機の調子や燃料の残りを頻繁にチェックする．

　炭酸ガスインキュベーターは発電機で対応する．発電機が使えない場合，細胞は40℃以上の高温には弱いが室温程度の低温には強いので，停電と同時に炭酸ガスの供給を止める．止めないと炭酸ガスが充満して培地が酸性になる．動植物を飼育している飼育環境が電気的に制御されている場合，やはり大きな影響が出る場合があり（特に長期の停電の場合），設備や実験に応じた対応を講じる．酵母や大腸菌は，厳密な培養条件で行っている実験以外は放っておいてかまわない．

　パソコンを使用している機器（あるいはパソコン自身）では，ハードディスクが停電により破損することがあるので，停電の前にシャットダウンしておく．

　停電が復帰した瞬間，すべての機械の電源が一斉に入る．通常実験室の電源は全機械の50％分の容量しかないことが多く，電源復帰と同時にブレーカーが落ちる可能性がある．不必要で電気容量の大きな機械は復帰に先立ってスイッチを切っておき，復帰後少し経ってから順番に電源を入れる．

11　電気器具の簡単な修理

　電気器具が突然動かなくなってしまうことがあるが，その場合はテスター（電流や電圧を測定し，漏電や断線がチェックできる）（図3-14）を使ってチェックし，断線している場合は導線を接続し直す．断線の原因はヒューズ切れのことが多いので，1〜10アンペア

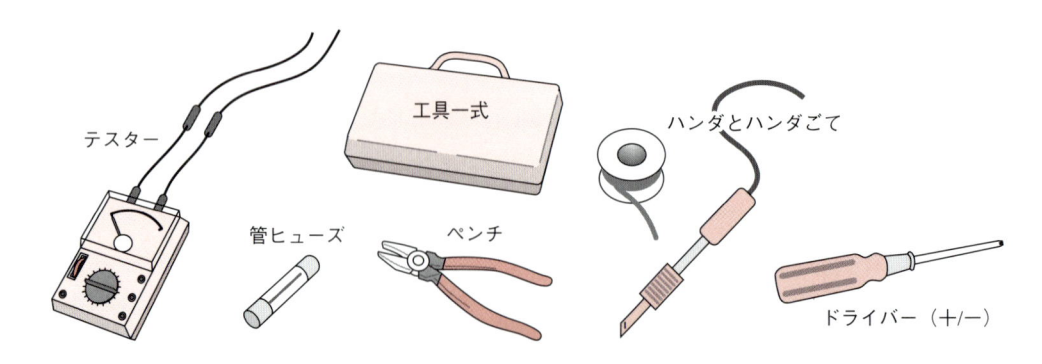

図3-14　簡単な電気器具の修理に必要な工具類

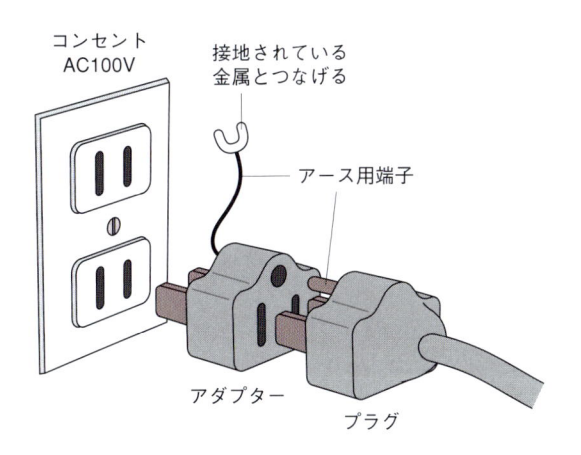

図3-15 アース端子付きプラグを通常コンセントで使うときの方法

（A）範囲の管ヒューズを常備しておく．機械に接続されている電源プラグ（差し込み）と差し込み口（コンセント）の形状が異なる場合はプラグを交換しなくてはならない．導線をしっかりとプラグ端子に固定し，必要があればハンダ付けをする．100V単相電源のプラグにアース（接地）導線がついているものがある．コンセントにアース用の口がない場合，アダプターを使ってプラグをコンセントに差し込み，アダプターから出ているアース線（緑色）をしかるべき部分に接地させる（図3-15）．コンセント側の作業はブレーカーを切ってから行うが，作業によっては資格が要るので注意すること．研究室に電気用工具やその他工具を一式用意しておくことが肝要である．

第4章

機械の取り扱い

実験室には化学実験で一般的に使われる天秤や，分子生物学研究で汎用される遠心分離機や電気泳動用電源などのさまざまな機械がある．この章では実験室の代表的な機器に関し，その構造と使用法について説明する．

1　天秤

1-1　直視型電子天秤

1）種類

微量の試薬を正確に秤量する（重さを量ること）のに，昔は化学天秤が使用されていたが，現在では重さがデジタルで表示される直視型の電子天秤がとって代わっている（図4-1）．メトラー・トレド社やザルトリウス社のものが有名である．1 μgという超微量も量れるガンマ天秤から100 kg以上でも量れるものまで，さまざまなタイプがある．通常研究室では0.1 mg～10 gの範囲の微量天秤と，10 mg～3 kg（実際には10 kgまで量れるものがあると便利）の範囲の通常天秤の2種類を使用している所が多い．測定レンジを切り替えて使える機種もある．通常天秤～重量用天秤は秤量皿が大きく，カバーはない．微量天秤以下のものは秤量皿が小さく，戸付きのガラス箱で覆われている．

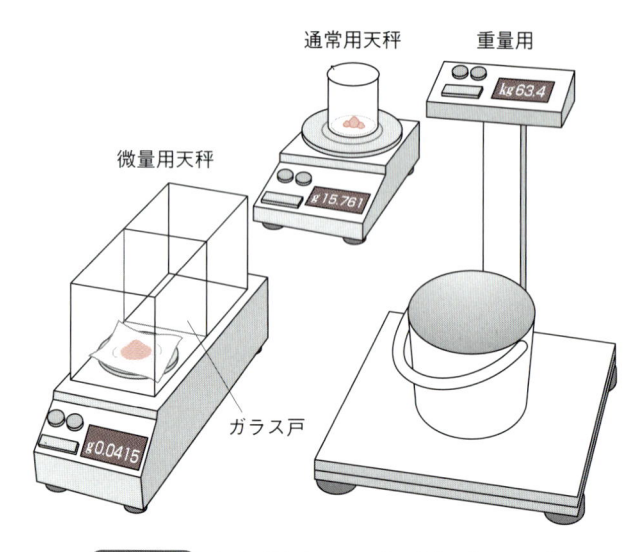

図4-1 さまざまなタイプの直視型電子天秤

2）設置と保守

天秤は人通りの少ない，風が通らない場所の石の台（ストーンテーブル）のような安定な台の上に置く．付属の水準器を用いて機械を水平に保つ（図4-2）．天秤が正しい読みを示すかを，添付の標準分銅を用いて定期的にチェックする．天秤内部のアームに強く突発的な衝撃が加わると天秤が破損するので，これを防ぐために使用後は必ず電源を切る（アームがロックされる）[a]．

---

[a] 感量：天秤のレバーを動かす最小量の重さを感量という．秤量の少ない天秤ほど小さく，造りもきゃしゃである．感量以下は誤差の範囲に入る．1つの天秤でも秤量が大きくなるほど感量が増加する（この欠点を修正する機械もある）．

3）使用法

スイッチを入れたら風袋（薬包紙，ビーカーなど）（図4-3）を静かに乗せてゼロ合わせをする．続いて試料を乗せ，表示された数値を読む．試薬などをとるときは，実験に応じて正確かつ要領よく量れる工夫をする（7章参照）．

> **memo** 風袋の重さ：風袋が軽いにこしたことはなく，原則的には秤量より軽いことが望ましいが，せめて秤量の100倍以内にする．秤量の10,000倍を超える重い風袋は非現実的（図4-4）．

図4-2 天秤の設置場所

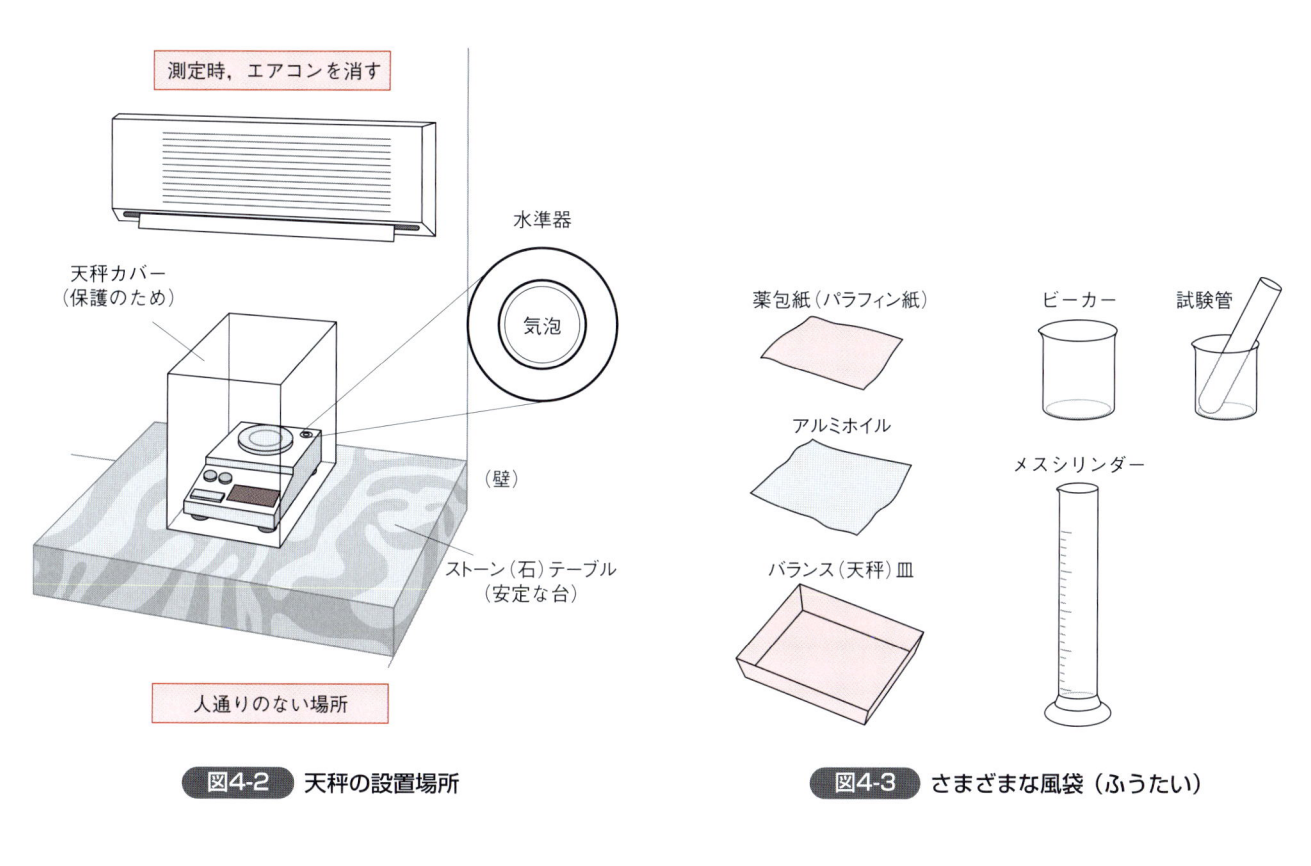

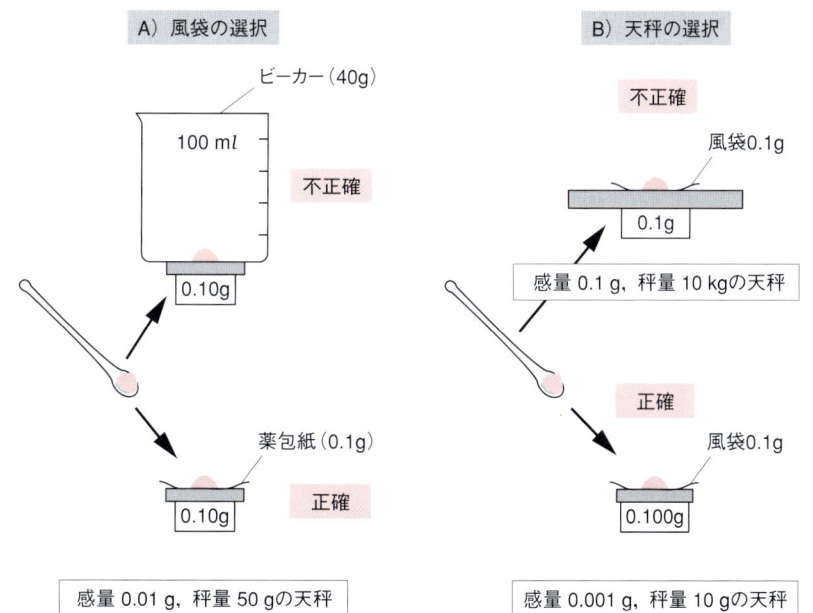

図4-3 さまざまな風袋（ふうたい）

図4-4 正確な秤量のための注意（0.1gの試薬を量りとるとき）

1-2　一般のはかり

古典的な上皿天秤は現在でも使われている．一方に試料を（右利きの場合，右側に），他方に分銅を乗せる．用意されている分銅で重さの端数をカバーできないことがあるので，この不便さを解消するため，端数を付属のゲージで読むものや，アームに連結されたゲージに付けたスライド式の分銅を移動させてバランスをとるもの（オックスフォード型）がある（図4-5）．いずれのタイプもアームとそれを支える刃の接点部分が天秤の生命であり，決して強い衝撃を与えてはいけない．

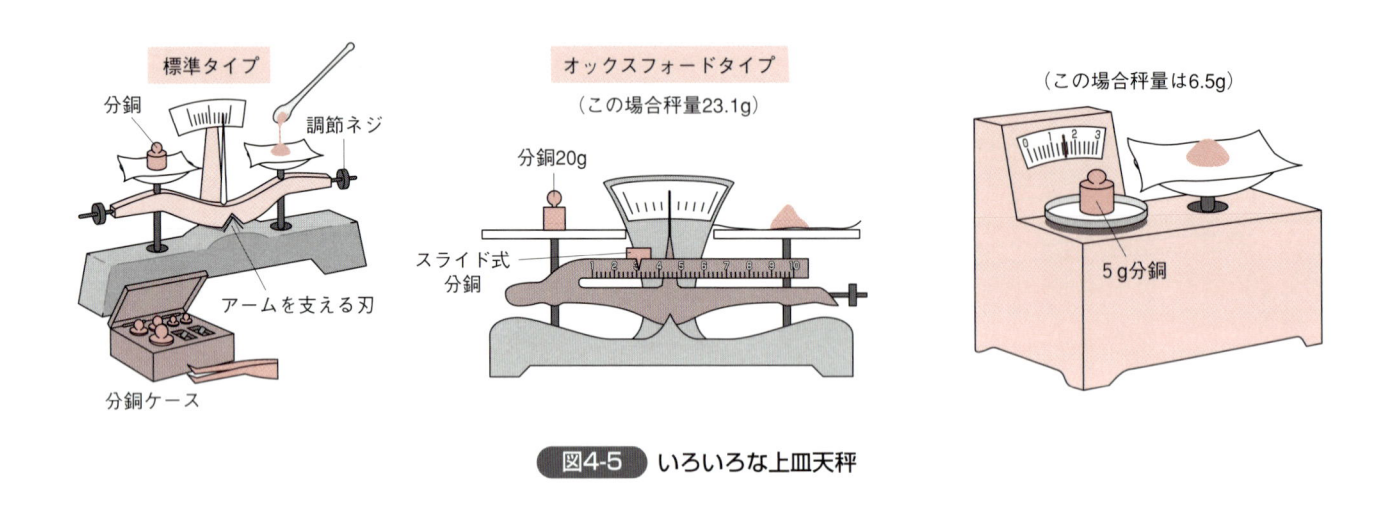

図4-5　いろいろな上皿天秤

1-3　重量用はかり

直視天秤タイプのものから台秤のようなものまでさまざまなタイプがあり，数十〜数百kgの範囲で使用される．数十kgオーダーの試薬を量ったり，液体窒素タンクなどを乗せて内容物の残量をチェックしたり，大型動植物の重さを量るのに使われる．

2　pHメーター

2-1　水素イオン濃度とpH

pHは水素イオン濃度の指標として用いられる．pHは生体内反応の進行に重要な要素であり，それはバイオ実験でも同様である．水は部分的に$H_2O \Leftrightarrow [H^+] + [OH^-]$と電離（イオン化）しており，各イオンの濃度は$1 \times 10^{-7}$ Mであり，その積は1×10^{-14} Mと一定である．純水な水のpHを7（中性），それより低いpHを酸性，高いpHをアルカリ性という．水に溶けてアルカリ性になる物質を塩基性物質という．pHは水素イオン濃度の逆数の常用対数値（例：1×10^{-4} Mの水素イオン濃度でpH = 4）と定義されるが，pH値の理想的値を求めることは現実には不可能なため，実際にはpH標準液を元に，以下の式で求める．

$$pH[X] - pH[S] = (Ex - Es) / 2.303 \cdot RK/F$$

pH[X]：試料のpH，pH[S]：標準液のpH，Ex：試料の起電力，Es：標準液の起電力，R：気体常数，K：絶対温度，F：ファラデー定数

2-2 pHメーターとpH測定

pHメーターのpH検知部分であるpH電極は薄いガラス皮膜をもつガラス電極と，銀-塩化銀の比較電極（参照電極）の一対から構成されるが，この2つを1本にした複合電極が一般的である．比較電極は3.33 M KClで満たされている．pHメーターには温度補償電極（温度センサー）が付いている．pHは温度により異なるが，温度補償はpHの温度変化とは無関係で，機械がその温度でpHを正確に測定するための機能であり，勘違いしないように．

pH測定の前に中性標準液（pH＝7.0：リン酸バッファー）と酸性標準液（pH＝4.0：フタル酸バッファー）を用いてpHの校正を行う（双方2回以上行う）[b]．

> [b] 校正は機械のpH勾配を設定するための操作．標準液のpHは温度と校正表をみて求める．例：酸性標準液でも30℃ではpH＝4.015．

通常この校正法で問題ないが，pH＝10以上で使用する場合はアルカリ性標準液を使用する（pH＝9：ホウ酸バッファー，pH＝12：飽和水酸化カルシウムなど）．ただ，標準液が酸性になりやすいので，保存ビンから小分けした標準液は使い切りにする．一度校正したpHメーターはその日1日は校正しないで使える．

pH測定は図4-6に示した要領で行う．まず電極を純水ですすぎ，キムワイプで拭く．次に電極を被検液に浸け（先端の丸い部分からさらに数cm程度浸ける），スイッチを入れてpHを読む．測定が終わったらスイッチを切り，その後で電極を抜き，水で洗う（洗浄液を用いる場合，被検液と一緒にできるかどうかに注意する）．pH測定は温度や気圧，そして溶液の流動状態で変化するので，測定には表4-1にあるような注意を払う．

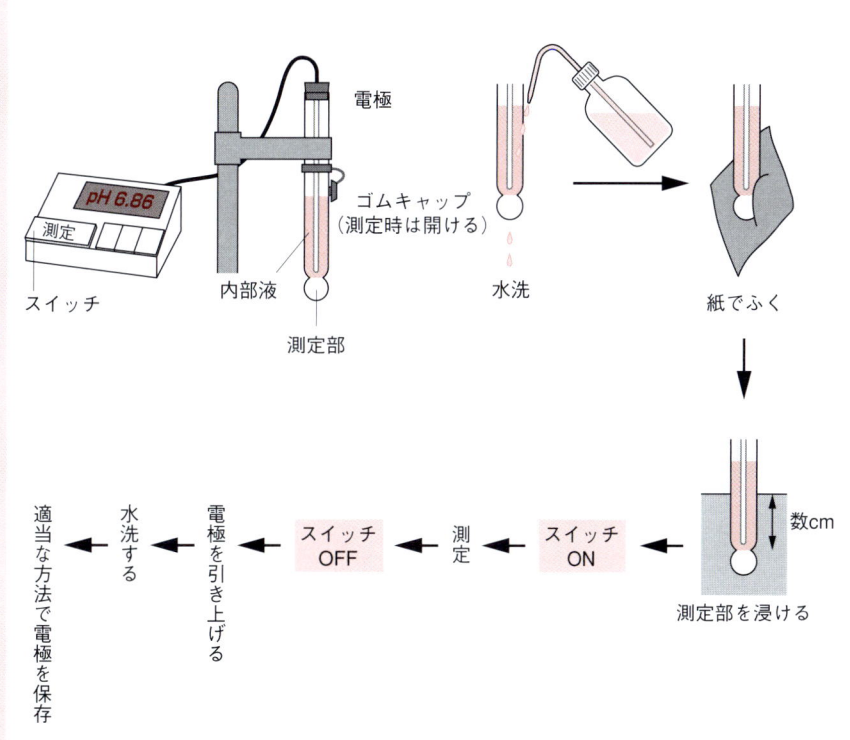

図4-6　pHメーターとpH測定の実際

〈pHメーターの校正法（使用前の準備）〉
① 電極についているゴムキャップを開ける．内液が減っていたら補充する
② pH＝7.0（中性）とpH＝4.0（酸性）の標準液を室温に出し（冷蔵庫にある場合），小さな容器に移す
③ 電極を純水で洗い，キムワイプでふく
④ 中性標準液に電極測定部をつける．温度を読む．次にpH測定モードに切り換え，pH値を読む（右図参照）
⑤ 温度校正表を参照して，そのpHになるように，微調節する．電極を洗いキムワイプでふく
⑥ 酸性標準液についても測定し，調節つまみでpHをあわせる
⑦ ⑤と⑥をあと1〜2回行い，安定していることを確かめる
⑧ pH標準液は元の場所にしまう．pH電極は水洗後純水に浸け，実際の測定に備える

2-3 保守

電極のガラスは壊れやすいので，取り扱いに注意する．pH電極の内部液はゴム栓部分から少しずつ蒸発するため，定期的に内液を補充するか，新しいものと交換する．電極は清浄であれば乾燥させて保存しても問題ないが，一般には水（あるいは3.33 M KCl溶液）に浸けておくことが多い．濃厚なタンパク質溶液を使った後や長く使用した後の電極は洗浄が必要となる．洗剤液を含ませた柔らかい紙（汚れが少ない場合は1規定塩酸）で電極を拭く．洗剤に長時間浸けないよう注意する．

表4-1　pH測定の注意

1. pH校正を使用温度で行っているか？
2. 被検液の温度が極端に高／低くないか？
3. pH電極に汚れがないか？　内部液は入っているか？
4. ゴムキャップを外してpH測定しているか？
   （注：pHは気圧に関係あるため）
5. 被検液をスターラーで激しく撹拌し過ぎていないか？
   （溶液の流れがあると，イオン発生状態が変化する）
6. アルカリ標準液は新しいか？（古いとpHが下がる）
7. 電極測定部は十分液に浸かっているか？

3　分光光度計

3-1　吸光度

分子には光を吸収する性質があるが，吸収される光の波長と吸収量が化学結合のタイプで異なるため，光吸収のプロフィールは分子特異的である[ⓒ]．

> ⓒ 光（電磁波，紫外線も含む）を吸収した分子は励起されるが，分子によっては励起エネルギーが放出されるときに蛍光という形で光が出るものがある．

分子の光吸収プロフィールを光吸収スペクトルという（図4-7）．吸収スペクトルを特徴づけるのは吸収波長の極小値と極大値であるが，分子を光吸収で検出／定量する場合，感度と特異性の観点から，原則として極大波長を用いる．1モルの分子の吸光度をモル吸光係数あるいは分子吸光係数（molar absorption coefficient，あるいはmolar extinction coefficient）といい，この値から分子の濃度や絶対量を求めることができる．

A) 吸光度は濃度と距離に比例する

（入射光の強さ） I_0 → ▨ → I （通過後の光の強さ）
l

吸光度 = $\log \dfrac{I_0}{I} = \varepsilon l c$

ε ＝モル吸光係数（$M^{-1}cm^{-1}$）
l ＝光路長（cm）
c ＝モル濃度（M）

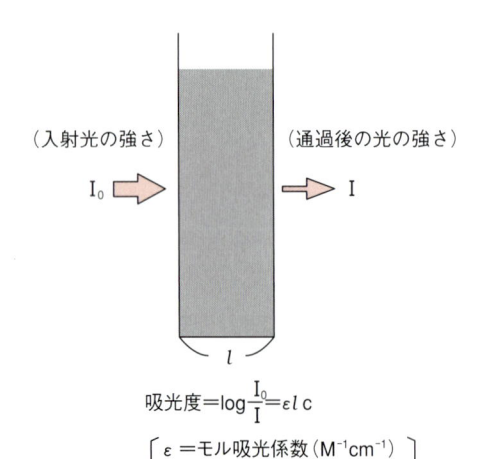

（吸光度［OD：optical density，もしくはA：absorbance］）

B) DNAの光吸収スペクトル

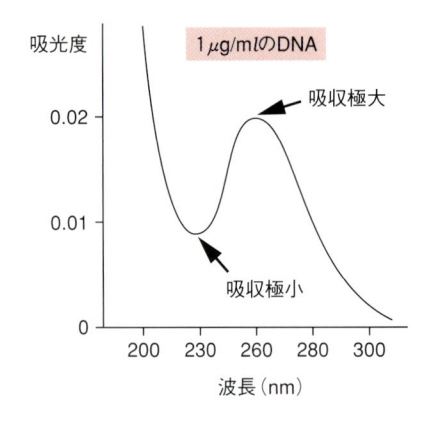

1 μg/mlのDNA、吸収極大（260 nm付近、吸光度約0.02）、吸収極小（230 nm付近）

図4-7　吸光度と光吸収スペクトル

3-2 分光光度計の構造

　光吸収を測定する機械を分光光度計(spectrophotometer)(あるいは光電比色計,光電光度計)という.光源からの光をプリズムや回折格子で分光してから細い隙間「スリット」を通して一定波長の光をとり出し,容器(キュベットあるいはセル)を通過させ,通過後の光の強さを測定する(図4-8).光吸収の度合を吸光度(optical density:OD,あるいはabsorbance:A)という.吸光度は光路長と濃度に比例するが「Lambert-Beerの法則」(図4-7)のようにして求められる.透過率(transmittance:T)はODと逆の意味をもち,%で表す[d].

---
[d] T=10%でOD=1.0,T=98.7%でOD=0.1である.

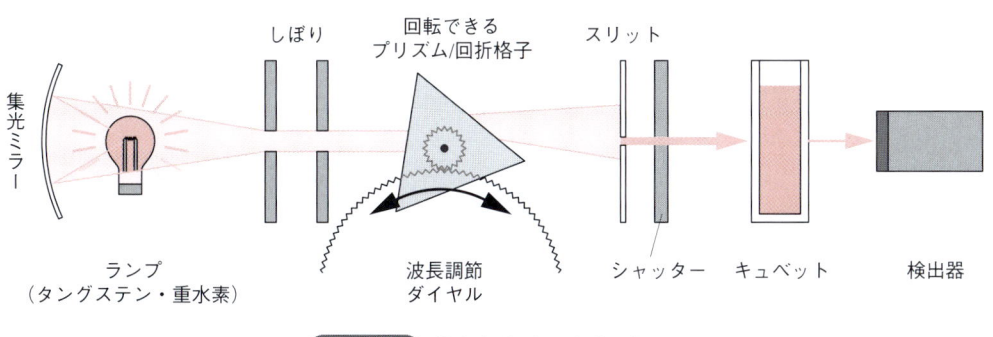

図4-8　分光光度計の光路の概要

　分光光度計の光源にはタングステンランプと重水素ランプの2つがあり,前者は可視光専用で,後者は紫外線(180〜400 nm)にも対応している.重水素ランプの寿命は短いので,つけっ放しにしないこと.

　標準的角形キュベットは1 cm^2 の正方形底面で,1〜数cmの高さがある.光路長は1 cmと決まっているが[e]光路幅は1〜10 mmとさまざまなので,溶液が入る量もさまざまである〔0.05 ml (マイクロキュベット)〜5 ml (標準キュベット)〕(図4-9).

---
[e] 光路長1 cmにこだわらず,極微量(〜数μl)で測定できる機械もある.

　キュベットはガラス製だが,紫外線を吸収するので,紫外線で測定する場合は光路面が石英のキュベットを使用する.光路面の内/外側を傷つけないよう,取り扱いには細心の注意を払おう[f].

---
[f] ダブルビーム分光光度計:2個のキュベットに同じ波長の光を当てるタイプの機械.一方に対照溶液,他方に被検溶液を入れて計る.キュベットを入れ替えずに複数波長での吸光度測定ができるため,吸収スペクトルの測定に便利.

3-3　測定の実際

　機械の電源とランプのスイッチを入れ,波長を合わせて10分ほど待つ.対照液(溶媒)をキュベットに入れてフタを閉め[g](このとき内部シャッターが開くので,フタは乱暴に閉じないこと),ODの読みをゼロにする(ゼロ合わせ).

---
[g] キュベットホルダー(図4-9):キュベットホルダーには1本タイプ,4連往復移動式,回転式などがある.内側にバネがありキュベットが一定の隅に納まるようにしている.バネがきかないとキュベットの位置がずれ,うまく測定ができない.

キュベットを取り出し液を捨て（図4-10），水気を切った後で少量の被検液で内部を共洗いする．共洗いできない場合は前の液が残らないようにするか，キュベット特性[h]に注意して別の乾燥したキュベットを使用する．

> [h] キュベット特性：キュベットにはロットの違いや汚れ具合の違いによる個性がある．複数のキュベットを使用する場合，使用する波長において吸光度にどれくらいの差があるかをあらかじめチェックする．

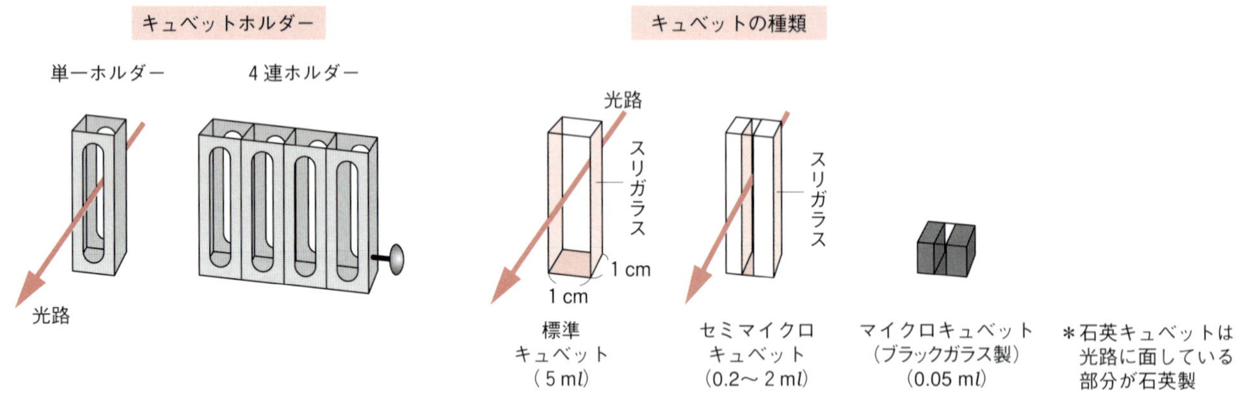

キュベットホルダー
- 単一ホルダー
- 4連ホルダー
- 光路

キュベットの種類
- 光路
- スリガラス
- 1 cm
- 標準キュベット（5 mℓ）
- セミマイクロキュベット（0.2〜2 mℓ）
- マイクロキュベット（ブラックガラス製）（0.05 mℓ）
- ＊石英キュベットは光路に面している部分が石英製

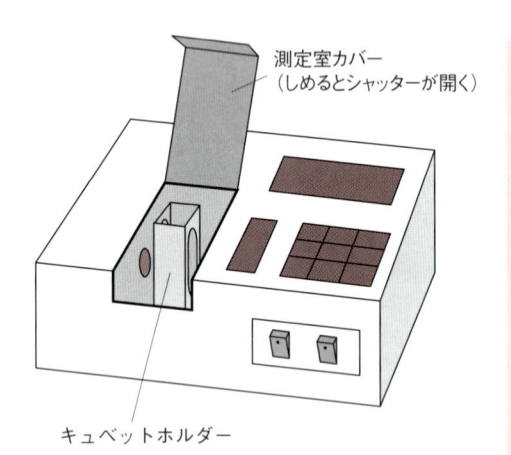

測定室カバー（しめるとシャッターが開く）
キュベットホルダー

〈分光光度計による吸光度測定〉
① 機械，ランプのスイッチを入れ，しばらく待つ
② 波長をセットする（紫外部の場合は重水素ランプ）
③ キュベットに溶媒を入れ※1，ホルダーに入れフタを閉める
④ 吸光度（OD）の読みを「ゼロ」にする
⑤ キュベットを取り中身を捨て，よく水分を切る（必要があれば共洗いをする）
⑥ 試料を入れ，ODを読む※2（必要があれば，試料を回収する）
⑦ 波長を変える場合は，③から繰り返す（濃い溶液から薄い溶液に移るときは，キュベットの残液をよく除き，共洗いする）
⑧ 測定が終わったら，機械のスイッチを全部切り，キュベットは水洗いをして適当な方法で保存する（通常は乾燥させておく）

図4-9　キュベットとキュベットホルダー　※1　液が少なすぎないように注意　※2　キュベットは常に同じ向きに挿入する

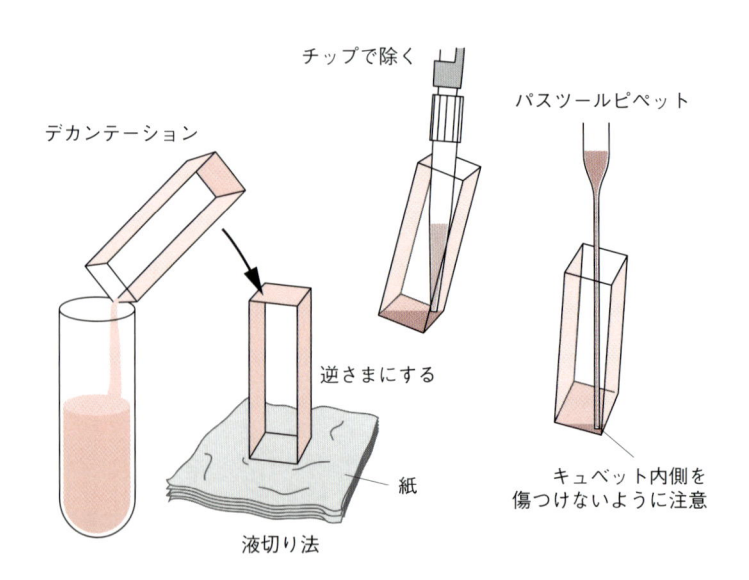

デカンテーション
チップで除く
パスツールピペット
逆さまにする
紙
液切り法
キュベット内側を傷つけないように注意

図4-10　キュベット内の液を除く方法

試料を入れたキュベットをホルダーに入れ（常に同じ向きで挿入する），ODを読む．試料は不要であれば捨て，必要であれば回収する．キュベットはよく水洗して保存する．保存は純水に浸けるか，乾燥させるかする．1 N塩酸／50％エタノールに浸けると汚れが付きにくい．汚れが激しい場合，キュベットを濃いめの洗剤に浸け，その後柔らかい綿棒で内側を軽くこすり，汚れを除く．

4 遠心分離機

ローターやバケットに入れた遠沈管（遠心ボトル，遠心チューブ）を高速で回転させ，内部の試料を沈殿させたり分離したりする機械を遠心分離機（あるいは遠心機：centrifuge）という．超高速でローターを回転させる機械は超遠心機という（後述）．遠心機は安定で平らな場所に設置し，大型の機械は水準器[①]で水平をとる（図4-11）．

[①] 水準器：検査面に乗せて水平をチェックする，メンテナンス器具の代表的なものの1つ．実験室では，遠心機のシャフトに乗せたり，シャーレや電気泳動槽を静置する台，天秤の水平とりなど，いろいろな場所で使用される．

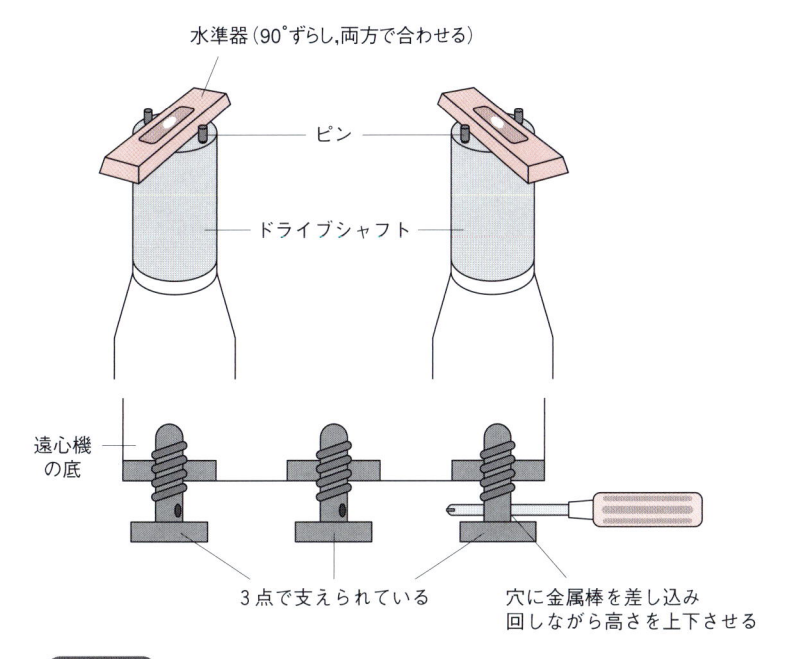

図4-11 遠心機の水平のとり方（大型遠心機以上の大きな機械の場合）

4-1 重力加速度

地表では1の重力加速度（G：gravity）が，遠心機を使うと格段に高くなる．このため，遠心分離機には大きな力が発生するので，注意して扱う．Gは回転数と遠心半径から計算できるが，表を使って簡単に求めることができる（付録参照）．回転数はrpm（rotation/revolution per minute，毎分の回転数）で表し，半径は遠沈管の中央部までとする．一定の時間が必要だが，細胞は20〜100 G，細菌やDNAのエタノール沈殿は100〜3,000 G，細胞顆粒やウイルスは10,000〜30,000 G，そしてタンパク質などは30,000〜200,000 Gで沈殿させることができる．

4-2　遠心機の種類

1）微量遠心機

冷却機付きとそうでない空冷ものがある．標準装備はエッペン12～24本掛けのアングルローターで，15,000 rpmまで回せる（図4-12）．卓上マイクロ遠心機（チビタン，回転くん，スイングマンなど）はローターが小さく回転数もあまり上がらないため，主にスピンダウンやフェノール抽出後の遠心に使用される．

2）低速遠心機

スイングバケット（後述）で使用する．培養細胞などの大きな粒子の沈殿や遠心機で使う限界ろ過フィルター（水分除去），クッション[j]を使った細胞の精製などに使用される．3,500～5,000 rpmまで回せる．

---
[j] 目的物質を遠心力で遠沈管の底ではなく，一定の比重をもつ溶液の上に集めようとする場合，その溶液をクッションという．

3）高速遠心機

冷却機付きで15,000～25,000 rpmまで回すことができる．アングルローターが基本だが，エッペンやコニカルチューブが回せるもの，1 l ボトルが回せるもの，スイングで使用できるものなどもある．

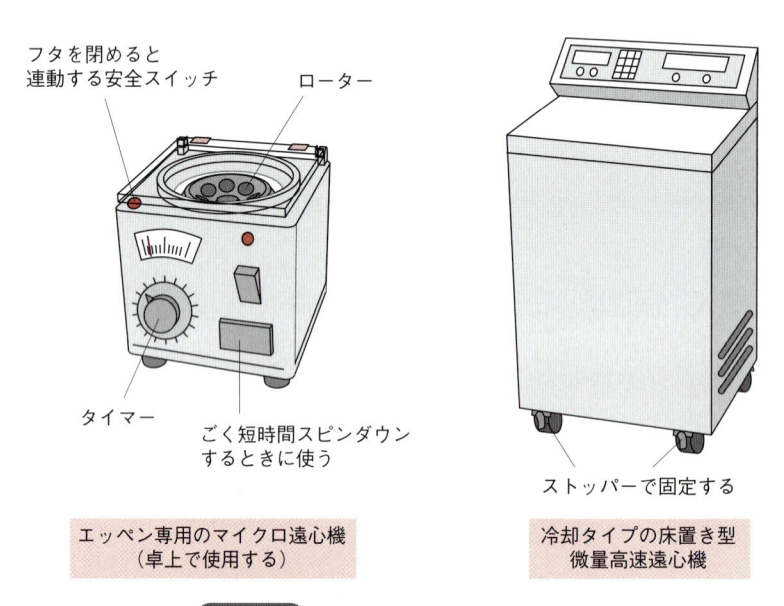

図4-12　エッペン専用の小型遠心機

- フタを閉めると連動する安全スイッチ
- ローター
- タイマー
- ごく短時間スピンダウンするときに使う
- エッペン専用のマイクロ遠心機（卓上で使用する）
- ストッパーで固定する
- 冷却タイプの床置き型微量高速遠心機

4-3　ローター

アルミニウム製でいろいろなタイプがある．アングル（固定角）ローターはチューブホールが30～45度傾いていて，数ml～1 l の各種サイズがある．スイングローター（水平ローターともいう）は懸垂式のバケットが遠心中に水平になる（図4-13）．このほかローター内部が中空になっているゾーナルローターや，試料を流しながら大量処理ができる連続ローターというものもある．ローターは精密にバランスをとって設計されており，落としたり，傷を付けたり，またテープなどを貼ったりしないようにする．いかなるローターも設定値を越えたスピードで運転してはならない[k]．

---
[k] チューブアダプター（図4-14）：いろいろなサイズのアダプターがあれば，小さな遠沈管も同じローターで使用することができる．

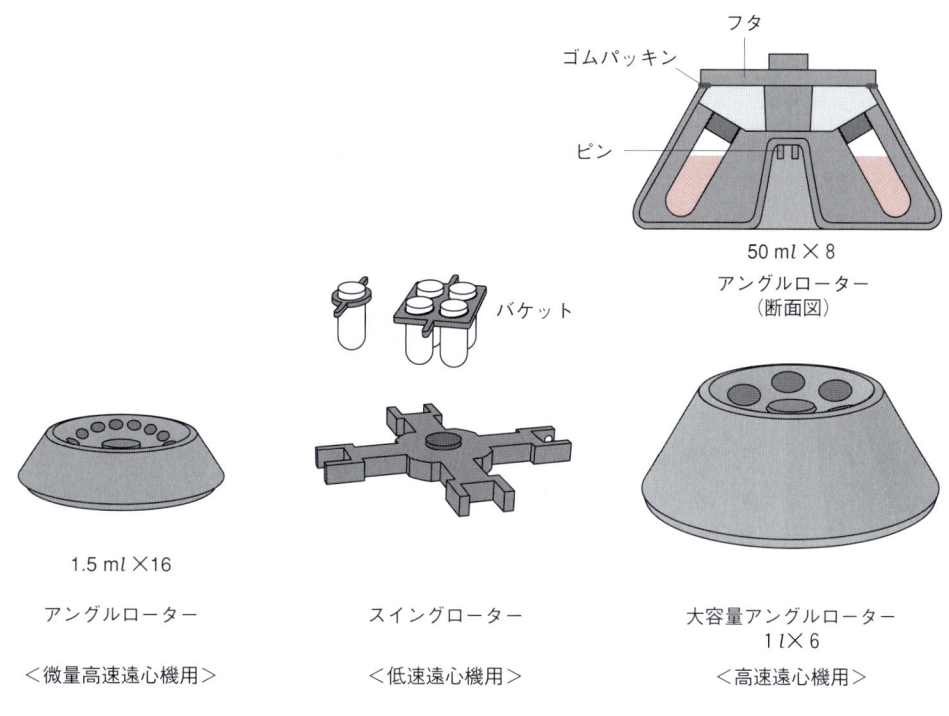

図4-13 遠心機用の種々のローター

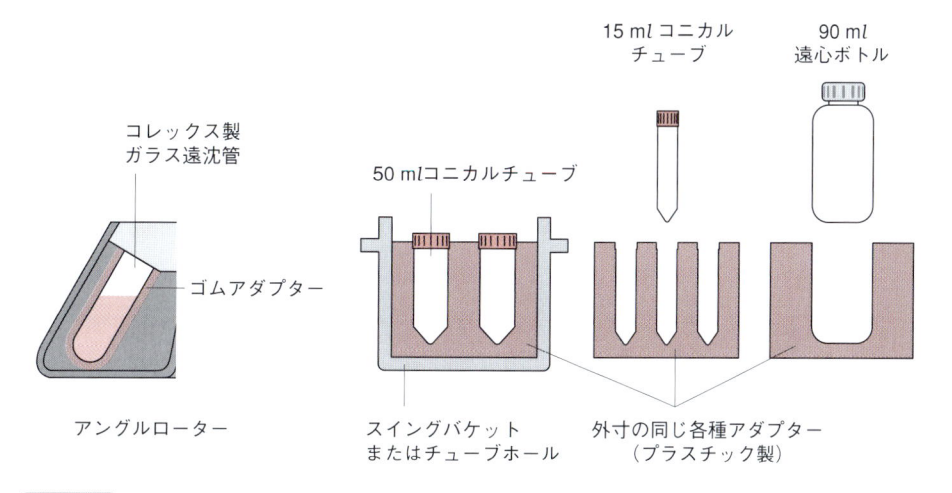

図4-14 ローターの機動性を高めるローター（バケット）アダプターの利用
アダプターは遠沈管のサイズを変えて使用したいときや，遠沈管の保護の目的などで用いられる

4-4 遠沈管に試料を入れる

1）バランスをとる

　遠沈管はローターの対称な位置に，重さを同じにして（アンバランスの防止），対でセットする（図4-15）．点対称でセットしてもよい．バランスは上皿天秤を用い，ズレは針の目盛り1つ以内にする．直視型電子天秤を使ってもよい．スイング型ローターはアンバランスに弱いので，より慎重に行う．バランスをとった後，フタ付きのものは確実にフタをする．最近の遠心機は目分量バランスで使用できるようになっている．微量遠心機ではそれで全く問題ないが，容量の大きな遠沈管は元より，それ以外でもバランスをとるに越したことはない．

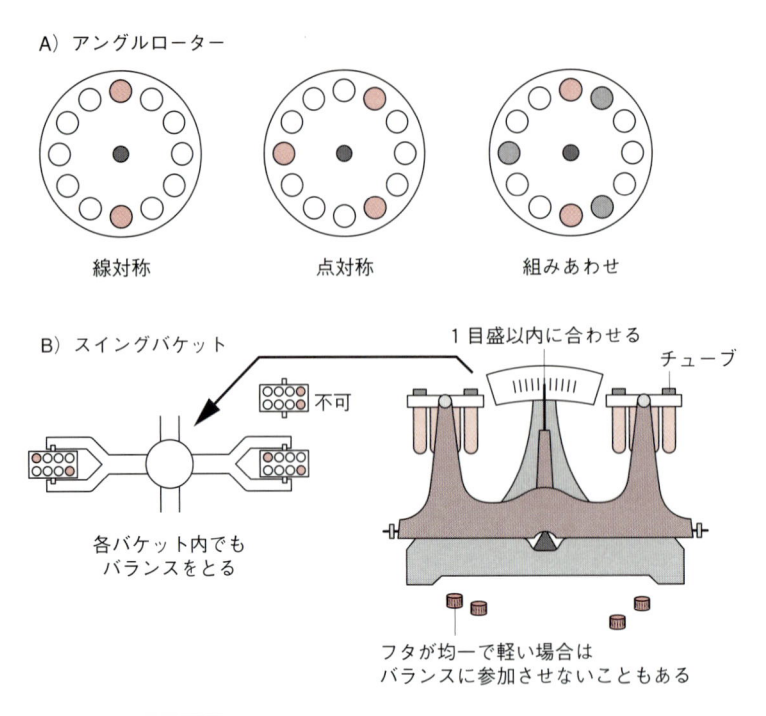

A）アングルローター

線対称　　　点対称　　　組みあわせ

B）スイングバケット

1目盛以内に合わせる
チューブ
不可
各バケット内でも
バランスをとる

フタが均一で軽い場合は
バランスに参加させないこともある

図4-15 バランスをとった遠沈管のセットの仕方

2）試料の漏れに対する注意

　遠沈管に入れることができる液量は満杯の8割が目安である．安全量以上液が入っている場合，フタの締めが重要で，弛んでいると液がこぼれ，途中でバランスが狂う（インバランスになるという）（図4-16）．遠沈管は種類により最高回転数が決まっている．また許容回転数範囲で使用していても，劣化などの原因で破損することもあり，異常のある遠沈管は使用を控える．

> **memo** 遠心中に緊急事態が起きたら：遠心機は1,000～3,000 rpmのところが最も不安定で，アン（イン）バランス事故の大半はここで起こる．もし遠心機から異音や異常振動が出たら，即座に停止ボタンを押す（あるいはタイマーをゼロにする）．

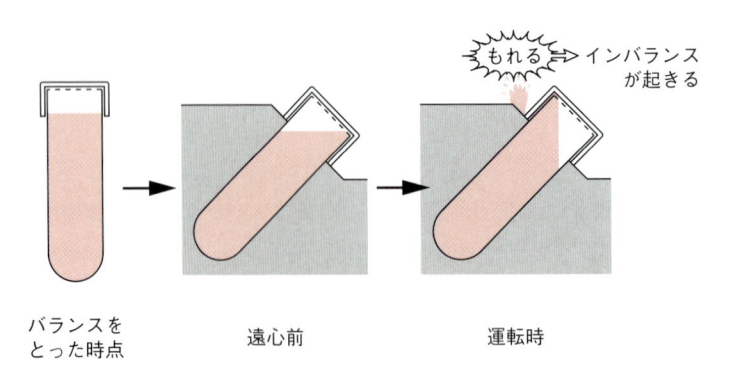

もれる　インバランスが起きる

バランスを　　　遠心前　　　運転時
とった時点

＊特にボトルのフタにシーリング（O-リング）がない
　遠沈管の場合に注意

図4-16 遠沈管に液を入れすぎない（特にアングルローターの場合）

4-5 運転

1) ローターのセット

微量遠心機のローターはネジで固定されているが，それ以外はすべてその都度ローターをドライブシャフトにセットする（注：長期間ローターをつけっ放しにしないこと．粘着してしまう）．ローターとシャフトにピンがついているので，これらのピンが重ならないようにして，ローターをまっすぐ，静かに降ろす（少し手で回して安全確認してもよい）（図4-17）．遠沈管をセットしたら，ローターのフタを確実に締める．ベックマン・コールター社の高速遠心機は，フタを締めることによりローターがシャフトに固定される．

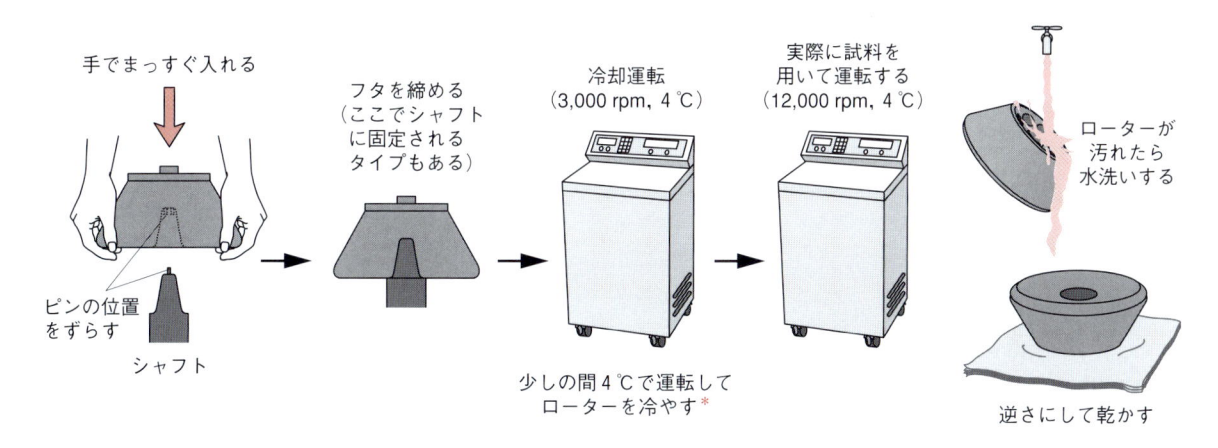

図4-17 冷却運転とローターの掃除

＊この方法は超遠心ローターではあまり効果がない．その場合は，別の場所で冷やしてから使用する

2) 加速と減速

通常は加速も減速（ブレーキ）も最大で使用する．ただ，目的物を遠沈管の底に沈めないタイプの操作の場合（例：フィコールクッションで血液からリンパ球を精製するときなど）はブレーキを切る．

3) 運転

冷却運転をする場合，あらかじめローターだけで20分ほど冷却運転してローターを冷やす．機械によっては真空装置がついていて，運転中弱い真空状態になるタイプのものがある．このような機械は（ドアパッキンを破損しないような注意が必要），真空状態もチェックする．作業がすべて終わったらローターを取り出し，汚れを拭き取って（場合によっては水洗いし，逆さにして）乾燥させる．チャンバーが冷えている場合はドアを開けて内部を乾燥させる．ローターがシャフトと密着して，抜けにくいことがあり，その場合専用の抜き取りキーを使う．ローター回転中の遠心機のドアを開けたり，ローターを手で停止させようとしてはいけない．

5 超遠心機

ローターを毎分2万〜10万回転（以上）で回すことができる機械を超遠心機といい（ultracentrifuge：分析用超遠心機に対して分離用超遠心機ともいう），500 kg以上の重さ

がある（図4-18）．ウイルスや生体高分子も沈降させることができるので，種々の分析実験（分子量測定や分子間相互作用など）に使用したり，質量の大きな塩（塩化セシウムなど）の密度勾配をつくり，その中でDNAを分離精製することもできる．

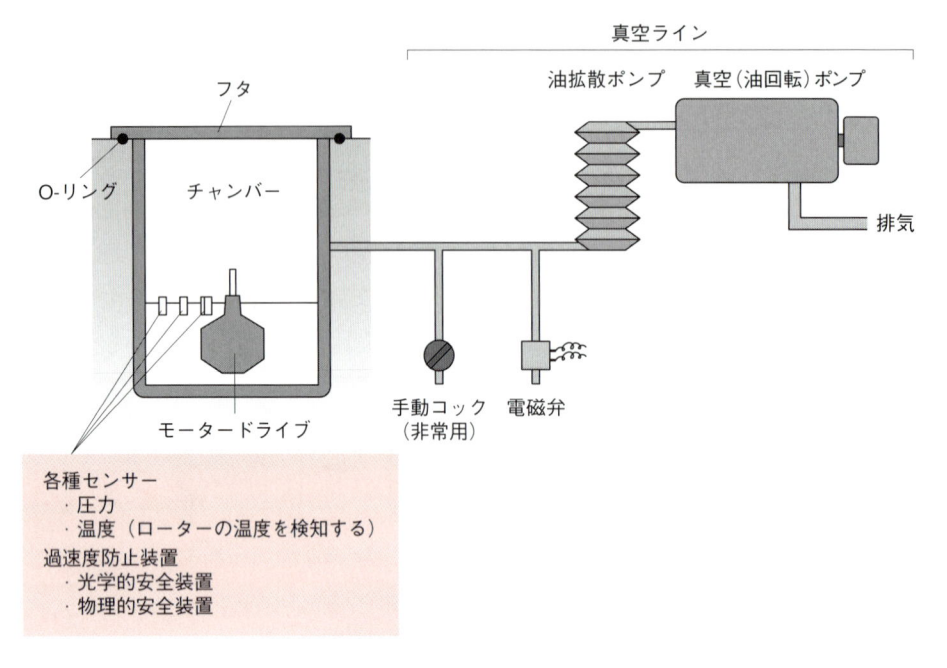

図4-18 超遠心機の概要

5-1　真空中での運転

超高速回転による発熱をなくすため，チャンバーは真空にされる．チャンバーの空気を油回転ポンプで排出すると同時に，その手前に油蒸気を除く油拡散ポンプ（シリコンオイルを使用）が設けられているので，チャンバー内はきわめて高い真空になる．ドアに接する部分には太いO-リングが巻いてあるので，ときどきここにシリコングリース（白色透明）を塗る．運転中に急に真空度が下がり，すぐに回復しない場合は，遠沈管からの液漏れを疑い，すぐに運転を停止する．

5-2　安全システム（表4-2）

1）ドライブ側の対応

超遠心機にはローターや機械を守るための安全装置がついているが，その1つはドライブにある．超遠心機のドライブの据え付けには「遊び」があり，かつジャイロ機能があるため，ドライブは自身で姿勢を制御し，多少の歪みも吸収することができる．しかしドライブシャフトの歪みが一定範囲を超えるとセンサーが働き，自動的に運転が停止する．歪みがひどいとドライブに致命的ダメージを受け，結局ドライブ交換が必要となる（きわめて高価！）．

2）過速度回転（オーバースピード）

回転制御能の不調で，ローターが最高回転を超えてしまう事故がまれにあり，この状態が続くとローター破損という大事故になる[1]．

---

[1] 筆者はチャンバー内がメチャメチャになった現場をみたことがある．ただ，チャンバーは装甲板で被われているため，ローターが外部に飛び出すことはない．

表4-2 超遠心機で大事故が起こる原因

1. 対称位置を間違えて遠沈管やバケットをセットするなど大きなアンバランスがある*
2. スイングバケットがフックにきちんと掛かっていない／フタがきちんとされていない．ローターのフタ締めがきわめて緩い*
3. 遠心中にチューブが破損したり長時間の遠心中に水分が蒸発して，ローターがインバランスになる
4. 過度のGがかかって塩化セシウムが溶液限界を超えて結晶になったり，遠沈管中に不溶性物質が存在するなどし，それらがローターやバケットを突き破る
5. ローターが腐食していたり，寿命を過ぎている
6. オーバースピード安全装置を外し（誤って付け），しかも規定以上の回転数で運転する

＊遠心開始後すぐに異常が起こる

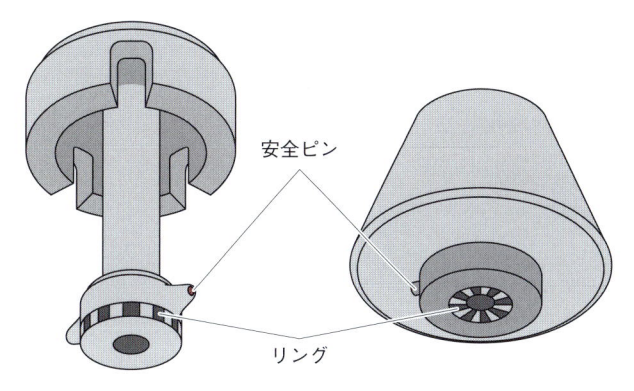

図4-19 超遠心機用ローター下部にある過速度防止機構
（ローターを下から見た様子）

オーバースピード防止には2つの方式がある（図4-19）．1つはローター下部に差し込まれているピンで，一定以上のGがかかると飛び出し，それが本体の安全装置に触れてドライブを止める．これに加え，ローターの底には白黒しま模様のオーバースピードディスクが貼ってある．チャンバーの底から発せられた光が金属板に反射してストロボとなるが，ストロボの周波数が一定値を越えたときにドライブが停止する．黒い部分が傷で白くなったら（警告が出て運転できなくなる）ディスクを交換する．少しとれたくらいなら黒ペンで塗ればよい．

5-3　ローターと遠心チューブ

ローターはチタン製だが，安価なアルミニウム製もある．安全確保のため，腐食したり傷がついたりしないように大切に扱う．ローターにはゴム製のO-リング（スイングローターの場合はバケットに）が付いているので（図4-20），まずこれを確認する．ときどきO-リングに真空グリース（黒褐色）を塗る（注：O-リングは木か竹の楊枝でとり出す）．アングルローター，スイングローターのほか，角度のないバーティカル（垂直）ローター（遠心時間が短い），そしてアングルとバーティカルの中間のニアバーティカル（近垂直）

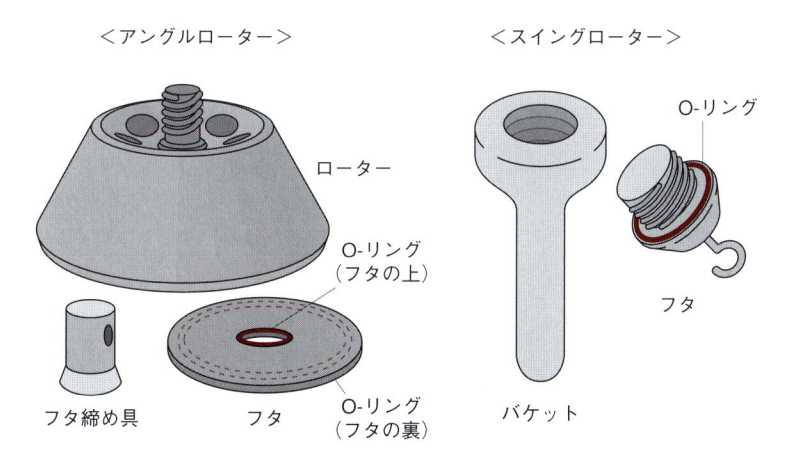

図4-20 チャンバー内の真空を維持し液こぼれを防ぐためのO-リング
O-リングには専用の真空グリースを塗る（O-リングをとるときに傷つけないように注意）

ローターがあり（図4-21），最高回転数も処理量もさまざまである．スイングローターのバケットには番号が付してあり，同じ番号のフックに架ける．ローターは時間（あるいは使用頻度）に依存して金属疲労が蓄積するので，メーカーの指示に従い，古いローターは使用しないようにする．（硫安や塩化セシウムなどで）腐食の激しいローターや，大きな傷のあるローターは注意する[m]．

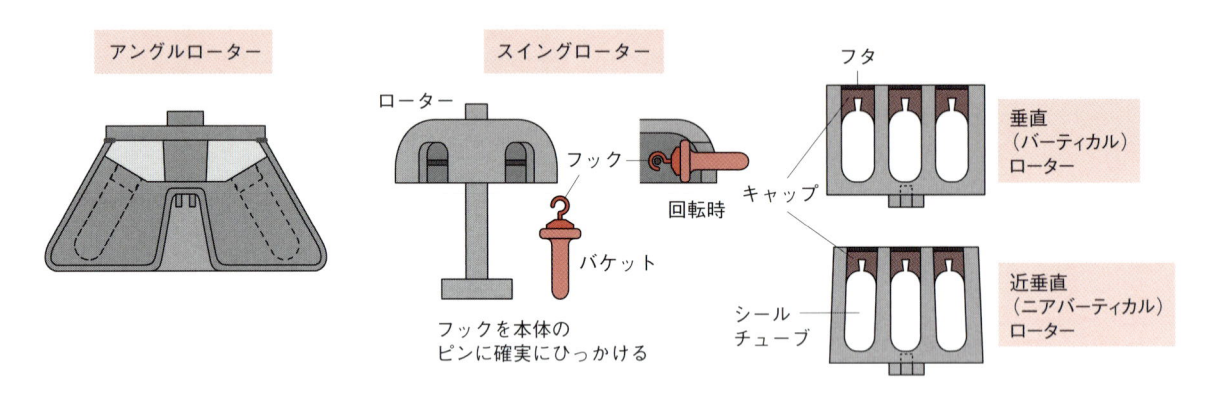

[m] 卓上超遠心機：10～12万rpmで手のひらサイズのローターが回せる．処理量は数mlと少ないが，短時間で処理できるため便利である．

図4-21 さまざまな超遠心機用ローター

遠心チューブにもさまざまな形態，材質，サイズがある（図4-22）．アングルローター用は硬いボトルタイプが一般的で，ネジブタ式のものが使いやすい．ほぼ満杯近くまで試料を入れられるが，フタを確実にしめることを忘れないこと．スイング型ローター用のチューブは柔らかく，上部が切られているコップ状で，液はほぼ満杯に（上部から1～2 mmの所まで）入れる[n]．少ないとチューブが潰れる．プラスミド精製でよく使われる上部が釣り鐘状のシールチューブというものもある．

[n] バランスとりの落とし穴：スイングローターチューブに密度勾配をつくった場合，重心の位置を一致させるために，対照のチューブも同じく密度勾配にする．

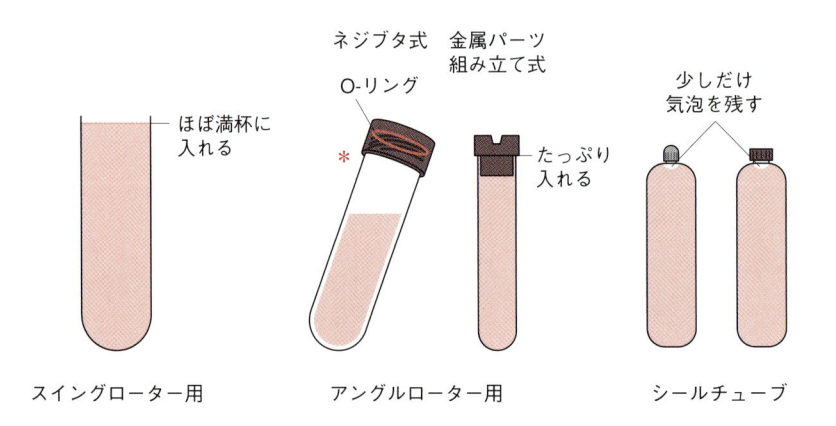

図4-22 超遠心用チューブのいろいろ
ここでは＊以外のチューブは軟らかい材質（ニトロセルロース，ポリプロピレン）でつくられる

5-4 操作の実際

1）チューブのセット

低温運転する場合，ローターは冷蔵庫で冷やしておく．バランスをとったチューブをローターの対称位置に挿入し，フタを確実にしめる．アダプターがいる場合は忘れずに入れる．フタをしめ過ぎると後で取れなくなることがあり，力まかせにしめない．きつくしめた後15度くらい戻すようにするとよい．スイングローターでは，液がこぼれないようにチューブを静かにバケットに入れ，フタをした後フックに確実に吊るす．手で動かして回らなかったらよい

2）運転

基本的手技に則り，ローターをチャンバー内のシャフトに静かに乗せる（カチッという音がする）．ローターに付いた水は拭く．ドアを閉めたら冷凍機と真空（油回転ポンプが作動し，遠心開始後に油拡散ポンプのスイッチが自動的に入る）のスイッチを入れ，遠心条件をセットする．真空が100×10^{-3} Torr程度まで下がり（OKスイッチが点灯するタイプもある）温度が安定したら，遠心をスタートさせる（自動スタートモードはなるべく使用しない）◎．

◎ 密度勾配遠心は温度制御が重要なので，真空が十分に引かれ，温度も完全に安定してからスタートさせること．

回転が安定したことを確認してからその場を離れる．遠心が終了してローターが止まったら真空ポンプのスイッチを切り，吸気音が完全に消えてからチャンバードアを開き，ローターを上に引き上げて安定な場所に置く．ローターのフタを開き遠沈管を取り出す．専用の引き抜きキーを使うと引き抜きやすい．使用後は冷凍機を切り，チャンバーが常温に

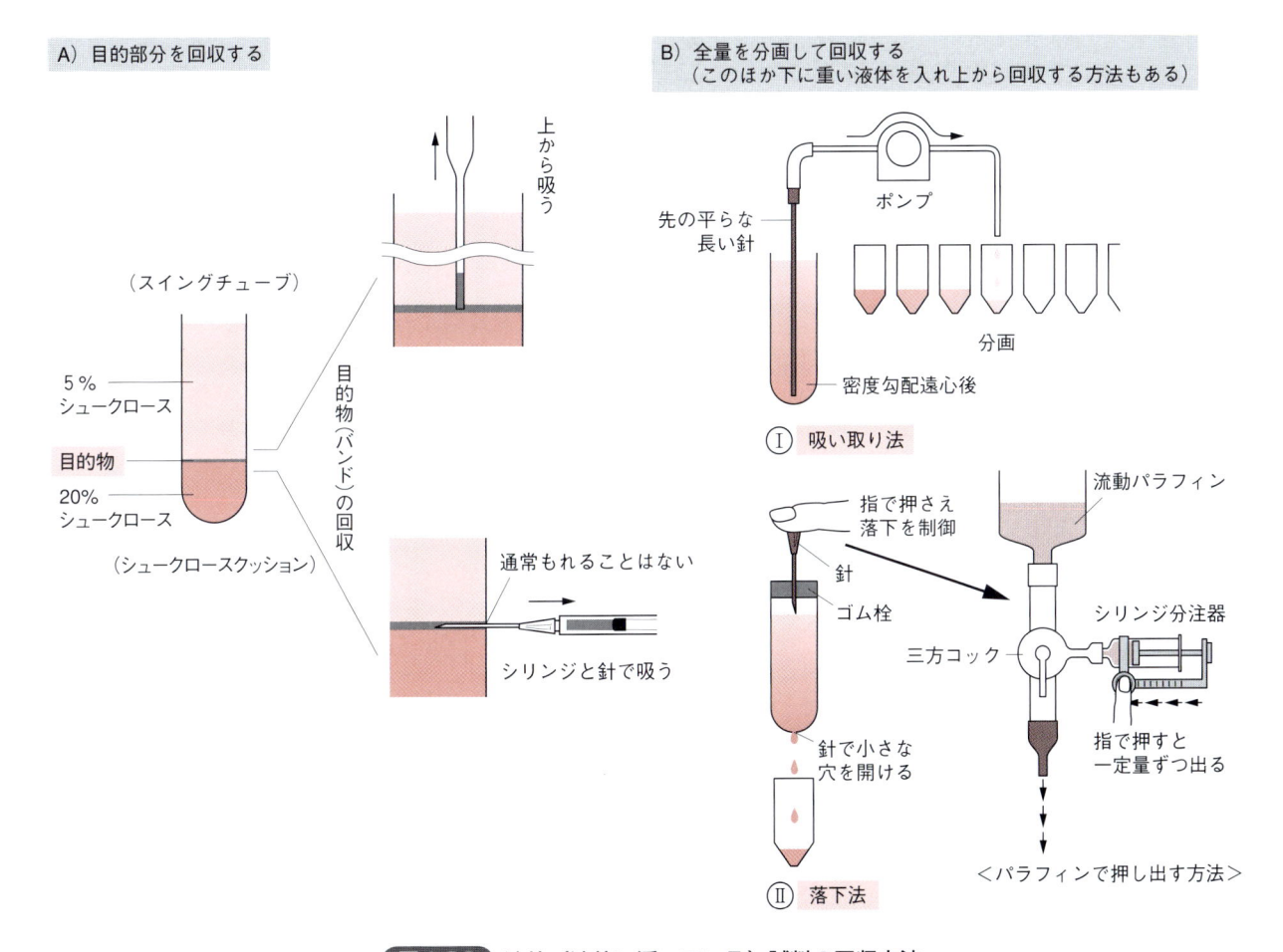

図4-23 液体（液体に浮いている）試料の回収方法

戻ったら水分を拭き取り，ドアを閉めて電源を切る．

3）試料の回収

超遠心の場合，溶液に浮いている試料を回収することがある．目的物が目で見える場合はピペットで吸い取る．チューブが柔らかい場合は側面に穴を開け，注射器で吸い取ってもよい．内容物全部を一定分画ずつ回収するには，ポンプを使ってチューブの上あるいは底から回収する方法と，遠沈管の底に針で穴をあけ，試料をドロップ（液滴）として回収する方法とがある（図4-23）．

> **memo** 停電したら：運転中に停電するとすべての機能がロックされ，ローターは惰性で数時間回り続ける．ほとんど音がしないが，耳を当ててよく音を聞き，停止を確認した後，マニュアルに従ってロックを解除し，ドアを開ける．

6　電気泳動用電源

電気泳動（electrophoresis）は荷電した分子に電圧をかけ，担体の中にある荷電した分子を電気的に移動させる手法である．担体の種類と分子の電荷状態の違いで分子の分離・分析ができ，タンパク質のSDS-PAGEや，DNAシークエンシングなど，分子生物学の中心的実験手法となっている．

6-1　パワーサプライの選択

電気泳動用電源（パワーサプライ／パワーパック／安定化電源）（図4-24）は100 Vの交流を直流にして一定電圧をかける機械で，いろいろな種類があり，実験の種類に応じて選ぶ．通常，電圧（ボルト，V）か電流（アンペア，A）のいずれかを一定条件（定電圧/定電流）にする．ポリアクリルアミドゲル電気泳動では通電の初期，ゲル内の電気抵抗が変化するため，（定電圧にすると）はじめ電流が上昇し，やがて下がる．このような変化に左右されないためには定電力で運転することが必要で，そのような機能をもつパワーサプライもある．普通の実験では500 Vで150 mAの容量があれば事足りるが，シークエンシングなどの大型ゲル電気泳動では，1,500〜3,000 V程度の能力が必要である．大量の電気が流れる電気ブロッティングなどでは300 mAの容量が必要である．

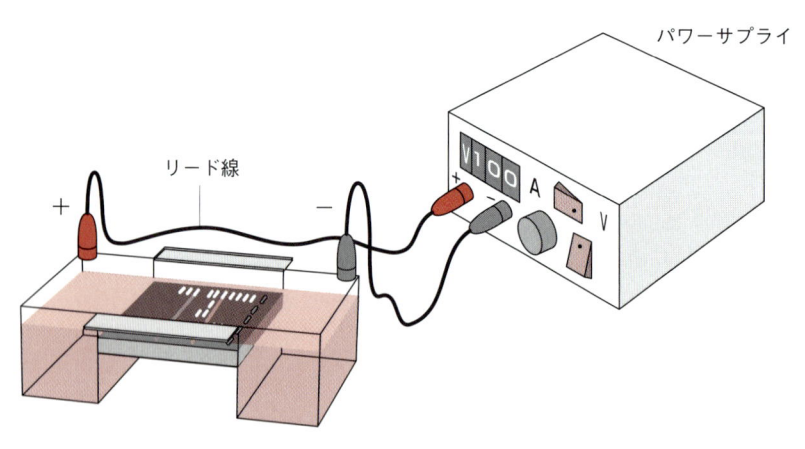

（アガロース電気泳動の例）

図4-24 電気泳動におけるパワーサプライからの電力の供給

6-2　使用法

　電気を供給するリード線はプラス（陽）極は赤，マイナス（陰）極は黒と決まっている．当然のことながら，プラスに荷電した分子は陰極に移動する．定電圧で使用する場合，まず泳動槽やリード線を正しくセットし，切り替えボタンで定電圧を選ぶ．コントロールつまみをゆっくりと上げて通電を開始し，希望の電圧にする．他（電流や電力）の上限を設定できる機種の場合，それらの値は最大にする（でないと，そちらの制御が優先してしまう）．実験上の安全確保のために電流や電力を一定の限度にする場合，あらかじめその値をセットする．定電流，定電力で行う場合も同様の手順をとる．機械に安全装置があり破損することは少ないが，通電と同時に大電流が流れないように注意し，特に泳動のはじめは状況をよく観察する．バッファーが切れると放電して火花が出ることがあるので，可燃性物質は近くに置かない．感電事故のないよう，パワーサプライの電源をオンにしているときは十分注意し，リード線の脱着やバッファー（ゲル）をいじるときには必ず通電を止める．

7　紫外線照射装置

　紫外線を照射する装置には小型のハンディタイプのものと，試料を直接乗せて紫外線を透過させる大型のトランスイルミネーター（図4-25）とがあり，後者を中心に解説する．分子生物学実験ではDNAのエチジウムブロマイド染色（オレンジ色に光る）の観察でなじみ深い．箱内部には紫外線ランプがあり，光が放射される側に黒っぽいフィルターが貼ってある．フィルターは特定の波長の紫外線だけを通過させる〔短波（254 nm），中波（302や312 nm），長波（365 nm）〕．短波は感度よくDNAを検出できるがDNAへのダメージも大きい．長波はダメージはあまりないが感度が低い．この理由により中波が一般的に使用される．フィルターの破損防止のため，紫外線透過性プラスチック板を上に置き，その上にサランラップを敷いてゲルをのせる．フィルターには寿命があるので，使用しないときにはランプをこまめに消す．

　紫外線照射で蛍光を見る場合は周囲を暗くする．紫外線を必要以上身体に受けると結膜炎になったり皮膚が火傷するので，受ける時間をなるべく少なくするとともに，必ず防護メガネ／ゴーグルやフェイスカバーを着用する（図4-26）．最近では染色像を直接目視せず，暗箱中で発光像をCCDカメラで撮影する機械もよく使われる．ハンディタイプの照射装置はちょっと見るときに便利だが，ランプ強度が弱く透過光でないので，見え方はかなり弱い（しかも，部屋を暗くしなくてはならない）．

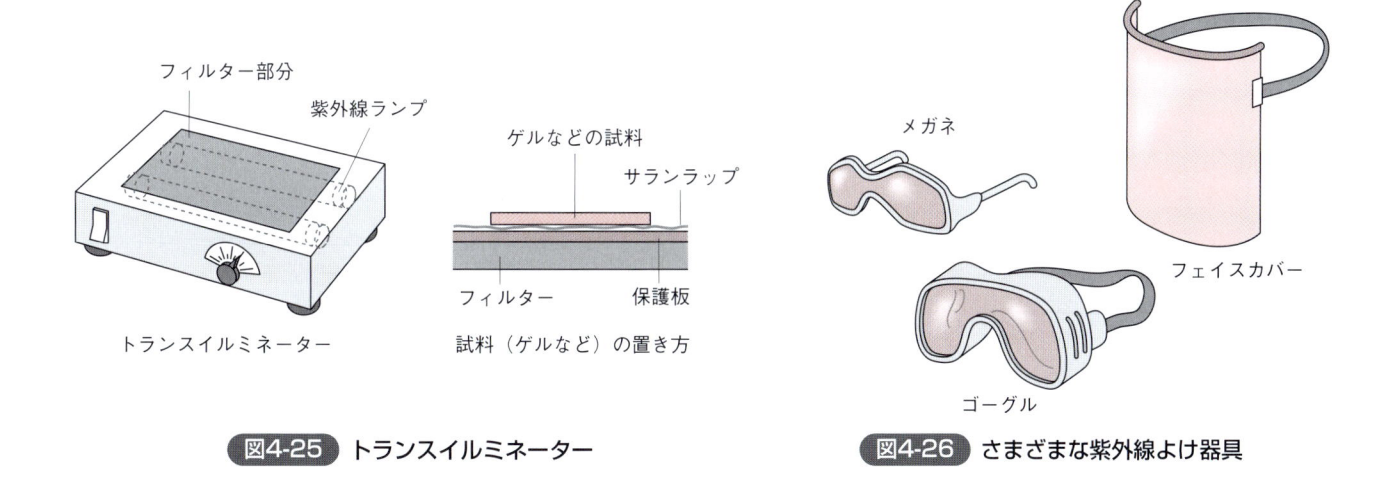

図4-25　トランスイルミネーター

図4-26　さまざまな紫外線よけ器具

8　真空発生装置

8-1　種類

1）水流ポンプ

真空発生部分は図4-27のような構造をもち，水道の蛇口に連結するものと（大量の水を使用する），ポンプで循環する水流を利用して使うものとがある．かなりの真空度が得られるが，理論的に水蒸気圧以下の気圧にはできない．電動ポンプ式の場合，長時間使用すると水温が上昇して真空度が落ちる．アスピレーターやフィルター吸引などに向いている．

2）油回転ポンプ（真空ポンプ）

高い真空度が得られる．大量の空気を排出したい場合，高度真空を必要とする電子顕微鏡関連実験や超遠心機に用いる．排気能により1kg程度の小型のものから数十kgにも及ぶ大型のものまである．水が（油に）入ると引きが悪くなるばかりか，内部が錆びて使えなくなるので注意する．油がこぼれるので，敷物を敷いて使用する．油が劣化した場合は（チェック窓からみえる），新しいものと交換しなくてはならない．音が大きく，油がこぼれたり油の蒸気が部屋に充満するので，清潔に使用する実験室には向いていない．真空で容器が潰れないよう，ライン（ホース）やトラップは丈夫な素材にする．

3）オイルレスポンプ

油を使わないが，ある程度の減圧が得られる小型のポンプ．耐久性が高く，アスピレーターや遠心（試験管）濃縮機などに使用される．

4）エアポンプ／コンプレッサー

魚飼育用のエアポンプから大型のものまでいろいろある．吸い込み口側を使う．弱い陰圧により緩やかに空気を吸う．

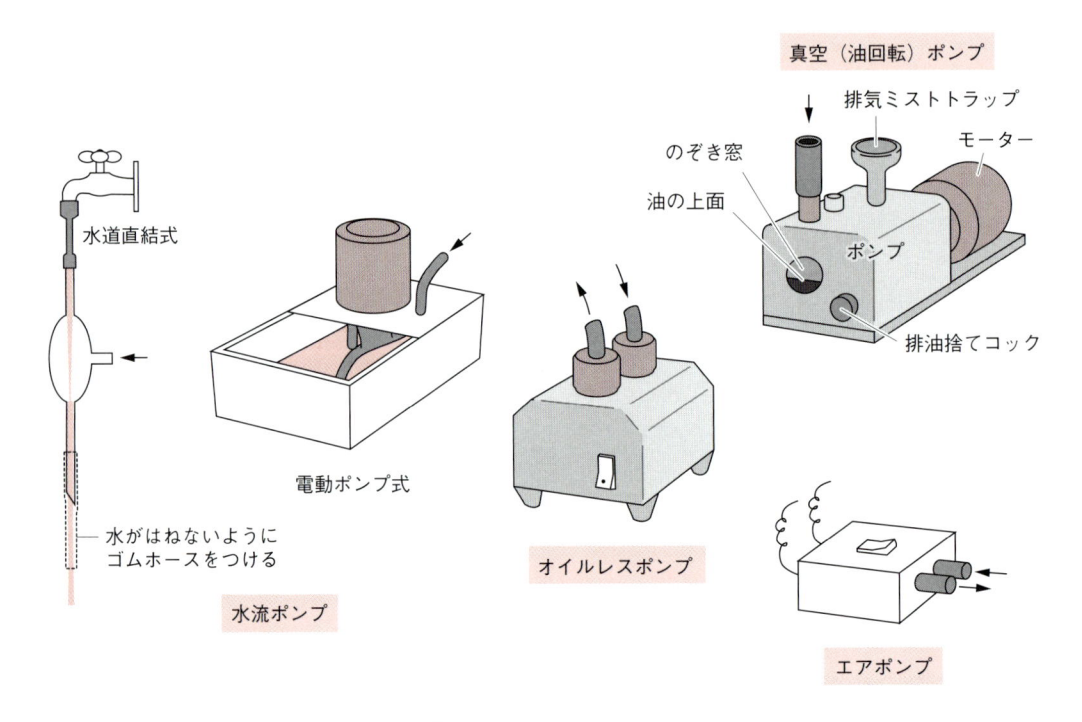

図4-27　さまざまな真空発生装置

8-2　真空ラインの組み立て

1）アスピレーター
液を吸い取る道具．培養液を除いたり遠心分離の上清除去に使用される．ポンプに水が入らないようにトラップ（後述）を連結して使用するが，エタノール沈殿上清を吸うのであれば，水流ポンプではトラップは不要である．

2）凍結乾燥機
真空中にある凍った試料から水分を昇華によって除く装置．デシケーターに試料容器を入れ，冷却トラップを介して真空ポンプで引く．

3）トラップと乾燥剤
減圧状態を利用して排気，あるいは排水する場合，安全のため（ポンプの保護と液を保存するため）に，図4-28にあるように分厚いガラス製（中がみえるよう）の試薬ビンかろ過ビンのトラップをつける．ゴム栓にコルクボーラーで穴を開け，そこに通した金属管／ガラス管にホースをつないで使用する．油回転ポンプを使用する場合は，水気を除くために乾燥剤トラップをポンプの手前に入れる．これにより油の劣化を遅らせることができる[P]．乾燥剤にはシリカゲル，塩化カルシウム，水酸化ナトリウムなどを使用する．凍結乾燥のように大量の水分が発生する場合は，強力な冷却トラップを付ける（液体窒素を使って手製でもつくれる）（5章参照）．

[P] 有機溶媒などの揮発性物質はなかなかトラップできず，油の劣化が進みやすい．

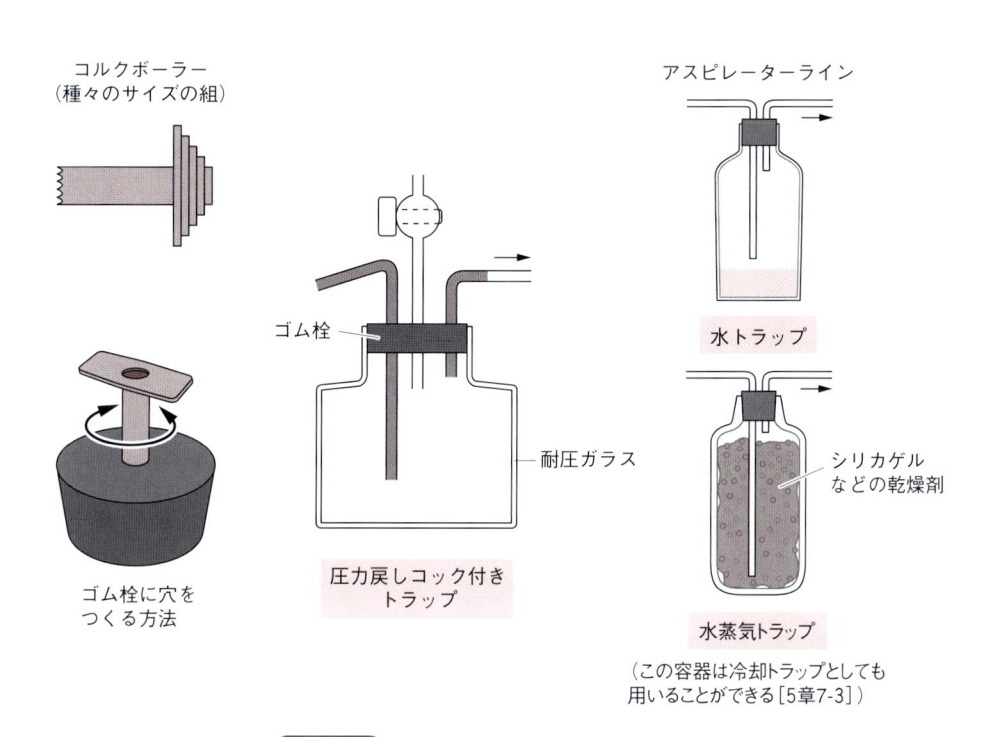

図4-28　真空ラインにつなげるトラップ

4）空気取り入れ口
どのような真空発生装置でも，機器を突然offにすると，外（常圧）から機器内（減圧）に空気が一気に逆流し，よくない．真空を破る場合，まずラインの途中を解放し（外気を吸引する），その後で機器の運転を停止する．空気取り入れ口は図4-29のようにする．

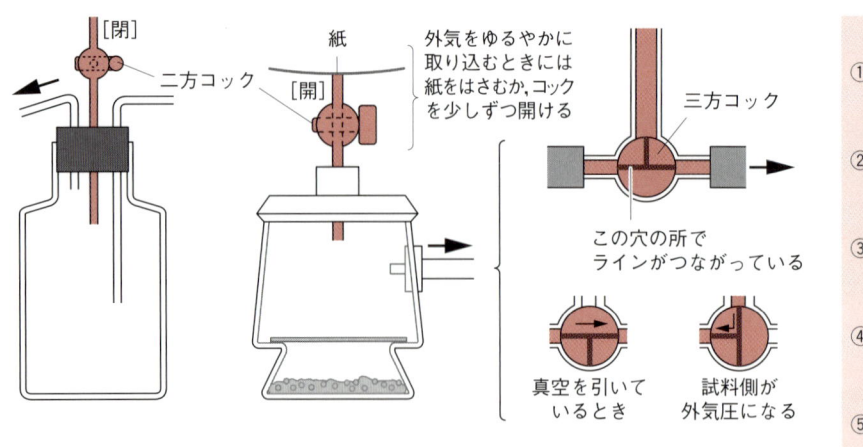

図4-29 真空ラインに空気を取り込むための器具（赤い部分）

9 超音波発振機

9-1 機械の構造

　超音波発振(生)機（ultrasonic ocilator，ソニケーター）は強い超音波をチップ（金属製のとがった棒）の先端から溶液中に発生させ，これによって溶液の分散や乳化，細胞や組織の破壊を行う機械である（図4-30）．超音波洗浄器よりはるかに強力．発振の強さを変えられるコントローラーとタイマーが付いているシンプルな機械である．機械の使い勝手は性能とチップの種類で決まる．チップには直径数cmにも及ぶものから針のようなものまで種々ある．通常，直径1～2 mm（1～30 cc用）と1～2 cm（20～250 cc用）をよく使う．

　超音波は液体中はよく伝わるが空気中は伝わりにくい．超音波を発振すると金属が消

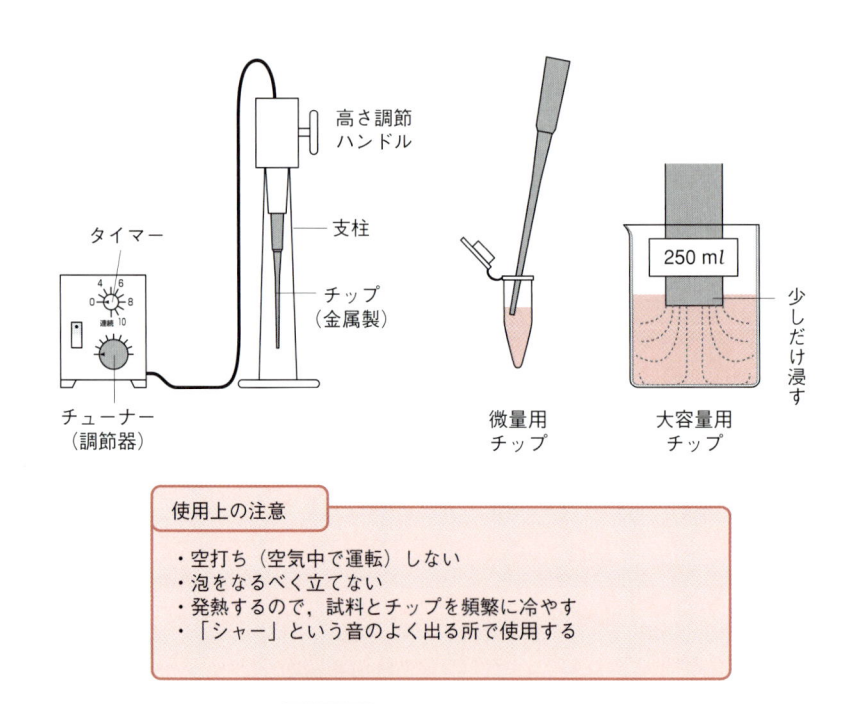

使用上の注意
- 空打ち（空気中で運転）しない
- 泡をなるべく立てない
- 発熱するので，試料とチップを頻繁に冷やす
- 「シャー」という音のよく出る所で使用する

図4-30 超音波発振機の使用

耗／疲労するが，空中で空打ちをするとこの消耗が増強されるため，この点に注意する．チップは消耗品である．超音波を受けた水やチップは激しく振動するために発熱する．このため，熱に不安定なタンパク質などでは処理方法に注意する．また超音波発振とともに気泡が出やすく，界面活性剤があるとそれが激しくなって空打ち状態になるので注意する．

9-2　使用法

チップを純水で洗った後，水面2〜10 mmの深さに浸ける．試料の入っているチューブやビーカーは氷で包む．はじめは調節ダイヤルを下げ，タイマーを入れてから徐々にダイヤルを上げ，「シャー」という音が最もよく聞こえる所（同調してる）を探し，そこで0.5〜3分間処理する．大きく不快な音がするため（身体によくない），防音耳カバーをつける[9]．いったん休み，この間試料とチップを冷やしたら，再度超音波処理（今度は規定の強さで）をする．この操作を5〜15回繰り返す．

[9] 特有の音が出なくなったら，チップの寿命と判断する．

10　ガスバーナー

研究室では溶液を加温したり，器具を滅菌消毒したりガラス細工をするなど，頻繁にガスバーナー（ブンゼンバーナー）を使用する．大腸菌実験や組織培養ではガスバーナーは必需品である．器具には1個のコックがあり，火が上がるバーナーの下部は回せるハンドルとなっていて（筒栓），上下2個ある（図4-31）．下でガス，上で空気の量を調節し，右に回すと締まる．使用する場合，まず周囲に燃えやすいものがないことを確かめ，筒栓とバーナーコックをすべて閉じてからガスの元栓を開ける．バーナーコックを開け，続いてライターをバーナーの口に近づけ，筒栓を上下同時にゆっくり開けて火を付ける．ガスの炎が適当に上がった所で（下部を押さえて），上部筒栓を徐々に開けて空気を取り込む．オレンジ色だった炎が高温の青色に変わる．使用後は上下の筒栓，バーナーコック，そして元栓を閉じる．

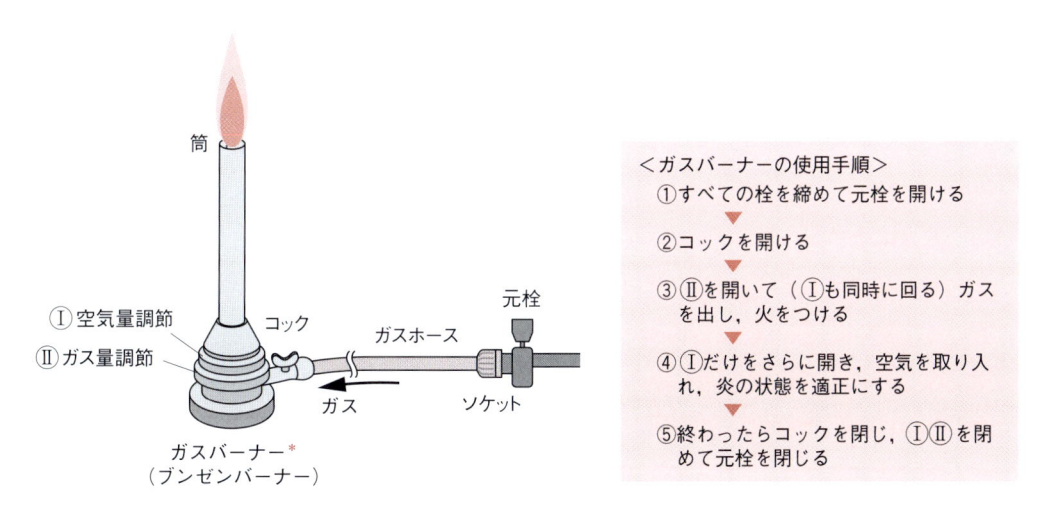

＜ガスバーナーの使用手順＞
①すべての栓を締めて元栓を開ける
②コックを開ける
③Ⅱを開いて（Ⅰも同時に回る）ガスを出し，火をつける
④Ⅰだけをさらに開き，空気を取り入れ，炎の状態を適正にする
⑤終わったらコックを閉じ，Ⅰ Ⅱを閉めて元栓を閉じる

＊ガスの種類に合ったものを使用すること

図4-31　ガスバーナーの使用法

11　ドラフトチャンバー

　ドラフトチャンバー（単にドラフトというときもある）強制排気装置をもつ箱型実験台．箱の上部からダクトが出ており，それが建物の屋上に通じており，排気口付近に排気ファンがある．揮発性や微粉末の試薬，さらには可燃性あるいは刺激性／毒性の試薬やガスを取り扱う際に使用する（表4-3）．使用するときはまずダンパーを開けてからファンのスイッチを入れ，前面のガラス戸を適当な高さに調節する．手だけを中に入れて操作する．チャンバー内部はガス栓や水道栓が設置された流しにもなっており，上面は反応性の低い素材（以前は鉛）で被われている．操作で試薬がこぼれたら，中を水洗する．

表4-3　ドラフトチャンバーを使用する場合

1. 引火性試薬
2. 揮発性試薬
3. 刺激臭のあるもの
4. 飛散しやすいもの
5. 有毒試薬

第5章

一般的な実験手技

毎日の実験は量る，溶かす，混ぜる，保温する，分離する，冷やす，保管するなどの繰り返しであり，これら基本操作が正しく行えることを，研究室に入りたての時期の当面の目標としたい．この章では，実験の基本的手技について述べる．

1 汎用器具の取り扱い

1-1 チューブ（試験管）（図5-1）

1）エッペンチューブ

1.5 ml 入りのプラスチック製（DNAはガラスに吸着するため，DNAを扱う場合はガラスは使わない）で，分子生物学実験で最も頻繁に使われるチューブである．各メーカーから「マイクロテストチューブ，サンプリングチューブ」などの名称で発売されているが，初期にエッペンドルフ社が発売したものが世界標準となっており，多くの研究室がそうであるように，本書でもエッペン（チューブ）とよぶ．フタを親指で押して閉め，開けるときは指でつまむか，親指の腹で押し上げる（図5-2）．0.5 ml 入りや0.2 ml 入り（PCRにも使用する）もある．ネジブタ式は保存用．

2）2段プッシュロック式チューブ

大（12 ml），小（4 ml）2種類あり，Becton Dickinson（BD）社（ブランド名：ファルコン）などから滅菌済み商品として購入できる．フタを軽く押すと仮り閉めでき，強く押すと密封できる．試料保存のほか，大腸菌培養にも使われる．

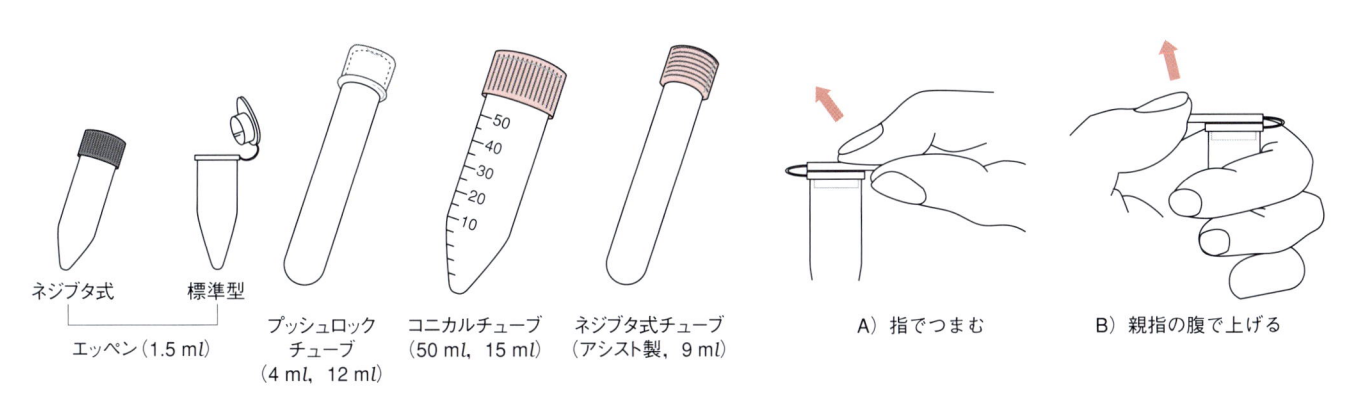

図5-1 分子生物学実験で使われるプラスチック製チューブのいろいろ
大きさは比例していない

ネジブタ式・標準型　エッペン（1.5 ml）
プッシュロックチューブ（4 ml，12 ml）
コニカルチューブ（50 ml，15 ml）
ネジブタ式チューブ（アシスト製，9 ml）

図5-2 エッペンのフタの開け方
A）指でつまむ　B）親指の腹で上げる

3）ネジブタ式チューブ

15 ml, 50 ml の底が円錐形のコニカルチューブ（滅菌済み．コーニング社製やBD社製）が一般的．目盛りはかなり正確なので，簡易メスシリンダーになる．このほかにもいろいろな規格のネジブタチューブがある．

1-2 ピペッター

1）ゴムキャップ（スポイト）

1 ml〜10 ml（以上）のさまざまなサイズがある．ゴム製で，パスツールピペットやメスピペットに付け，指の操作で液を出し入れする（図5-3）．

2）安全ピペッター

ゴム製で，球の上下に図5-4のように空気ラインをon/offできる栓がついている．栓を押すとラインが開く．握りやすくしたもの，内部のゴム管をしごくタイプのものなどがある．メスピペットに用いる．

3）電動ピペッター

ピペットを差し込み，指で「吸う」「出す」ボタンを押して内蔵エアポンプを操作するが，押す強さによりスピードを加減できる．

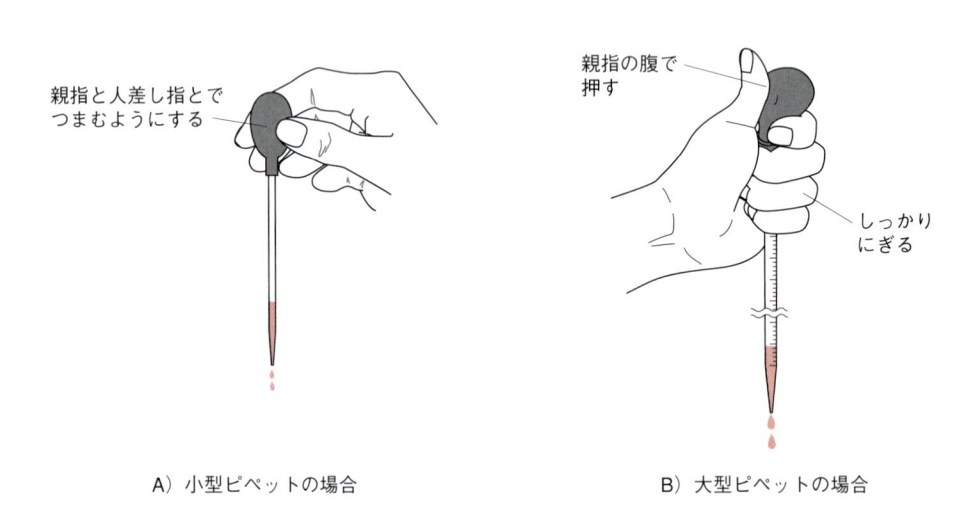

A）小型ピペットの場合　　　B）大型ピペットの場合

図5-3 ゴムキャップ（スポイト）のもち方と，それを使った液の出し入れ

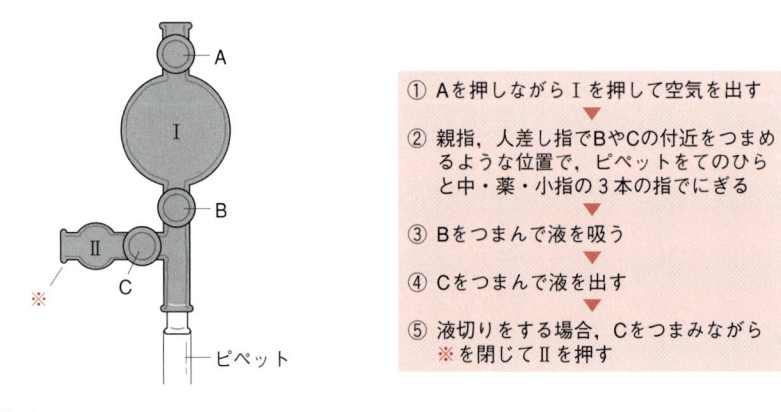

① Aを押しながらⅠを押して空気を出す
② 親指，人差し指でBやCの付近をつまめるような位置で，ピペットをてのひらと中・薬・小指の3本の指でにぎる
③ Bをつまんで液を吸う
④ Cをつまんで液を出す
⑤ 液切りをする場合，Cをつまみながら※を閉じてⅡを押す

図5-4 ゴム製安全ピペッターの使い方
A，B，Cの栓は押すと開く

1-3 挟む器具

1）ピンセット

試料や器具のうち手で直接つかめない微細なもの，指の汚れがつくのを避けたい場合，逆につかむと手が汚れる場合などに用いる．つかむものにより形態が異なる．小さな器具（エッペンやスターラーバーなど）をつかむ場合は通常のものを使用するが，フィルターをつまむ場合は先の平らで歯のないものを使う．細かいものは歯科用が，電子顕微鏡用ディスクでは精密な専用のものが使用される（図5-5）．

2）鉗子

コッフェルともいう．ハサミと同じ構造だが先に滑り止め用の鋭い歯をもっており，押えた状態を固定できるカギ爪がついている．これにより挟んだ状態を固定できる．ホースを一時的に縛るときや，動物の手術などで使われる．

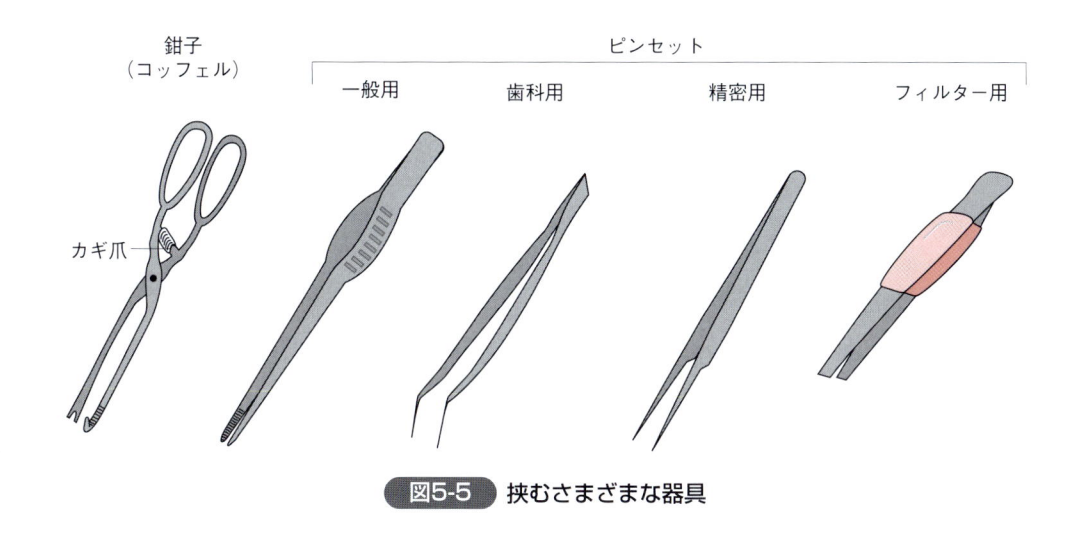

図5-5 挟むさまざまな器具

2　計量器

2-1　メスピペット

吸い取った液を希望量だけ出せる計量器具（図5-6）．最大吸い取り量により0.1 ml〜25 mlのサイズがあり，液量はピペットを垂直にして目視する[a]．先端部分に目盛りのないものが標準だが（1回の操作で正確に規定量取れる），先端目盛りタイプは組織培養でよく使用される（先端部分は不正確）．超微量をとるのに以前使われていたガラスマイクロピペットは，現在ではピペットマン（後述）に代わっている．計量器の量は20℃で検定されており，熱い/冷たい溶液では正確さが落ちる．

[a] 上部にホールをもち，スポイトを付けて使用する駒込ピペットは，目盛りは切ってあるものの，およその量でしかない．

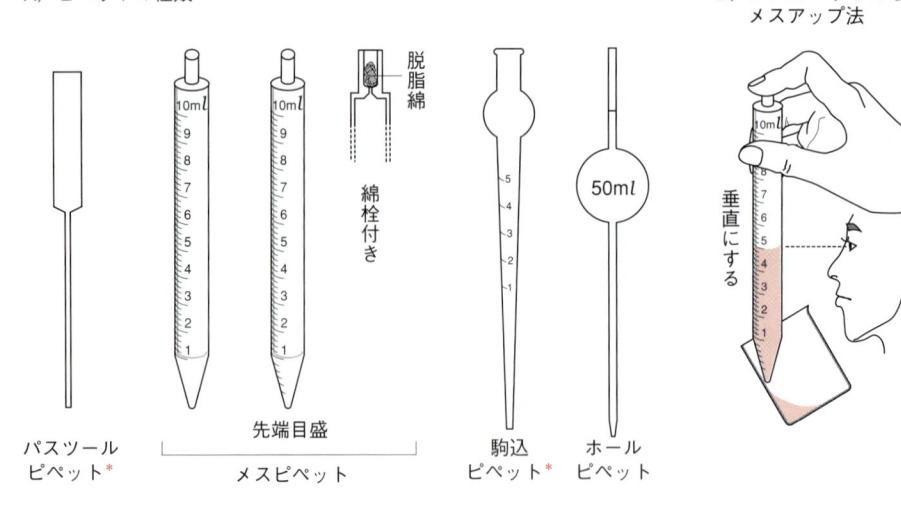

A) ピペットの種類

脱脂綿
綿栓付き
10ml
50ml
先端目盛

パスツール
ピペット* ／ メスピペット ／ 駒込ピペット* ／ ホールピペット

B) メスピペットのもち方と
　　メスアップ法

垂直にする

図5-6 ピペット（＊印は計量器ではない）

2-2 メスシリンダー

10 ml ～ 2 l のサイズがある．目盛りの最少単位が大きく，口の広い（ビーカーのような）メートルグラスというものもある．

> **memo** 計量器には2種類ある（図5-7）：上記計量器は注ぎ出して正確な量が取り出せる．これを「出し容」といい，注いだ後に計量器の中に液が残ることを前提としている．これに対しメスフラスコは「受け容」で，入る量が規定量となり，標準溶液作製に使用される．

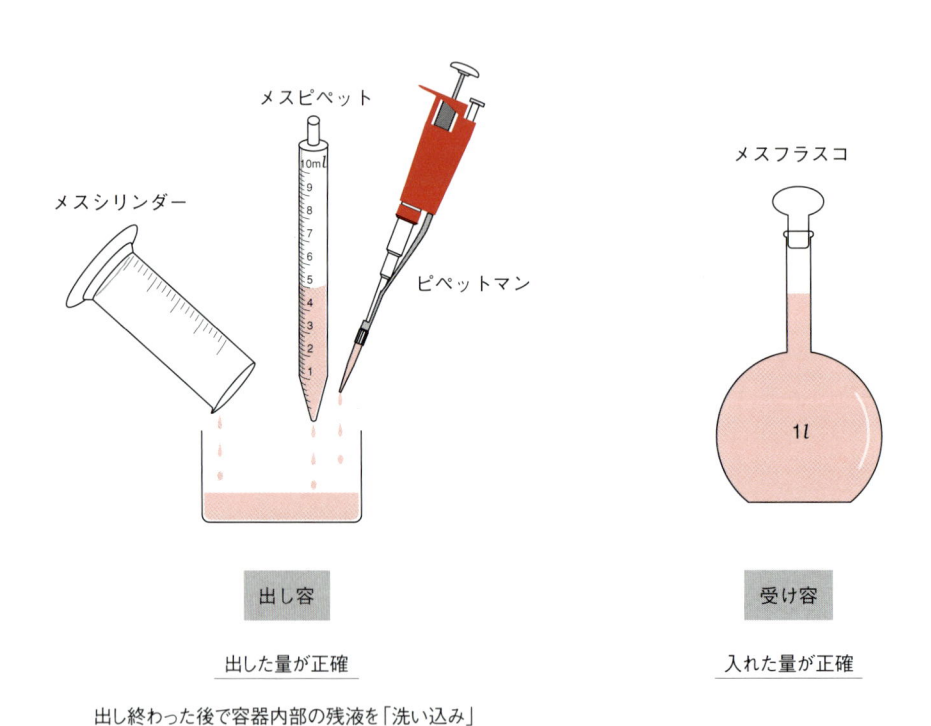

メスシリンダー　メスピペット　ピペットマン　　メスフラスコ

出し容　　　　　　　　　　　　　　　　**受け容**

出した量が正確　　　　　　　　　　　入れた量が正確

出し終わった後で容器内部の残液を「洗い込み」
などで回収しないこと（かえって不正確になる）

図5-7 2種類の計量器

3 ピペットマン

3-1 種類と構造

先端にプラスチック製の使い捨てチップ（吸い口）を付け，ピストンで液を出し入れするピペッターは，実験室の主要な計量器である（図5-8）．いろいろなメーカーがあるが，本書ではギルソン社のピペットマンで記述する．最大吸い取り量が2 μl から10 ml までいろいろなサイズがあり，ダイヤル式の目盛りを動かして希望の量を設定する．複数本チップを装着できるものもある．実験室でよく使用するものは2～20 μl, 20～200 μl, 0.2～1 ml の3種である．ピストンは内部でO-リングによりシリンダーに接しており，気密性が保たれている．5 ml 以上の大型ピペットマンで液を急に吸うと液が飛び上がるため，これを防ぐために器具の先端に専用の綿栓を装着する．

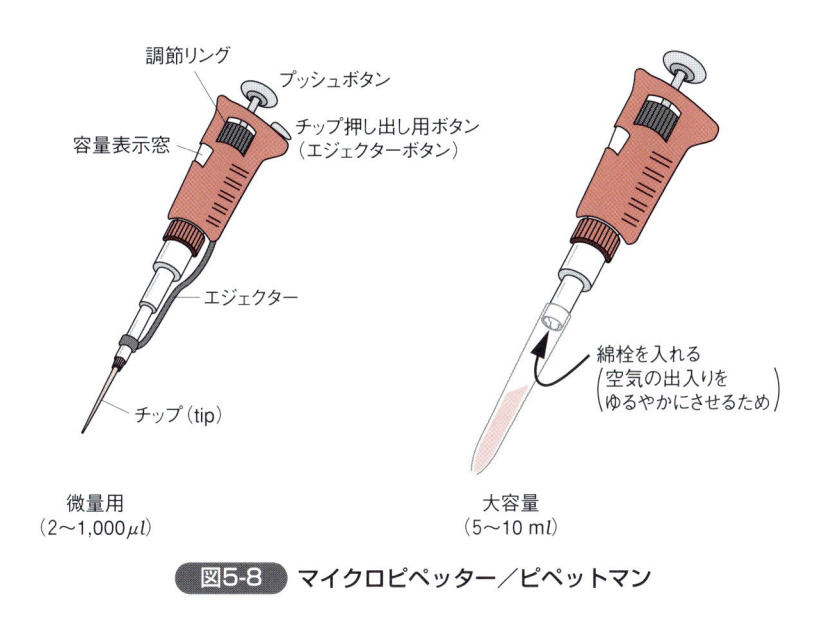

図5-8 マイクロピペッター／ピペットマン

3-2 チップ

主要なチップは白（1～10 μl），黄（2～200 μl），青（0.2～1 ml）の3種で，それ以上のものは白色で大きい．ケースに並べて入れ，オートクレーブして（乾燥してから）使用する．ピペットマンの挿入部をチップ上部に確実に押し込んで装着する．細い所に液を注入するために，先端が平ら，あるいは毛細管になっているものもある．

3-3 使用法

固定式のものは精度は高いが汎用性がないため，ダイヤル可変式が一般的である．まずピペットマンのダイヤルを回して量を設定する（図5-9）[b]．

[b] この際，器具の設定範囲を超えてダイヤルを回さないこと．壊れる．

チップを装着し，ピストンを1stストップの位置まで押し，チップを液に浸ける．チップの先端を必要以上に液に浸け過ぎない．このとき液が自然に上がるような気密性の悪い器具はそのままでは使用できない．液を吸い取るときはピストンをゆっくりと戻す．完全

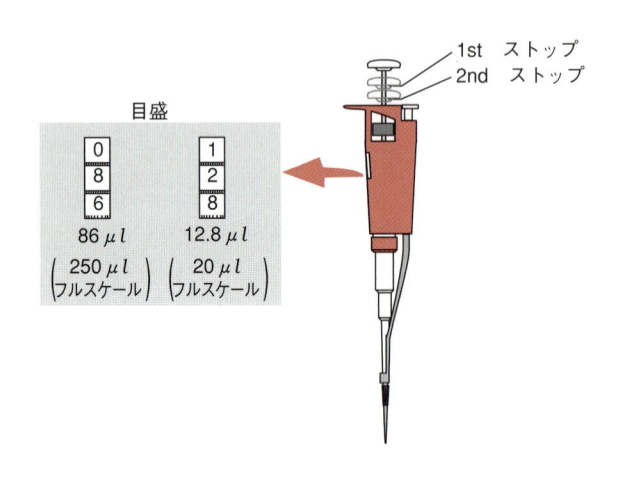

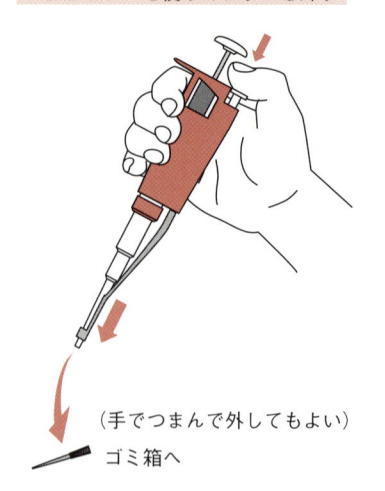

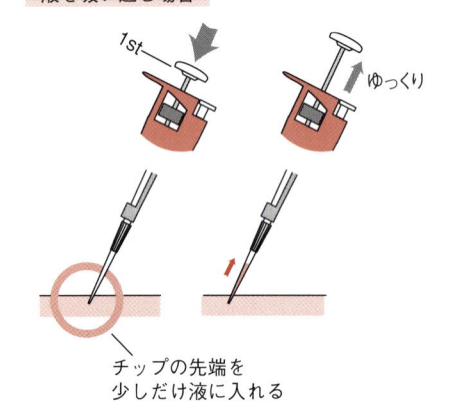

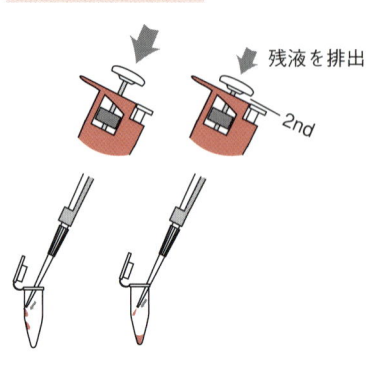

図5-9 ピペットマンの使用法

に吸い込んだ後，チップの外側に液がついていないことを確認して，ピストンを押して液を押し出す[c]．

[c] ピペットマンをもつ腕は動かさず，試験管側を移動させるようにするとよい．

　チップの先端の残液は，ピストンを2ndストップの位置までさらに押し込んで排出する．微量の液は液切れしづらいので，チップの先端をチューブの内側に細かく叩くようにしながら液出しする（図5-10）．チップは手かエジェクターで抜く．溶液をエッペンの底に落とすときはスピンダウンする．

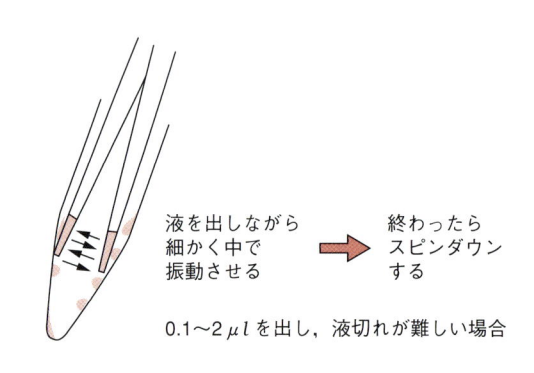

図5-10 ごく微量を排出するときのコツ

> **memo** 微量をピペットマンでとることの難しさ：0.5〜数µlの計量では，ダイヤルさえ合わせれば自動的に正確にとれるとはならない．「ピペッターの気密性，チップ装着の確実性，慎重な吸い取り，全量排出」のすべてを確認しながら行うことが必須．初心者が実験を失敗する原因の多くはここにあるので，十分注意すること．

3-4 保守

ピペットマンの不調には気密漏れと液量のずれがある．前者の修理では内部を分解してシリンダーにグリースを塗るか，あるいはO-リングを交換する．後者は吸った水を天秤に乗せて検定する．表示量と実際量の間にズレがある場合は修理に出す．

4 基本操作

4-1 溶かす／混ぜる

1）手で混ぜる

混ぜることにより溶液をすばやく均一にし，溶解を促し，加温によりその速度をさらに高めることができる．口の狭い三角フラスコやメスシリンダーは手で振ったり，パラフィルムでフタをして振盪する（図5-11）．ビーカー内溶液ではガラス棒やスパーテルでかき混ぜるのが一般的である（棒に付いた残液の処理に注意）．少量の液が細い試験管やエッペンに入っている場合は，数回タッピング（tap：軽く指ではじく）する．その後，スピンダウンして液を底に沈める．

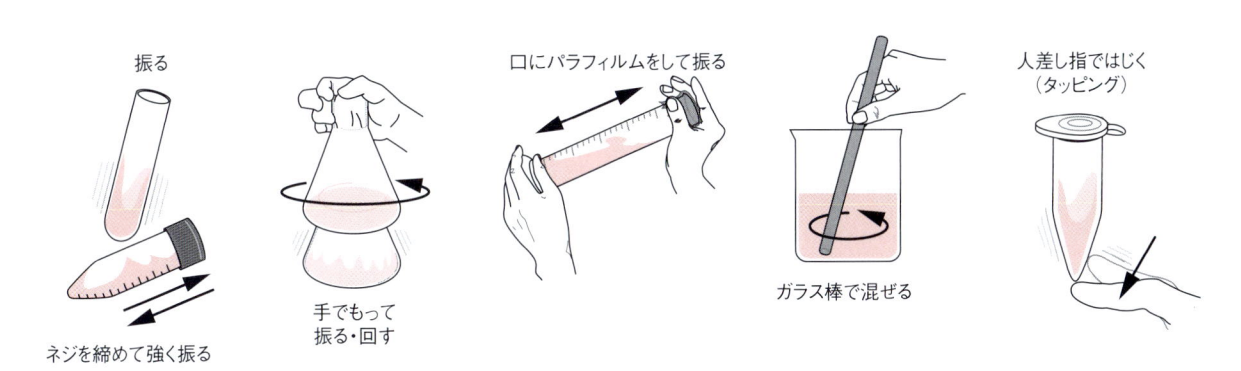

図5-11 容器の振り方・液の混ぜ方（手動）

2）ボルテックスミキサー

試験管類や小型メスシリンダー内の液を激しく撹拌するのに使う．管の上部をしっかりともち，回転するゴム部に当てて撹拌する（図5-12）[d]．フタなし器具を使う場合，管の最上部をもたないように注意する（上から液が飛び出る危険性があり．ボルテックスでは，液はもった位置から上には上がらない）．ダイヤルで撹拌の強さを調節する．エッペンを撹拌する場合，あらかじめ機械を回転させておき，ゴム部にエッペンの腹部分を触れるさせるとよく混ざる．

[d] 回転混合する場合，容器の中心を回転中心から少しずらした方が混ざりやすい．

3）スターラー

容器が安定に自立し，底が薄い容器内（ビーカー，三角フラスコなど）の液体を撹拌し続けるのに便利である．白いテフロンでコーティングされた磁石（スターラーバーという．棒状や円盤状）を中に沈めて回転させる．回転数が上がり過ぎると液が飛び散ったりバーが飛んだり（あるいは止まったり）するので，回転数は制御する．スターラーにより回せ

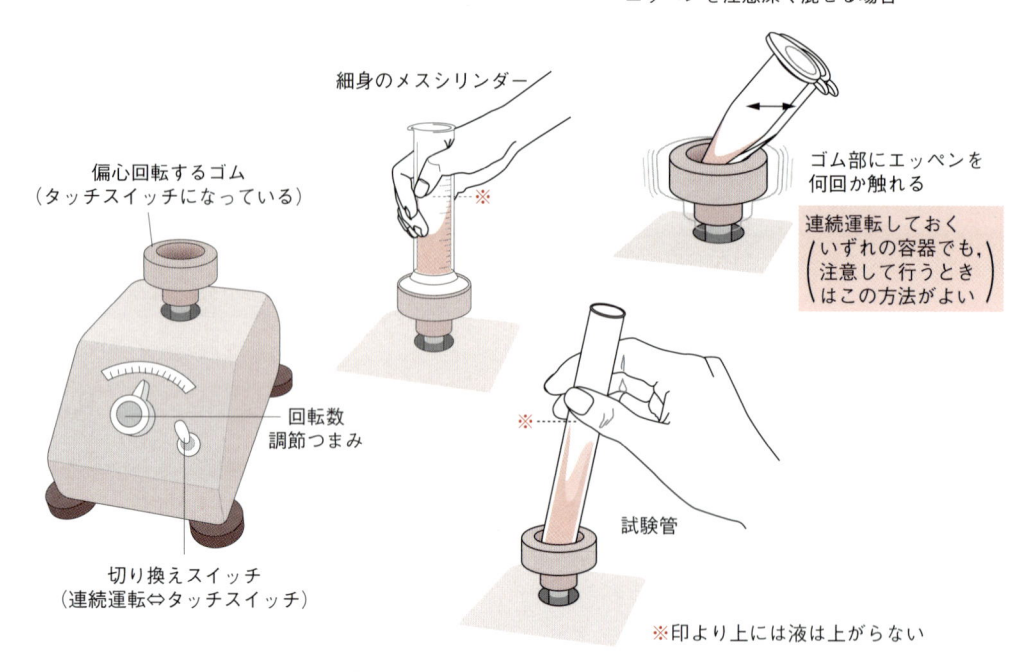

図5-12 ボルテックスミキサーとその使い方

る液量が決まっており，底の厚い大型メスシリンダーや5〜20lという大容量では小型スターラーは使えない．浮遊細胞の培養用にはスロースターラーを用いる．加温できるタイプは早く溶かしたいときに便利である．混ぜた液を取り出す際，バーが邪魔になるときは，外に磁石を当ててバーを固定する（図5-13）．バーに付いた残液をどう処理するかは実験により考える．

4) 振盪器（シェーカー）

容器に入った液をゆっくり撹拌（混ぜる）するために，いろいろなタイプのシェーカーが使われる．よく撹拌でき，こぼれないように振盪の程度を調節する．バットに入れてゲルを洗ったり，フィルターを処理するときなど，さまざまな局面で使われる．テーブルが水平位置で，回転（ロータリー）あるいは往復運動（レシプロ）するものが多いが，シーソー運動（ロッキング）をするものもある（図5-14）．円盤の角度を自由に変えて回転させることができるタイプのシェーカー（ダッグローター：足が2本付いているのでこうよばれる）は，薄手のバッグに入っている液を混ぜたり，試験管（この場合はバランスをとる必要あり）をごくゆっくりと撹拌するのに適している．必要があれば機械をインキュベーターや低温室に入れて使う．

5) その他の器具

大きな容器に入っている液体を混ぜるには，スクリューを上から突っ込んでモーターで撹拌する．液体，あるいは液体＋固体を激しく撹拌する（組織や細胞を壊す，不均質な液体を均質化する，固体を液体中に分散させるなど）には，液体中で金属の刃を高速で回転させたり〔ブレンダー（家庭用ミキサーのようなもの）や，ポリトロン〕，高速回転のホモジナイザーを使う（図5-14）．

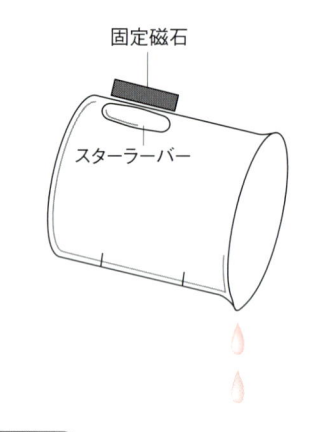

図5-13 スターラーバーの落下防止策

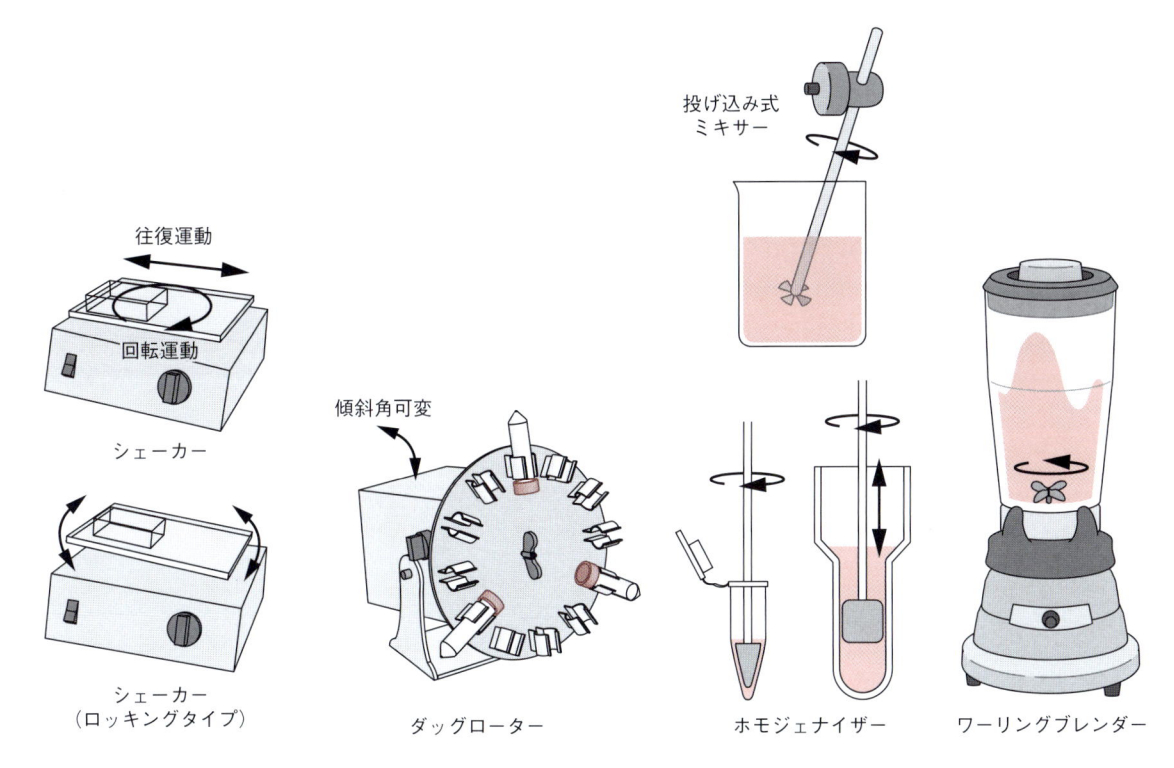

図5-14 いろいろなシェーカーや撹拌機器（スターラーとボルテックスミキサー以外）

4-2 液体の温度制御

1）通常の方法

容器に入っている溶液をある温度にするには，容器を目的温度に設定されてる箱（インキュベーターなど）か水槽に入れる．水槽の方が温度制御もよく目的温度に達する時間も短いが，長時間保温するのであればどちらでもよい．穴の開いたアルミニウムブロックをヒーターで加熱し，穴に試験管を差し込んで使うヒートブロックは，容器が汚れにくく熱電動性もよい（PCR用機械はこのタイプ）．

2）大容量の温度調節や迅速な温度調節

30℃にある1lの大腸菌培地を速やかに40℃にし，次に速やかに30℃にする実験の場合は，熱め（45〜55℃）と冷ため（10〜25℃）の水槽を用意する．加温させるときは熱めの水槽中でフラスコを手で振り，頃合いを見計らって40℃水槽に入れて振る．冷やすときも同様にする．試料が熱耐性であったり，制御がそれほど厳密でない実験では，温度変化用水槽の温度をより高く/低くしてもよい（注：冷やし過ぎて凍らせないように注意）（図5-15）．

4-3 液を除く

1）傾斜（デカンテーション）

容器に入っている液を除く普通の方法は，容器を傾ける傾斜「デカンテーション」である．沈殿と上清があって，上清だけ捨てる場合は，沈殿が流れ出さないように注意する．この方法だと，容器を再び立てると壁面に残った液が戻り，底に無視できない量の液が残る．これを防ぐには容器の底を少し高くしてしばらく静置し，より確実な液切れをめざす（図5-16）．

2）スポイト/ピペットマン

スポイト，あるいはゴムキャップにパスツールピペット（ガラス管を熱して引いた形の毛細管ピペット）をつけ，手動で液を吸引する方法は，液を確実に除け，沈殿が失われる

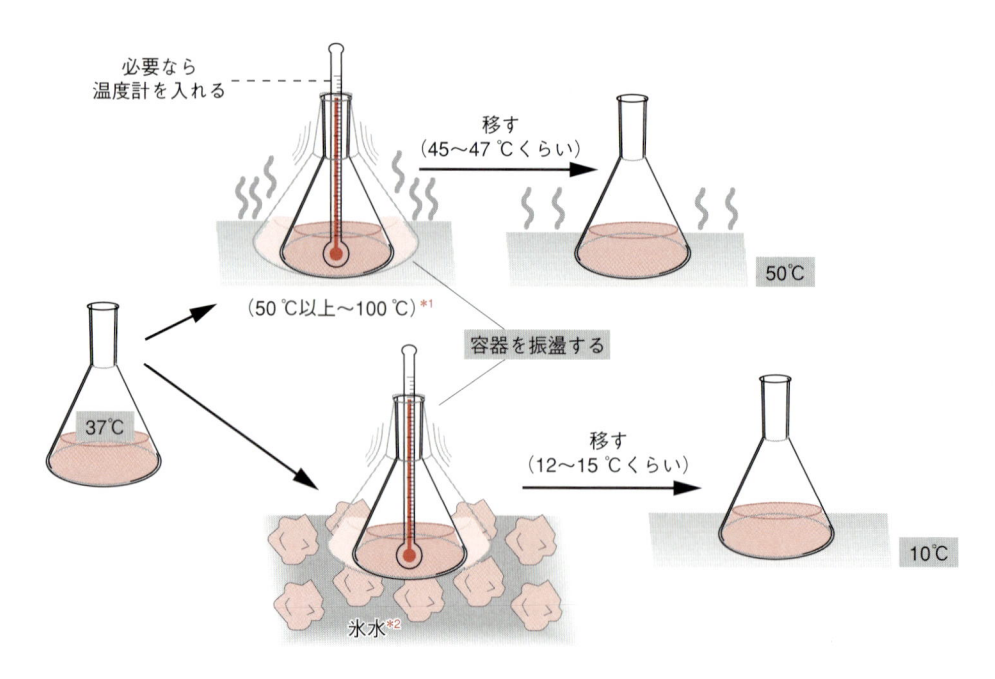

図5-15 液体の温度をすばやく変える方法

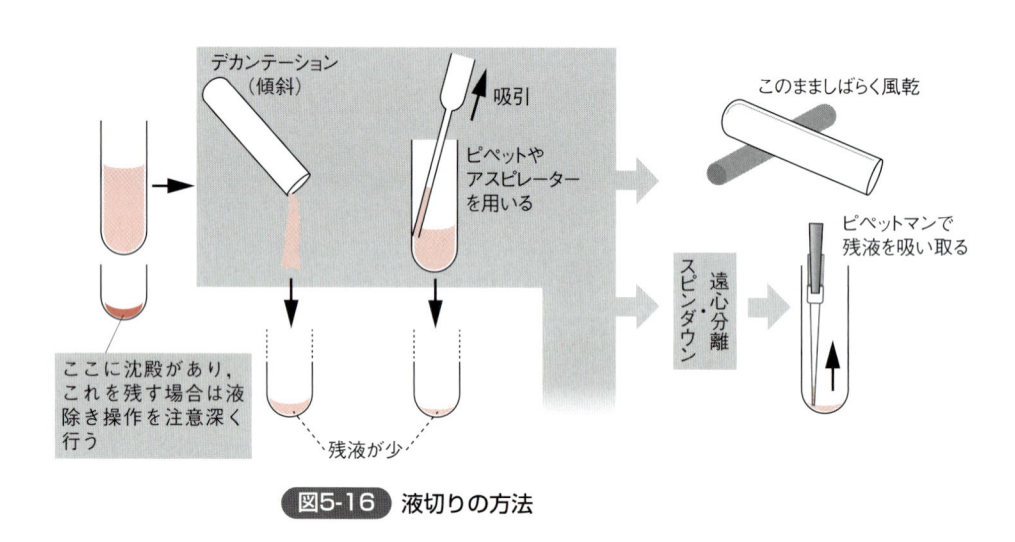

＊1：この温度は実験目的により選ぶ
＊2：ドライアイスを用いた寒剤や液体窒素は使わない（凍りつく可能性あり）

図5-16 液切りの方法

可能性も低い，優れた方法である．大量の場合はメスピペットや駒込ピペットを，微量の場合はピペットマンを使う．エッペンの上清を吸い取った後，スピンダウンしてわずかに残った残液を底に回収し，それをもう一度吸い取れば，より確実に上清を除ける．吸い取り用ピペットとスポイトが一体化したプラスチック製（滅菌済，ディスポ）タイプのものもある．

3）アスピレーター

吸い取る液が大量だったり，何本も同じような容器がある場合は，ピペットマンチップやパスツールピペットにアスピレーターのホースを付けて吸引する（図5-17）．ただ，沈殿が失われる可能性があるので，大事な沈殿試料から上清を除く場合（DNAのエタノール沈殿など）には十分注意する．

図5-17 アスピレーターによる吸引

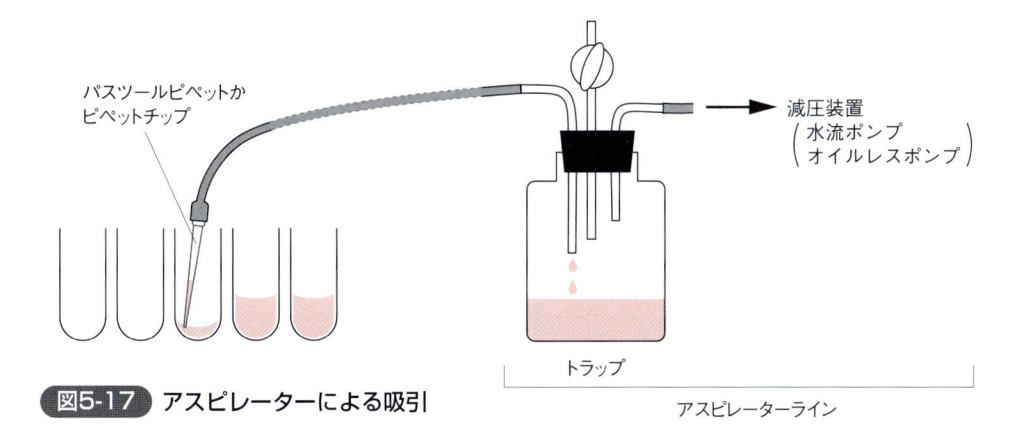

4-4 ろ過

1）ろ紙による自然ろ過

ろ過は液体から沈殿や不溶性物質を除いたり，反対に沈殿を集めるなどの目的で行われる．一般のろ過はろ紙を円形に切り，4つ折にした後で袋状に開き，それをガラスのロートに装着して（ロートはロート台のカットリングに固定する）使用する（図5-18）．除く沈殿の大きさによりさまざまな規格のろ紙（定性ろ紙）があるが，通常はワットマン社のNo.1で十分で，目でみえる沈殿やゴミはこの方法で除ける．ろ紙にヒダをつけると早くろ過できる．

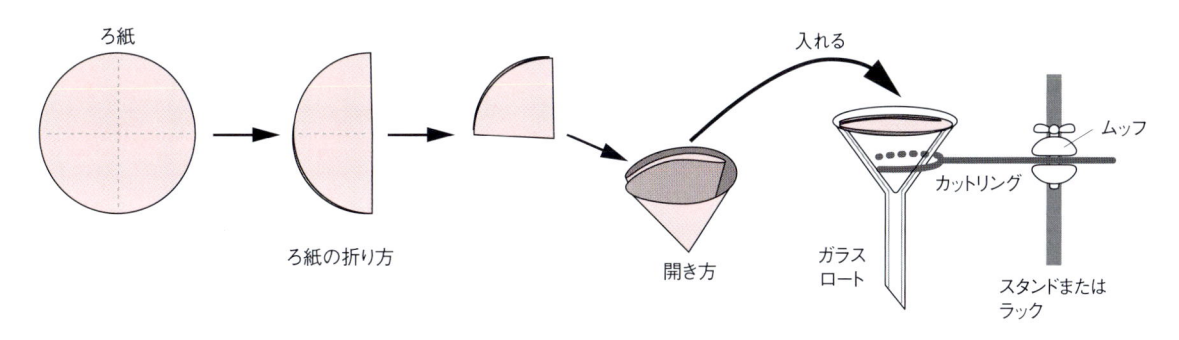

図5-18 ろ紙のロートへの装着

2）カラムを使う方法

活性炭で溶液中の有機物や色素を除く場合，底の細くなったカラム（筒）管の底に脱脂綿かガラス繊維を敷き，その上に活性炭を入れ，上からろ過したい液を入れると，ろ液がきれいになって出てくる．チューブをカラムにつけると連続的に処理できる．活性炭以外でも，いろいろなものに応用できる．

3）ブッフナーロートによる吸引ろ過

ロートでは大量の溶液を処理できず，またすぐに詰まってしまう．吸引ろ過はこの欠点を克服する方法で，このために用いるのがブッフナーロート（陶器製やプラスチック製など）である（図5-19）．内部にろ紙やメンブレンフィルターを内径に沿って切り，敷く．ロートにゴム製アダプターを付けてろ過ビンに差し込み，水流ポンプで減圧して液を処理する（ろ液を使用する場合，ろ過ビンは清浄なものを使う）．メンブレンフィルターによるアクリルアミド溶液からの不溶性物質の除去や，セルロースろ紙による大きめの粒子の除去や洗浄時に使われる．同じような形の（全ガラス製）ガラスろ過器というものもあり，より大きな粒子を除くのであればこれで十分である．

図5-19 ブッフナーロートによるろ過

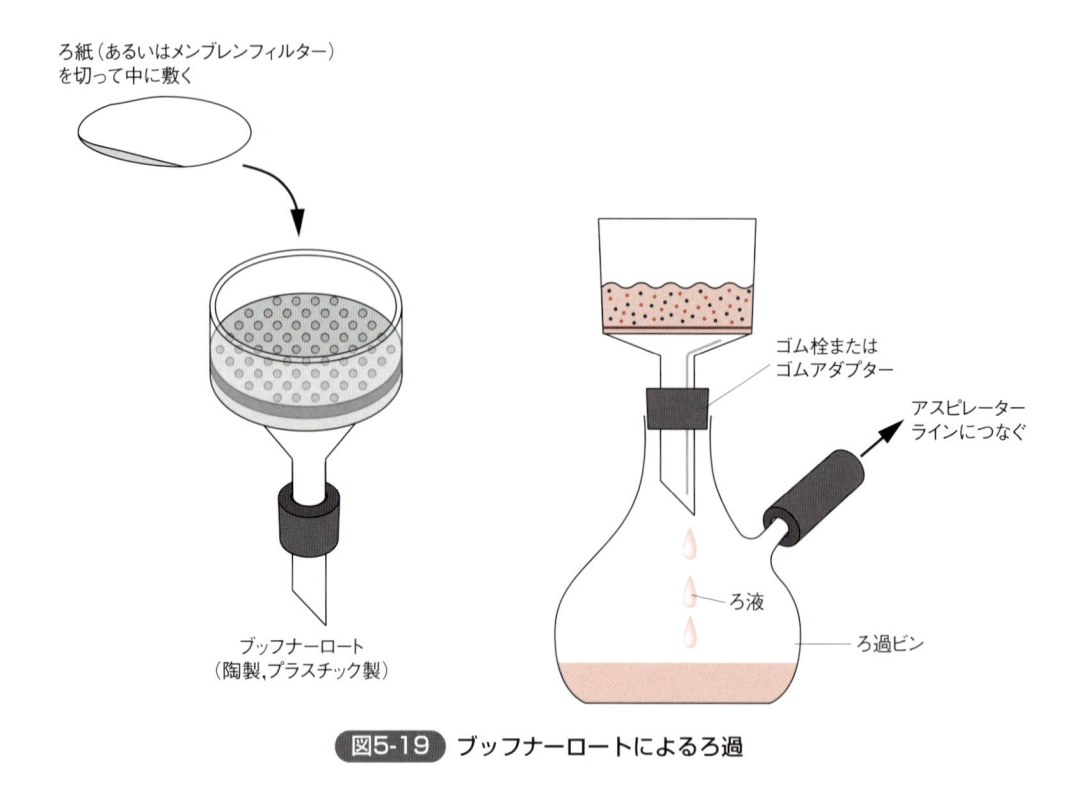

4）ジャケット入りメンブレンフィルター

溶液のフィルター滅菌や試料中の微細沈殿の除去で使用される．自分でジャケットを組み立てることもできるが，煩雑なため，直径15 cm以上の大型のもの以外は，すでにセットされ滅菌された状態のものを製品として購入できる．組織培養用培地をろ過する直径10 cm程度のブッフナータイプのものから，直径2〜3 cmでシリンジ（注射筒）（6章参照）に付けて使用する2タイプがある．メンブレンフィルターの穴（ポア）サイズには，微粒子を除く程度の0.4〜0.8 μmと，微細な細菌をも除去できる0.2 μmの大きく2種類に分けられる．ろ過する溶媒の種類によって材質を選ぶことができる．

4-5 分注する

同じ量の液体を複数の容器に連続的に注ぎ入れる操作を分注という．ピペットマンで同じ作業を繰り返したり，メスピペットで吸い取った液を一定量ずつ出すという方法で行われる．しかし，精度を多少犠牲にしても効率を優先させたい場合には分注器（ディスペンサー）を使う（図5-20）．シリンジで吸い取った液を一定量ずつ出せる器具がエッペンドルフ社などから出ており，出す容量を大まかに変えられる．ピペットマンタイプのピペッター（微量用）や大きな注射器に液吸い用ホースを付け，シリンダーの往復運動で連続的に液を出すものもある（後者は大腸菌培地の分注に便利）．恒常的に使用する安定な液体であれば大きなビンに貯えておき，ビンのネジに分注器を固定し，手動ポンプで分注できる器具もある．

5 冷やす

5-1 氷冷

酵素反応前の反応液や大腸菌懸濁液を冷やすなど，分子生物学実験では試料を氷浸け

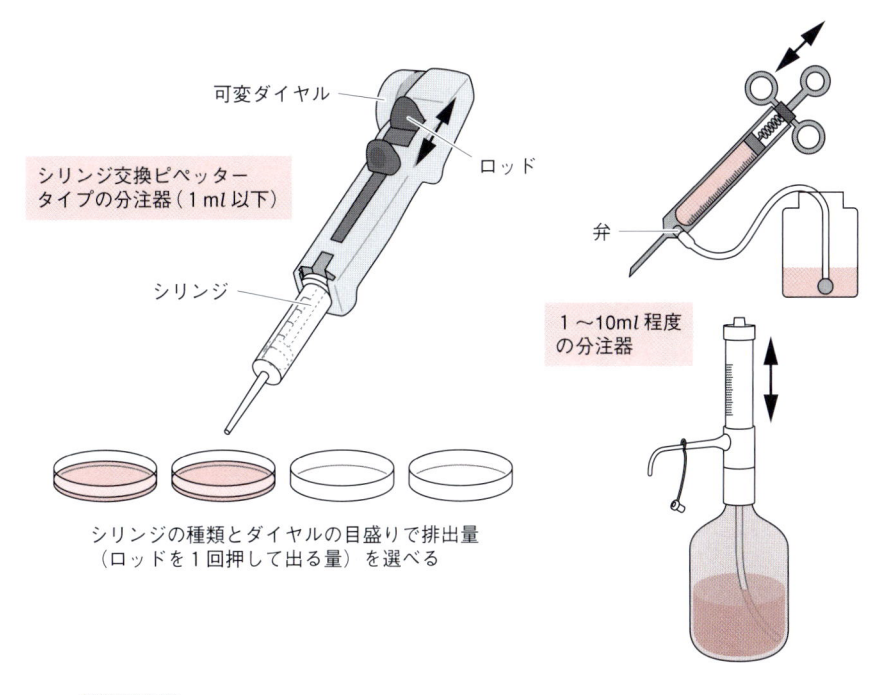

図5-20 さまざまな分注器（このほかにもピペットマンタイプなどがある）

（英語でon-iceという）することが非常に多い．フレーク状の氷を氷バケツや発砲スチロールの箱に取り，容器を氷に埋める．きちんと氷冷したい場合は，少し水を加えて氷水にする．早く冷やしたいときは氷水中で容器を手で振る．

5-2 凍結

培養細胞を生かしたまま凍らせるときは徐々に温度を下げる（1℃/分）が，タンパク質溶液やコンピテントセル（大腸菌），そして摘出した組織を凍らせるときなどは急速冷凍する[e]．冷凍には液体窒素を用い，容器をそのまま液体窒素に放り込む（図5-21）．大きな組織は，まず組織を入れたビーカーに液体窒素を注ぎ，その後保存容器に移す．アンプルのような完全密封でない限り，液体窒素は必ず試料と接することを念頭に入れておく．液体窒素のない場合でも，ドライアイスにアセトンかエタノールを入れて寒剤をつくり，チューブに寒剤が入らないように注意して液を凍らせればよい．

[e] 凍るときに体積が増えることを考慮し，入れる量は満杯の8割程度に抑える．

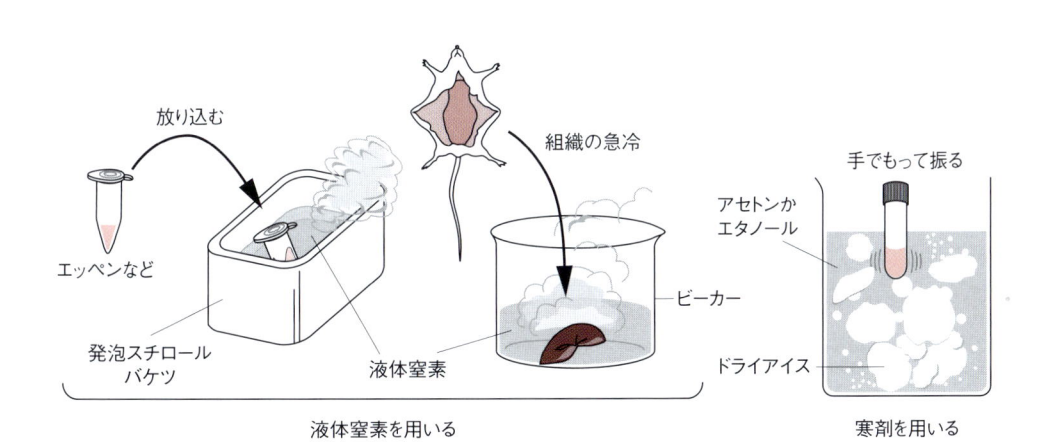

図5-21 急速凍結法

6 熱をかける

6-1 温める

　水溶液を温めるとき，容器を恒温器に入れてもいいが，時間がかかる．早く温めたいときは溶液をビーカーか三角フラスコに入れ，温度制御機能の付いているホットプレートかガスで加熱する．コンロの上に金網などを敷きその上に容器を乗せる．ブンゼンバーナーを使う場合は三脚を使用する．直火にかけるとガラスと接している部分が局所的に高温になる．これによる焦げ付きや変性を避けるには，湯煎加熱を行う（図5-22）．

インキュベーター，恒温水槽に入れる
（多少時間がかかる）

温度計

金網

［湯煎法］

ガスコンロ等でお湯をつくり，
その中に入れて間接的に温める
（熱しすぎに注意）

ホットプレートを使用する

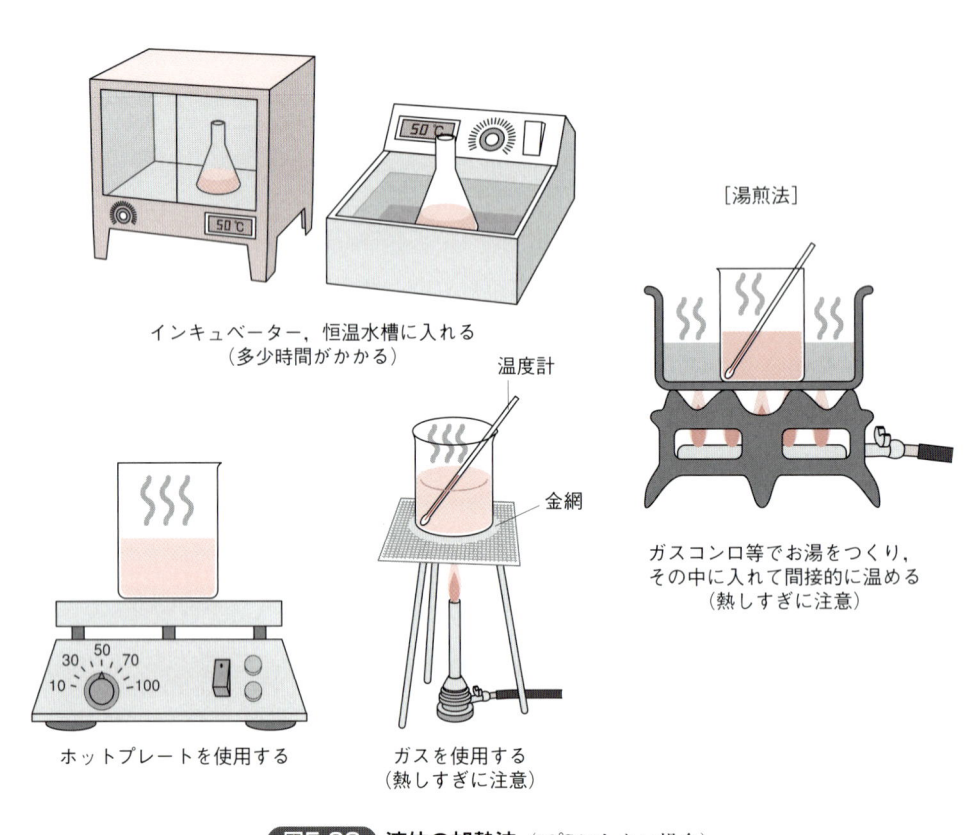

ガスを使用する
（熱しすぎに注意）

図5-22 液体の加熱法（50℃にしたい場合）

6-2 煮沸

　水や水溶液の煮沸にはガスを使う．ホットプレートやホットスターラーでもよいが，多少時間がかかる．水が沸騰する容器の内面が鏡のように滑らかだと沸騰蒸気が連続的に出ず，時間間隔をおいて突発的に大量発生する．これを突沸といい，危険である．突沸を防ぐには沸石（空気を含む素焼陶器片）を入れる．沸石はガラスの毛細管を数本入れてもよいし，ガラス細工でつくってもよい（こちらの方がもちがよい）．液が多少汚れてもよいのであれば，投げ込み式電気ヒーターで直接加熱するという方法もある．

> **memo** やけどの対処：熱湯を浴びたらできるだけ早く水道水で冷やし，その後適当な処置をとる．衣服の上から熱湯がかかったらすぐに脱ぎ（脱げない場合はハサミで切る），緊急用シャワーなどでとにかく患部を冷やす．

6-3　凍結試料の融解

　凍結試料をゆっくり溶かすには氷に浸けるか低温室に置く．ただこの方法だと溶けるのに一晩かかることもある（グリセロールや塩の濃度が高いと短縮される）．普通は少し熱を加えて溶解時間を短縮する[f]．エッペンや小型チューブ程度の量であれば，指でチューブをつまみ，中身を緩やかに揺らしながら溶かす（図5-23）．大きめの容器は「水に浸ける－手で握る－振る」を繰り返す．大きめのチューブが何本もある場合は，フタ締めを確認後，水の入っているビーカーに浮かし，スターラーで撹拌する（図5-24）．いずれの場合も中の氷が少なくなった時点で氷中に移す．

---

[f] 液体窒素で凍っていたプッシュ式フタをもつチューブは，室温に出すと残存していた液体窒素が沸騰し，フタが破裂するので注意する．

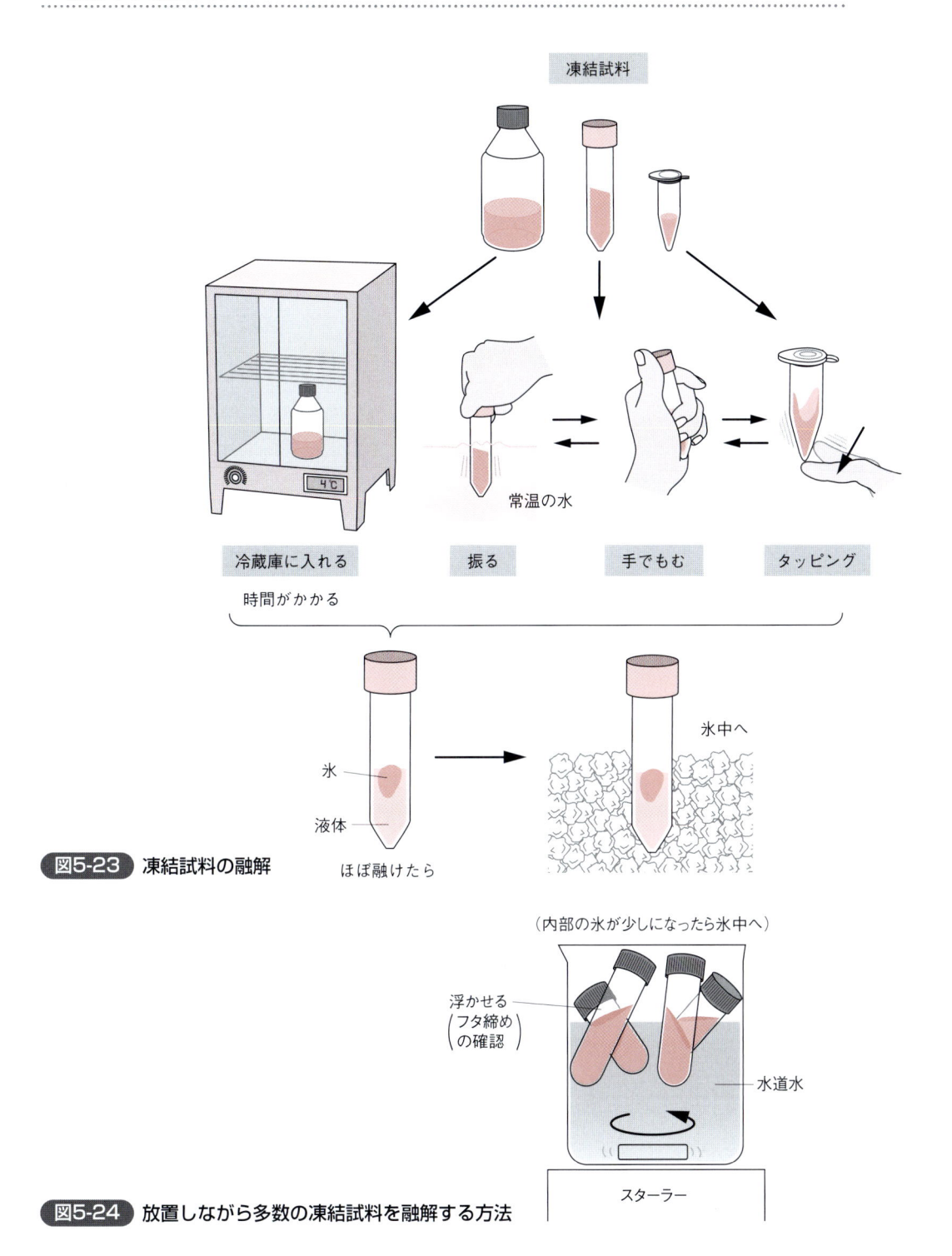

図5-23　凍結試料の融解

図5-24　放置しながら多数の凍結試料を融解する方法

7 水分調節

7-1 器具の乾燥

湿気のある粉末試薬や器具から水分を除く場合，熱に安定なものであればオーブンに入れて加熱すればよい（50℃以上〜200℃）．試料や容器に応じて温度を選ぶ．メンブレンフィルターは可燃性（ニトロセルロースは爆発性）なので，乾燥状態では60℃以上にしない．熱をかけられない場合は，吸引できるタイプのガラスデシケーターに入れ，真空ポンプで引く．

7-2 溶液の蒸発，濃縮，乾固

液体の水分を減らしたい場合，熱に安定であれば火を使って沸騰させる．有機溶媒であれば回転エバポレーター（丸底フラスコに入っている試料を湯煎し，それを回転させながら減圧下で蒸発させ，冷やされて凝縮した溶媒をトラップに溜める装置）で蒸発させる．水溶液の場合，突沸を防止しながら水流ポンプで減圧濃縮する方法（エッペンであれば遠心濃縮機で遠心しながら濃縮する．試験管であれば細かく振動させながら減圧濃縮する）がある（図5-25）．熱不安定物質を含む水溶液の場合は，いったん凍らせ，凍結乾燥機（後述）で水分を昇華させて除く方法が一般的である．あと1つ，エアーポンプの空気か窒素ガスを吹き付ける方法がある（図5-25）．送るガスはメンブレンフィルターを通し，ビンなどに入っている溶液の上数cmから，液が跳ねないようにガスを送る．熱に不安定な場合は容器を氷冷する．50％エタノールの溶けているヌクレオチドからエタノールを除くのに便利である．

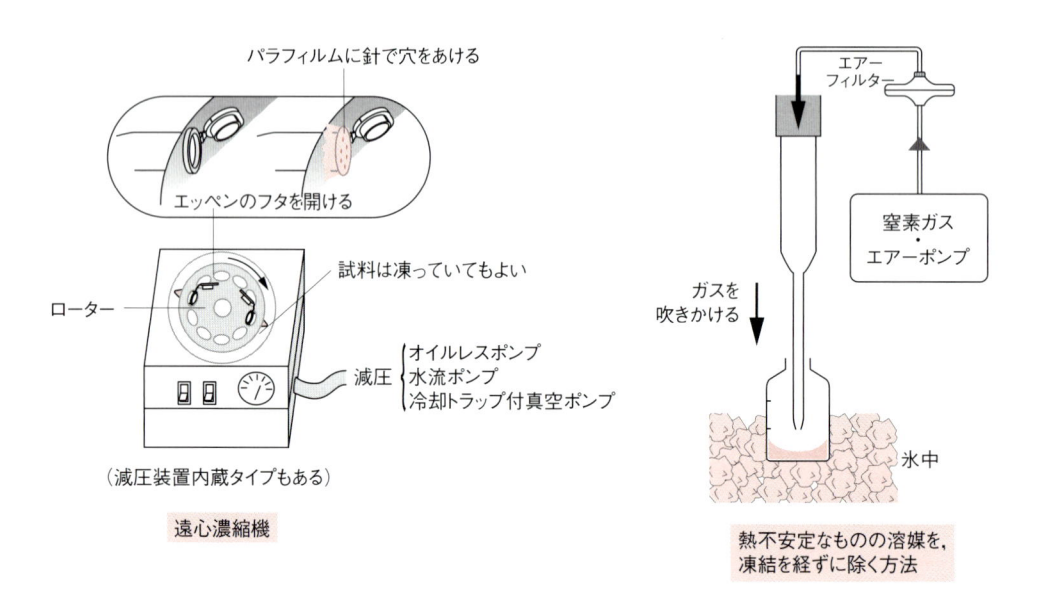

図5-25 少量の溶媒の除去法

7-3 凍結乾燥（lyophilization）

凍結試料を機械にセットし，真空ポンプで水分を除く．試料が入っている容器が試験管であればそれをゴムの吸い口に挿入し，ビーカーのような大きな容器であればチャンバーに入れる．真空ポンプと吸引口のあるガラスデシケーターで自作できるが，−80℃以下に

冷やせる強力な冷却トラップが必須である（耐圧性フラスコで自作できる）（図5-26）．乾燥効率を高めるため，冷却トラップ内の水はこまめに捨てる．

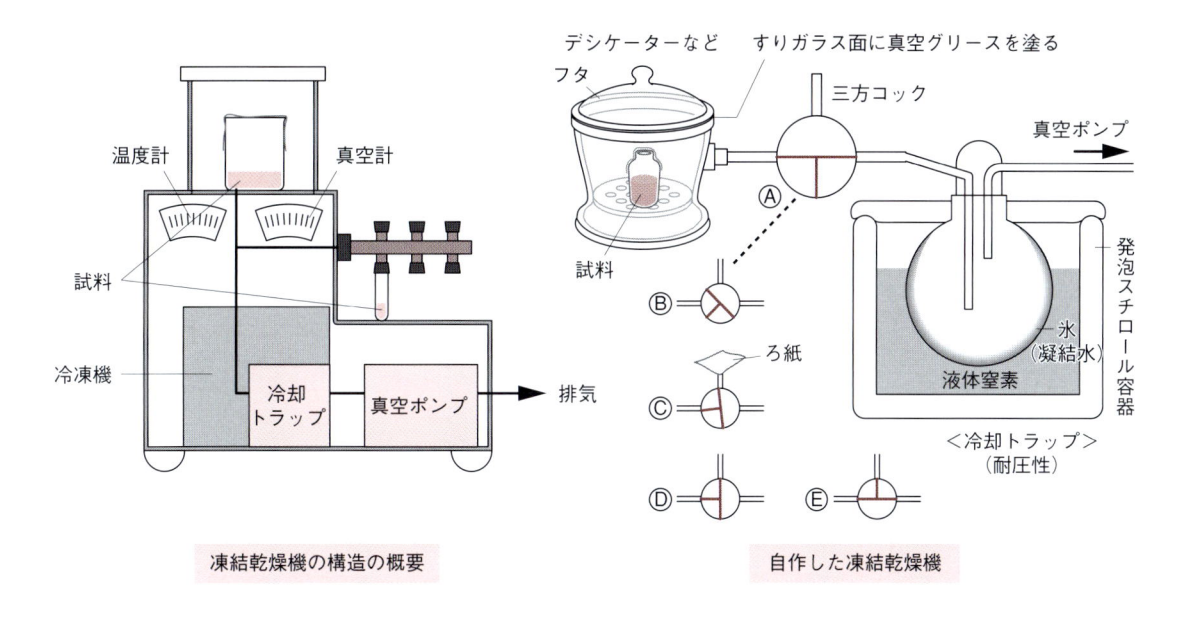

<三方コックを使って真空ラインをON/OFFする方法>
① トラップの水を捨てる
② 液体窒素を入れる
③ 試料を入れ，すぐにコックをⒶにして真空ポンプのスイッチを入れる（時間が経つと試料が溶ける）
④ 試料の水分がなくなる（数時間～数日）
⑤ コックをⒷの位置にする
⑥ 図の位置にろ紙をあて，ゆっくりⒸの位置にして，デシケーター内に少しずつ空気を入れる
⑦ Ⓓにして常圧に戻す（フタを開けてもよい）
⑧ Ⓔの位置にし，ポンプの音が変わってからポンプのスイッチを切る

図5-26 凍結乾燥

8 手袋

8-1 実験操作用

　試薬や実験試料から自分を守り，また実験試料にゴミや汗を付けないようにする目的で，ディスポで薄手のゴム製あるいはプラスチック製の手袋が使用される．S～Lのサイズがあるので，手にフィットするものを着用する．手が入りやすいように，内部にパウダーがついているものもある．1つしか付けない場合は，利き手とは反対側（エッペンをもつ方）に装着する．手袋はきれいに使えば何回かは再利用できる．まず小指をひっかけて外して内外を逆にする．再装着する場合，手袋の口から折り返して指部分を中に入れ，中に息を吹き込んだ後，口部分を引っ張って閉じ，クルクルと回す．口が閉まったら中の空気に圧をかけ，空気の力で指部分を外側に出す（図5-27）．

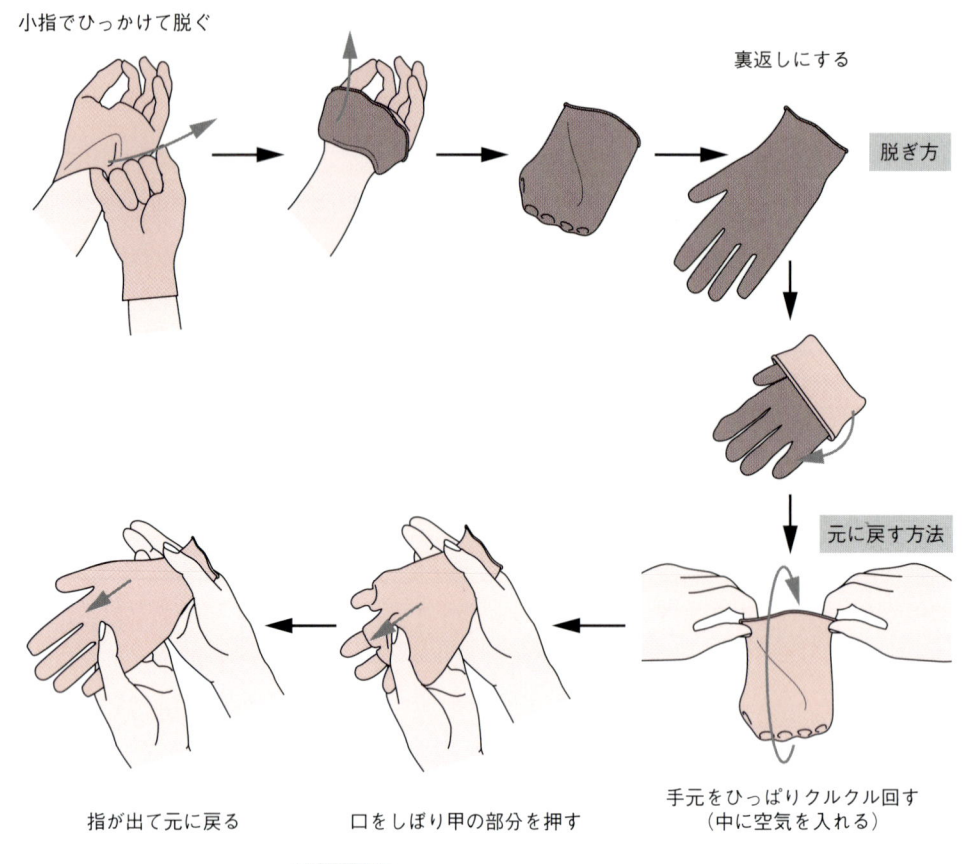

図5-27 実験用手袋の脱着と再利用法

8-2 その他の手袋

　　熱いものをつかむときは鍋つかみのような厚い手袋を使う．温冷いずれにも使える断熱性の高いものもある．液体窒素を扱う場合には，厚い皮製のものもある．簡単には軍手（作業用木綿製手袋）でもよいが，温熱用としては断熱性に劣る．

9　器具の位置どり

9-1　水平・垂直とり

　　孵卵器，シェーカー，遠心機などは水平に設置することが重要であるが，ほかの機械（オートクレーブ，シャーレを広げる台，顕微鏡，電気泳動槽など）も傾いていては具合が悪い．水平は水準器（図5-28）でチェックし，足についているアジャスタか底にものを挟むなどして調節する．機器に水準器の付いているものではそれを使用し，大型遠心機の水平はシャフトの上に水準器を乗せて合わせる．カラムなどは垂直に立てなくてはならない．水準器によっては垂直をとれるものもあるが，簡単には糸に重りを付けて垂らし，2方向から目視して垂直をとる（図5-28）．

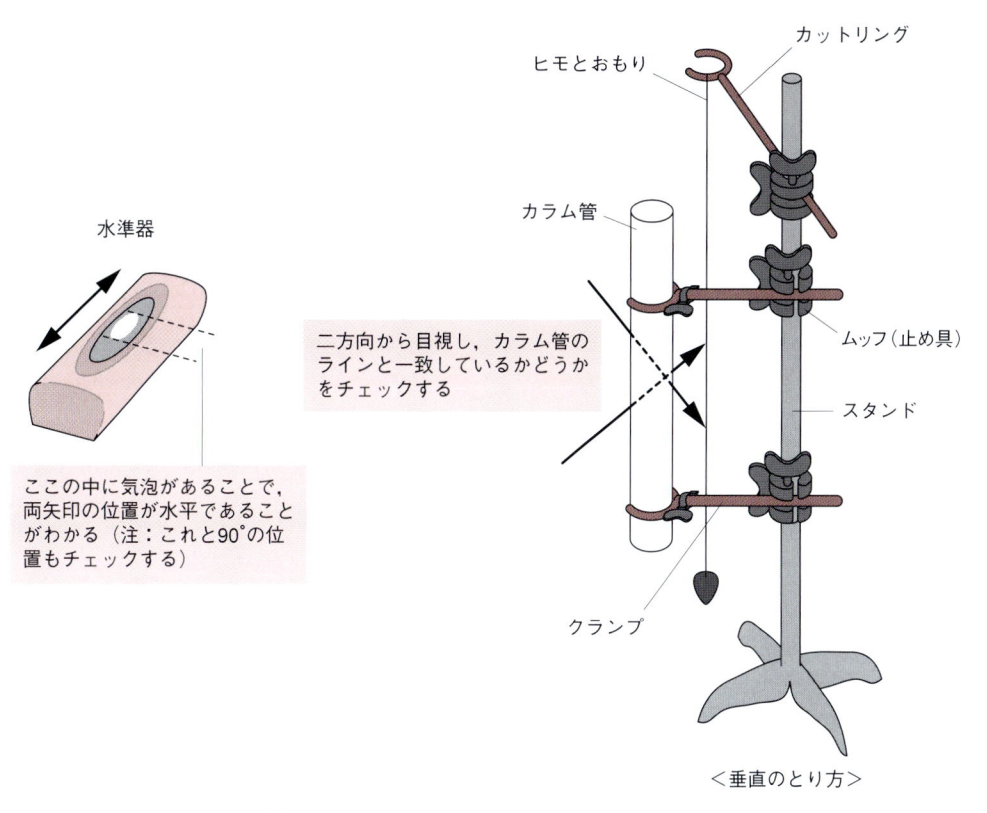

図5-28 水平と垂直のとり方とラック組み

9-2　ラック組み

　カラムをセットしたり器具を固定するときは，まずラックを組みそこにムッフ（止め具）でクランプを固定し，クランプで器具を固定する．ラックはすでにベンチに設置されている場合もあるが，多くは鉄製スタンドを支柱とし，そこで組む．

9-3　実験室用ジャッキ

　設置する器具や小型の機器の高さを変えるにはジャッキを使う．カラムに流出するバッファー容器の高さを変えたり，超音波処理をするときに，試料の入っている氷バケツを乗せたりするときに使用すると便利である．

10　ホースの扱い

　ホース（管）類は外れないように針金で確実に縛るか，ホースバンドで止める．ホース同士の連結はコネクターあるいはジョイント（金属製あるいはプラスチック製）に差し込んで行うが，ごく細く，力があまりかからないものであればガラス管をジョイントとして使う．細く軟らかいホースの途中を絞って流れを止める場合はピンチコック（挟むだけのモール式と，押さえ方を調節できるホフマン式がある），あるいは鉗子（1-3「挟む器具」参照）を用いる．

11　ガラス細工

　ガラスを簡単に細工できれば，実験室の機動性が増すと同時に経済面でもメリットがある．ガラスには軟質と硬質があるが，容器類はほとんど硬質ガラスで，通常のガスでは赤くするくらいしかできない．ガラス棒やガラス管は軟質ガラスで，飴のように軟らかくすることができる．炎を集中させ，フイゴで空気を送ると強い火力を得ることができる．ガラス細工は次のような所で役立つ．

1）角落とし
　ガラス器具の口が欠けて危険な場合，そこを軽くやすりをかけてから熱する．メスシリンダーの上部が割れた場合，その下を一周するようにしてヤスリで切り込みを入れ，木づちで軽く叩いて上部を落とし，最後に角を処理する（図5-29）．

2）キャピラリー
　ガラス管を軟らかくなるまで熱し，炎から出してから両手で引くとキャピラリー（毛細管）ができる（図5-30）．

3）コンラージ棒（9章参照）
　ガラス棒の2あるいは3カ所を曲げ，細菌液塗り広げ用のコンラージ棒をつくる（図5-30）．

4）沸石
　軟質ガラス管の中央を溶かし，溶けた部分を何度も引いたり押したりしながら空気を含んだ塊をつくり，沸石とする（図5-30）．

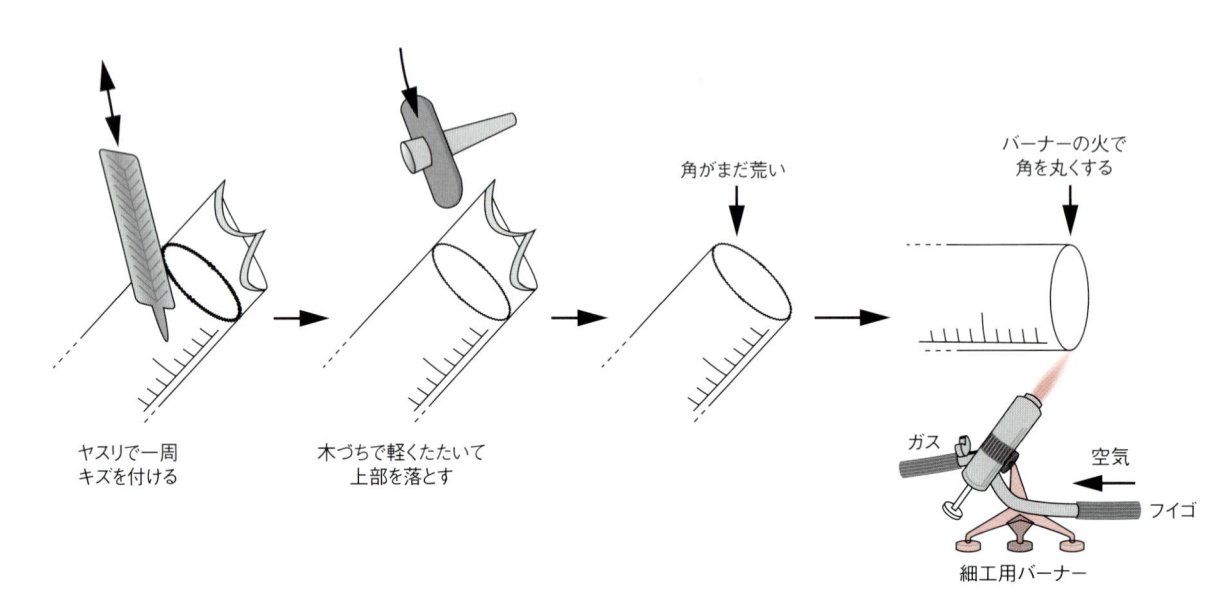

図5-29 欠けたメスシリンダーの再生

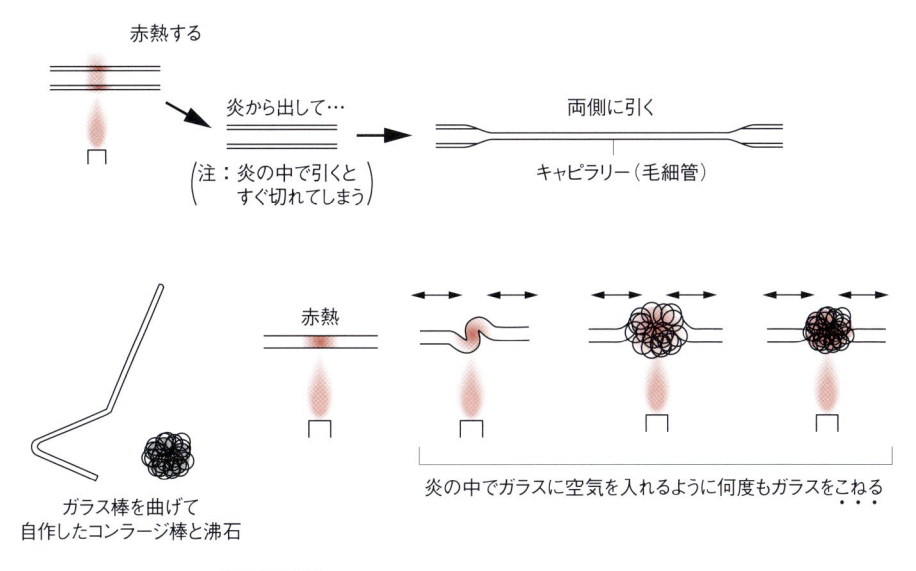

図5-30 簡単なガラス細工（軟質ガラスを使用）

12　試料の管理・移動

12-1　整理と収納／凍結試料

　実験でできた試料はその量と形態に従ってエッペン，チューブ，ボトル，瓶などに入れ，こぼれないようにフタをして収納する．このときに誰がみても試料が何であるかがわかるようにラベルする必要がある（直接，あるいはテープに書いたものを貼ってもよい）．書く内容は次の3項目である．

　①**試料の種類**（必要に応じて濃度と溶媒の種類も），②**日付**，③**氏名**（図5-31）．ラベルは本体と離れるフタには書かない．凍結／融解すると品質の悪いマーカー（インク）は流れて消えることがあるので，消えにくい油性ペンを使用する．マーカーの上から透明テープを貼ると消えにくい（1章参照）．液体窒素中では紙やテープはボロボロになるので使えない．

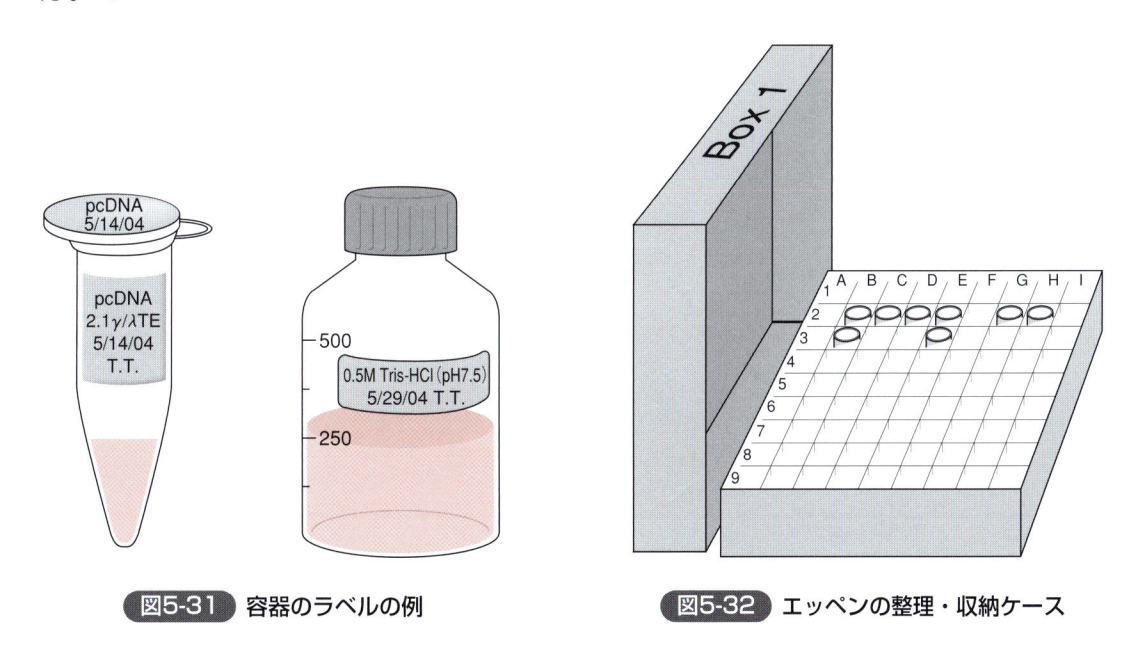

図5-31 容器のラベルの例

図5-32 エッペンの整理・収納ケース

エッペンを保存する場合，一時的にはラックに挿したままでもよいが，バラバラになったり広いスペースを占めるので，長期保存する場合は専用のサンプルボックスを使う．これは紙やプラスチック製（12 cm四方で厚さ4 cm程度）で，中は9×9＝81個のます目になっている（それ以外の規格もある）（図5-32）．A, B, C, ‥‥, 1, 2, 3, ‥‥とアドレスをつくり，整然と収納する．ボックスのカタログ／管理ノートもつくる．

12-2　郵送する／海外への発送

プラスミドDNAのような安定なものであれば，エッペンに入れ，口をパラフィルムでシールし，全体をクッションシートで包むか丈夫な小型容器に入れて，郵送／宅配便で送る．加熱シーラーとプラスチックバッグでつくった手製の小袋を使うとかさばらない．DNAの場合，グラスフィルターやろ紙などに染み込ませて送るという方法もある（後でTNEバッファーなどで溶出できる）（図5-33）．

血清などは防腐剤として0.01～0.1％のアジ化ナトリウム（sodium azide）を添加すれば室温で輸送できる．冷蔵で送る場合は保冷剤を入れた発泡スチロール箱に試料容器を入れ，クール宅配便で送る．冷凍品の場合はドライアイスを詰める（1～3 kg/日が目安）（図5-34）．冷蔵／冷凍品を送る場合は，荷受人とよく連絡をとる．

海外に品物を送る場合はフェデックス（FedEx）を利用するのが一般的（利用する前に登録してアカウントナンバーをもらう必要がある）である．小さなチューブであれば専用の封筒も使えるが，かさばるものは壊れないようなしっかりとした箱に入れ，中身が壊れたりもれたりしないように注意する．冷凍品（ドライアイス荷物）の場合は決められたマークを付ける．空港でドライアイスを保補充してくれることもあるが，安全のため，大きめの箱に少なくとも5日分のドライアイスを詰める．海外へのいかなる輸送も「輸出」となるため，税関に提出するいくつかの書類を準備する必要がある．詳細はフェデックスに問い合わせのこと（例：千葉0120-003200）．

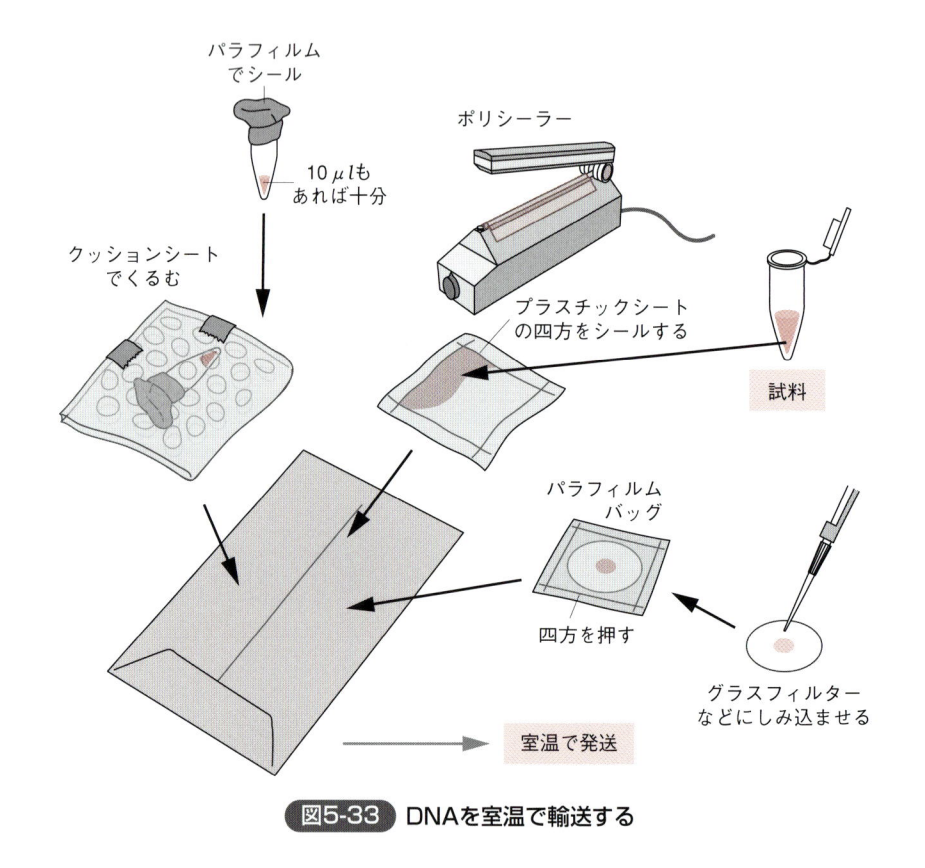

図5-33 DNAを室温で輸送する

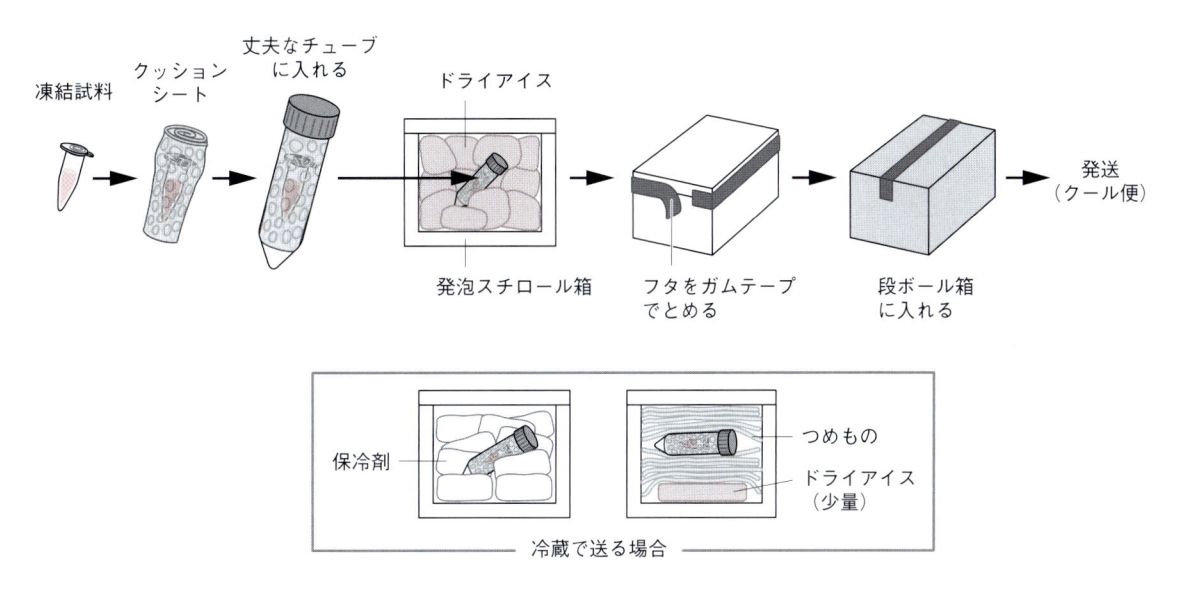

図5-34 試料を凍結（冷蔵）状態で輸送する

12-3 実験小動物の輸送

　実験動物もしっかりとした段ボール（空気穴を開ける）に入れ，翌日到着で送ることができる．事故で予定以上の時間がかかることもあるので，3〜4日分のエサを入れておく．水飲み器の代わりにジャガイモあるいは寒天を入れる．生き物である以上何が起こるかわからず，輸送は動物にとって相当なストレスになるので，できれば時間をかけずに手で運ぶのが望ましい．冬期は保温に気をつける．

第6章 滅菌操作

滅菌は大腸菌培養や組織培養のみならず，微生物による生体高分子の分解を防止したり，核酸分解酵素自体を失活させるなどの効果があり，分子生物学実験では重要な操作の1つとなっている．ここでは滅菌操作について解説する．

1 滅菌

1-1 滅菌とは

「滅菌（sterilization）とはすべての生命体を死滅させること」と定義されている．動植物はもちろん，原生動物，細菌，カビ，さらにそれらの胞子をも死滅させる．滅菌の拡大解釈としては，ウイルス（生命体ではないが）の死滅も含んでおり，分子生物学的には，滅菌にDNAやRNAの変性・分解も期待している．滅菌によりこれらの感染体が消滅した状態を「無菌」といい，それを保つことを無菌操作という．

1-2 滅菌の種類（表6-1）

1）熱によるもの

熱は滅菌をする最も身近で確実な手段である．水を使わないものを乾熱滅菌といい，この1つに火炎滅菌がある．水を使う滅菌の代表は高圧蒸気滅菌（あるいは高圧滅菌），すなわちオートクレーブ（autoclave．滅菌操作と滅菌機，両方の意味に使う）である．煮沸で微生物の胞子を殺すことはできない[a]．

[a] 間欠滅菌：古典的パスツリゼーション．煮沸と一晩放置を3回繰り返す．胞子があってもそれが発芽し，栄養増殖型となったところで煮沸で死滅させられる．

表6-1 滅菌法の種類

熱による方法	＜湿熱を使用＞	オートクレーブ（高圧［蒸気］滅菌）	121℃，20分（15〜60分）
		間欠滅菌（古典的パスツリゼーション）	（100℃，30分→1晩放置）×3回
	＜乾熱を使用＞	乾熱滅菌	180℃，60分（30〜120分）
		火炎滅菌	赤熱する
熱によらない方法		フィルター滅菌	0.1〜0.2μmポアサイズのメンブレンフィルター
		γ線滅菌	
		ガス滅菌	エチレンオキサイドガス
そのほかの方法*		重クロム酸・硫酸混合液，濃いアルカリ溶液	
		塩酸・硝酸などの強酸，腐食性試薬などに長時間浸ける	

＊あくまでも簡易的手段

2）熱を使わない方法

微生物を物理的に除く一般的方法はメンブレンフィルターによるろ過滅菌で，実験室でもっぱら用いられる方法であるが，核酸やウイルスはフィルターを通過してしまう．実験室レベル以上の方法として，1つにはγ線滅菌があり，ディスポのプラスチック器具はこの方法で滅菌されている．ほかの方法としてガス滅菌（エチレンオキサイドガス）があり，病院などで使われる．

3）薬品処理

通常無菌操作に入れないが，濃いアルカリ，重クロム酸/硫酸混液，そして塩酸/硝酸混合液などの腐食性試薬は実質上器具を無菌にできる．

1-3　滅菌とRNase除去

RNAを扱う分子生物学実験ではRNaseによる試薬や器具の汚染が問題になり，RNaseのない（RNase-フリー）環境が必要となる．実験室で行う滅菌操作のなかで，RNaseを確実に除去できる方法は乾熱滅菌，火炎滅菌，そして上記**1-2**-3）の操作である．オートクレーブではRNaseはわずかに残るとされている．

2　フィルター滅菌

少量の液体，熱不安定物質や生体高分子，有機溶媒を滅菌するにはフィルター滅菌がよい．ニトロセルロースのメンブレンフィルターは強度が低く乾燥状態で熱に弱い（発火する）ため現在ではあまり使われず，主にナイロン，PVDF，セルロースアセテートなどの素材が使われている．材質を選ぶ基準は主に親水性と有機物の吸着性である．ポア（穴）サイズは不溶性物質を除くのであれば0.4〜0.8μmでよいが（注：ポアサイズはあくまでも平均値であり，この規格では一部の細菌は通過してしまう），滅菌を完璧に行う場合には0.2μm以下のものを使用する．フィルターはジャケットに入っており，無菌的に使用できる（5章参照）．シリンジタイプで滅菌する場合，ますシリンジ（注射筒）で試料を吸うが，後述の理由からこのとき少し空気も吸う（図6-1）．ジャケットの「入り」と「出」を間違わないようにシリンジを挿入する．ピストンで液を全部押し出すと最後に空気が残るが，ここでロックされるので，それ以上押し込めなくなる．押し込めるようならフィルターに漏れがあったことになる．これらの操作はクリーンベンチで行い，ろ液は滅菌容器にとる．

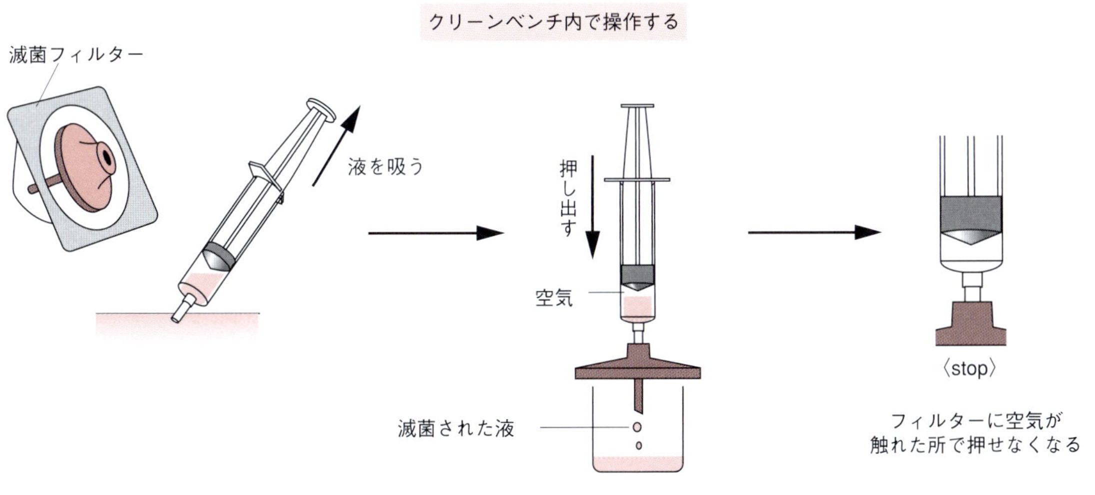

図6-1　フィルター滅菌（シリンジを使う方法）

3　乾熱滅菌

　電気オーブンを使って熱耐性の器具を滅菌する．滅菌の条件は180℃，1時間で十分であるが，RNase除去を徹底して行う場合は，安全を見越して2〜3時間加熱する．ピペット缶に入れたピペット，アルミホイルで包んだガラス器具や乳鉢（RNA抽出において凍結組織を砕くときに使用），そしてスターラーバーやスパーテル，あるいはピンセットなどを処理する（図6-2）．器具をオーブンに入れ，温度が180℃になってから時間を測る．終わったらヒーターを切って自然に冷ます．ヒーターに近い金属部分では設定値以上の温度になることがあり，綿栓入りピペットなどの可燃性器具は置く位置に注意する．ビンのフタは通常乾熱滅菌できないが，デュランビンの赤キャップなどは使用可能である．

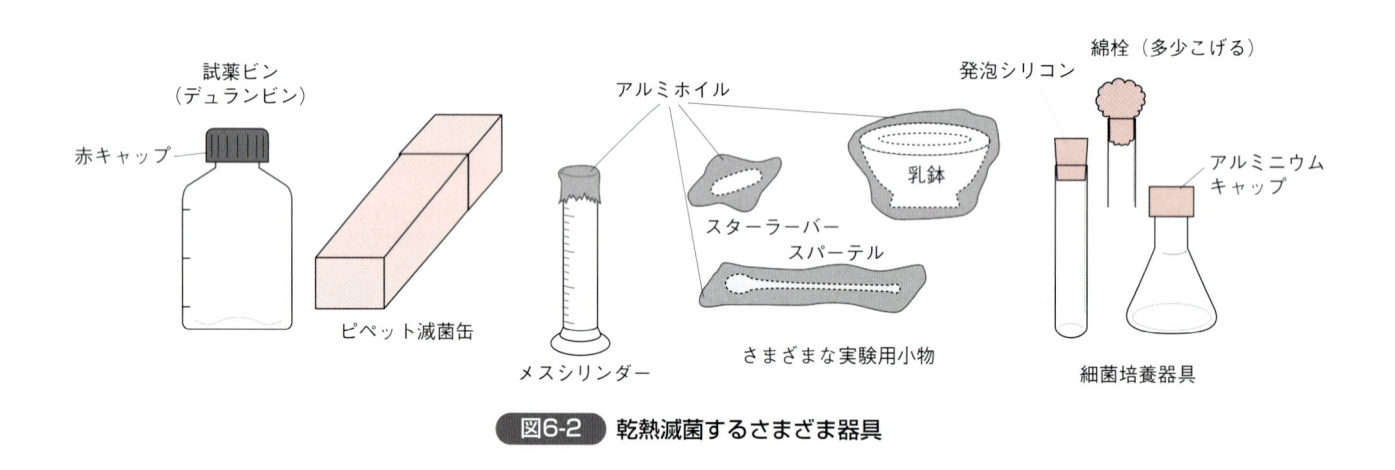

図6-2 乾熱滅菌するさまざま器具

4　火炎滅菌

　金属などを赤くなるまで炎の中で熱すれば，そこに付いているすべての有機物を灰化，分解させることができる．ガスバーナーやアルコールランプ，あるいは電気バーナーが使われる．処理される器具は金属が主だが，ガラスやテフロンも可能である．細菌を操作する白金耳（および白金線）の先端を無菌にしたり，器具をRNaseフリー状態にするためにスパーテルやピンセットを処理する．金属を赤熱させるときは，炎上部の酸化炎で行う（下部の還元炎は温度が低い）（図6-3）．

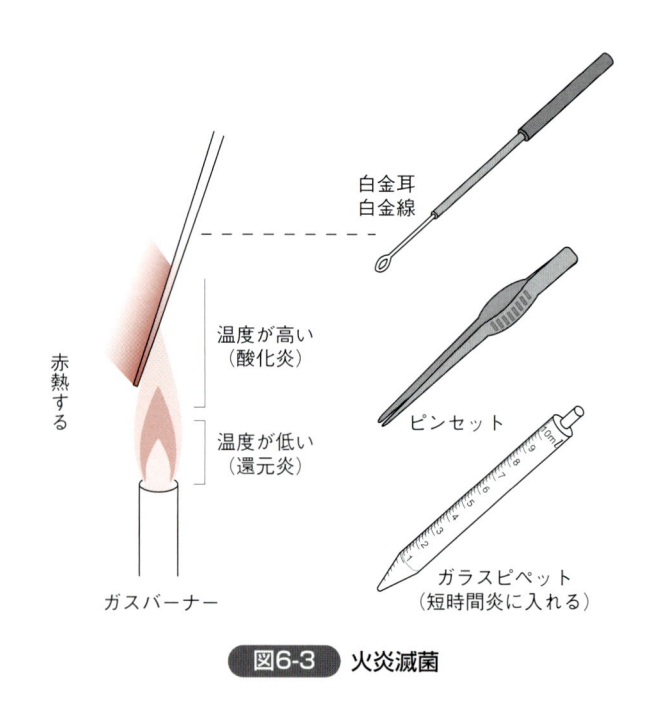

図6-3 火炎滅菌

5 オートクレーブ

5-1 構造と機能

　オートクレーブ（高圧蒸気滅菌器/高圧滅菌器）は3章図3-7に描かれたような巨大な圧力釜のような構造をしている．使用において特に資格は不要だが，「小型圧力容器」なので取り扱いには十分注意する．釜の容量により小型（10 l 程度），中型（20〜25 l 程度），大型（50〜55 l 程度）の3種類に分けられる．なかには取扱い資格の必要な大型の横置き装置もある．釜底には電気ヒーターとセンサー（圧力，温度，水位），そして排水口がある（図6-4）．オートクレーブには圧（蒸気）が逃げるための穴が2カ所ある．1つは圧力を自然に逃がすもので，外の（圧力）安全弁（管の上に単に乗っているだけのおもり）につながっており，圧の上がり過ぎを未然に防ぐ（図6-5）．2つめは蒸気の排出を自動的に開閉する蒸気開閉弁につながっている穴である．蒸気開閉弁は，充満した蒸気で中の空気を追い出した後に閉じ，圧が常圧近くまで下がったときに開く．機械にはこの蒸気弁をバイパスするラインを開閉できる手動コックがあり，その操作は機械上面の回転つまみ「排気コック」で行われる（これにより蒸気を強制排気できる）．排気管の出口（ノズル）に，途中に小穴を開けたゴムホースを付け，それをビンに差し込んで凝結水溜めとする（図6-6）．小穴

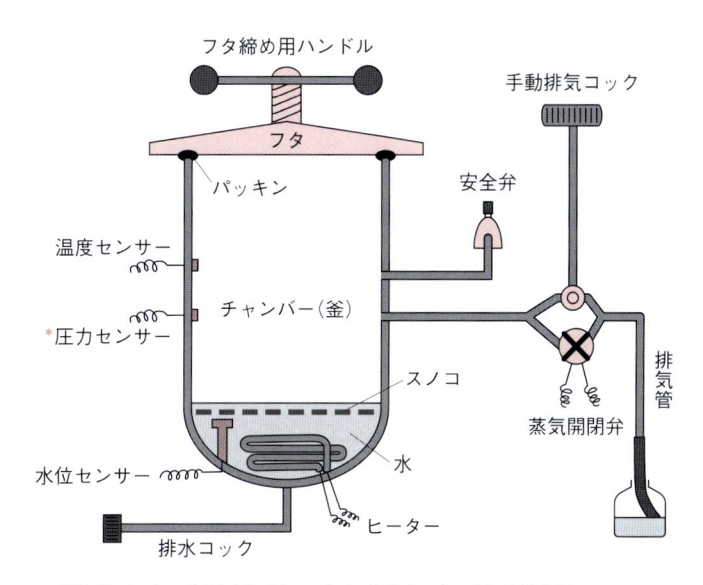

＊温度とのズレ（2気圧でも121℃にならない）がある場合は圧力計を優先する

図6-4 オートクレーブの構造

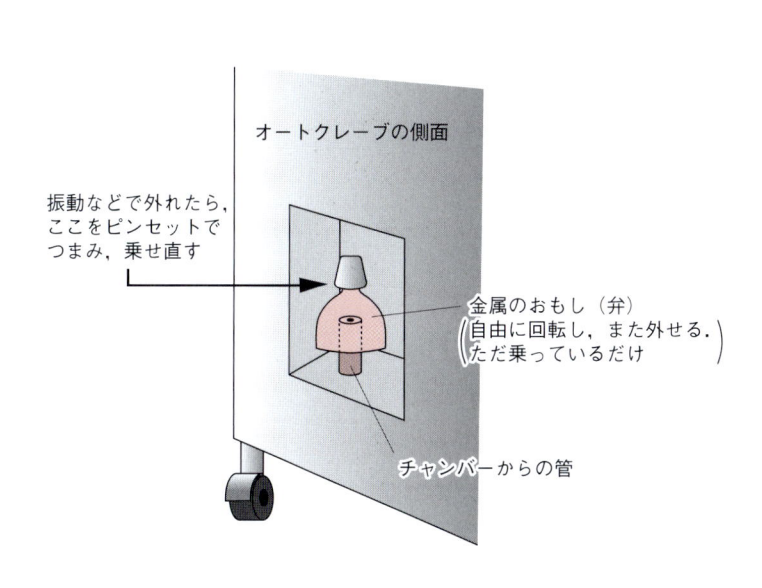

図6-5 オートクレーブについている安全弁

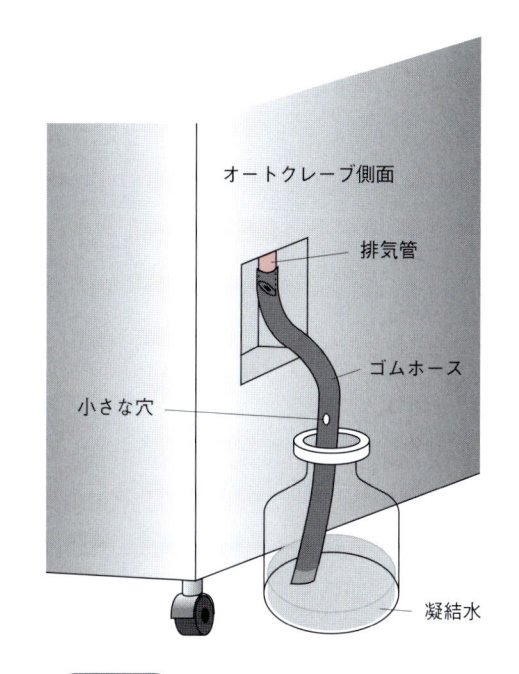

図6-6 排気管周辺の安全確保の方法

を開けるのは，フタをした状態で釜が冷えて陰圧になったときに凝結水が逆流しないための措置である．

水の沸点は1気圧で100℃だが，水蒸気は加圧により温度を高めることができ，プラス1気圧で121℃となる（安全上130℃以上にはならないように設計されている）．オートクレーブとはこの高温の蒸気を使った121℃，20分（あるいは15分）の加熱処理である．空気があると温度が規定値に達しないため，自動運転のオートクレーブは加圧前に水蒸気で中の空気を追い出すようになっている．機械の保守は3章を参照のこと．

5-2　使用方法／器具の滅菌

オートクレーブできるものは130℃まで安定で，水にぬれてもよい，水溶液（有機溶媒はしない），ガラス器具，耐熱性プラスチック器具，金属やその他である．まずスノコ（底に敷く穴の開いた円盤）がわずかに浸る程度に水道水を入れる（純水だと電気が流れない）．器具を入れたら（カゴを使うと便利，図6-7）フタを正しい位置に置いてハンドルで締める．蒸気漏れがあってはいけないが，力まかせに締めつけてもいけない（パッキンが早くダメになる．ハンドルを少し戻すようにするとよい，図6-8）．安全弁の重しが正しく乗っていることを確かめたら排気コックを閉め，タイマーをセットしてヒーターのスイッチを入れる．電源が入ると温度が上がり（20～120分かかる：内容量で異なる），排気ホースから蒸気が出るが，やがて弁が自動的に閉まって圧が上昇し，温度が規定値に達する．このときに蒸気もれがあるようならフタを少しきつくしめるが，それで止まらない場合は運転を中止する．運転中は機械を動かさない．振動で安全弁の重しが外れたら，慌てずにピンセットで重しをつまんで乗せ直す．タイマーが切れて温度が下がると100℃付近で排気弁が開く．何らかの理由で蒸気を早く抜きたい場合は排気コックを開く．常圧になり温度が100℃以下になったらフタを開け，器具がもてるくらいまで冷えてから器具を取り出す．

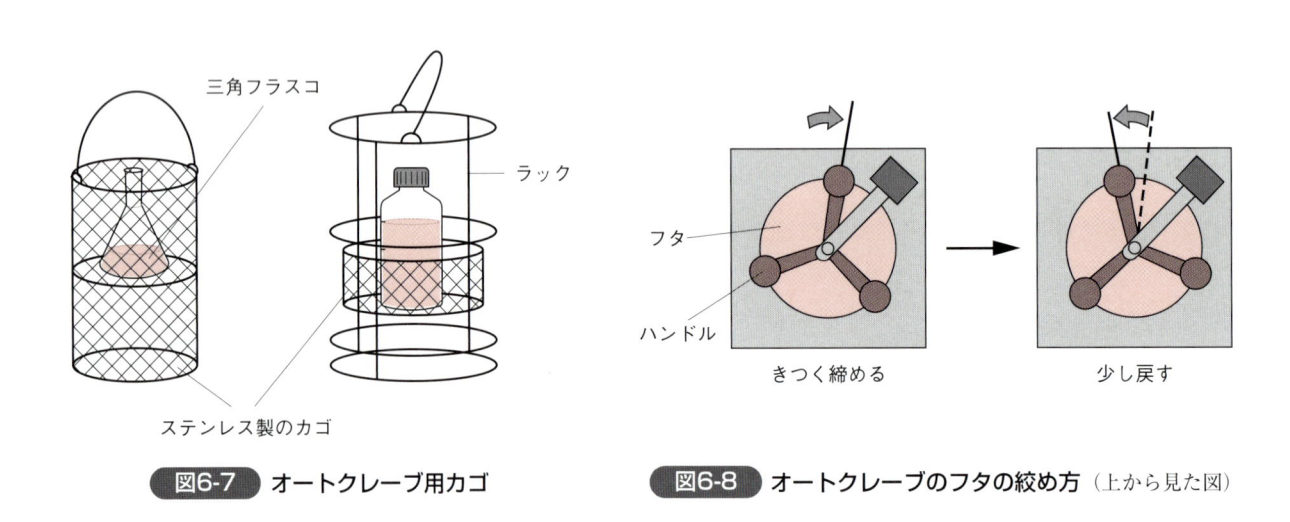

図6-7 オートクレーブ用カゴ

図6-8 オートクレーブのフタの絞め方（上から見た図）

5-3　溶液の滅菌

溶液を処理する場合，釜に釜容量の35%を超える液体を入れてはいけない（運転中に釜が破裂する可能性があり，危険である）．液体はガラス容器（ネジフタ付き試薬ビンなど）に入れてオートクレーブするが，フタを開放させて（緩めて）行う場合と密閉して行う場合の2通りの方法がある（表6-2）．前者の場合，通常の耐熱性ガラスであれば容器は何でもよいが，試料が汚れるという潜在的危険性と，揮発性物質（塩酸，酢酸，アンモニア，

炭酸塩など）が蒸発で失われるという欠点がある．後者の場合はこのような心配は少ないが，耐圧ビンを用いなくてはならない．この目的には青キャップのデュランビン（あるいは相当品）がよい．ただ，デュランビンでも1 l を超える大型（2〜5 l）になると破損しやすくなる．安全のために，内容量をビンの8割以下に抑えた方がよい．いずれにせよ，規定量以上入れてはいけない．

　オートクレーブ操作は上述と同様だが，液体の場合は特別の配慮が要る．フタを緩めて行った場合，減圧しても溶液の温度はまだ100℃以上になっているので，容器を揺らすと突沸して火傷することがある（図6-9）．容器が密閉されている場合も，容器の温度が100℃以上になっているときにいきなりフタ緩めると，やはり突沸する．排気弁を開いて急に減圧するとこの危険性が高まるので，必要なとき以外は排気弁は開けないようにする．ともかく，容器は冷めてから取り出すのが安全である．

表6-2 溶液のオートクレーブ

方法	容器	フタ	特徴	注意
I 密栓しないで行う（開放系）	・通常の（130℃）耐熱ガラス容器 ・一部（ポリプロピレン，フッ素樹脂）のプラスチック	アルミホイル，綿栓，発泡シリコン栓，ネジブタをゆるめる	・液が汚染する可能性がある ・揮発性物質が失われる ・使える容器がいろいろ選べる	圧が下がったばかりの液が，振動などで突沸しやすい（図6-9）
II 密栓して行う（密閉系）	耐熱，耐圧性試薬ビン（例：デュランビン）	しっかりとネジブタをする	・液は汚染しない ・耐圧性ビンしか使えない ・ビンが割れる可能性がある	

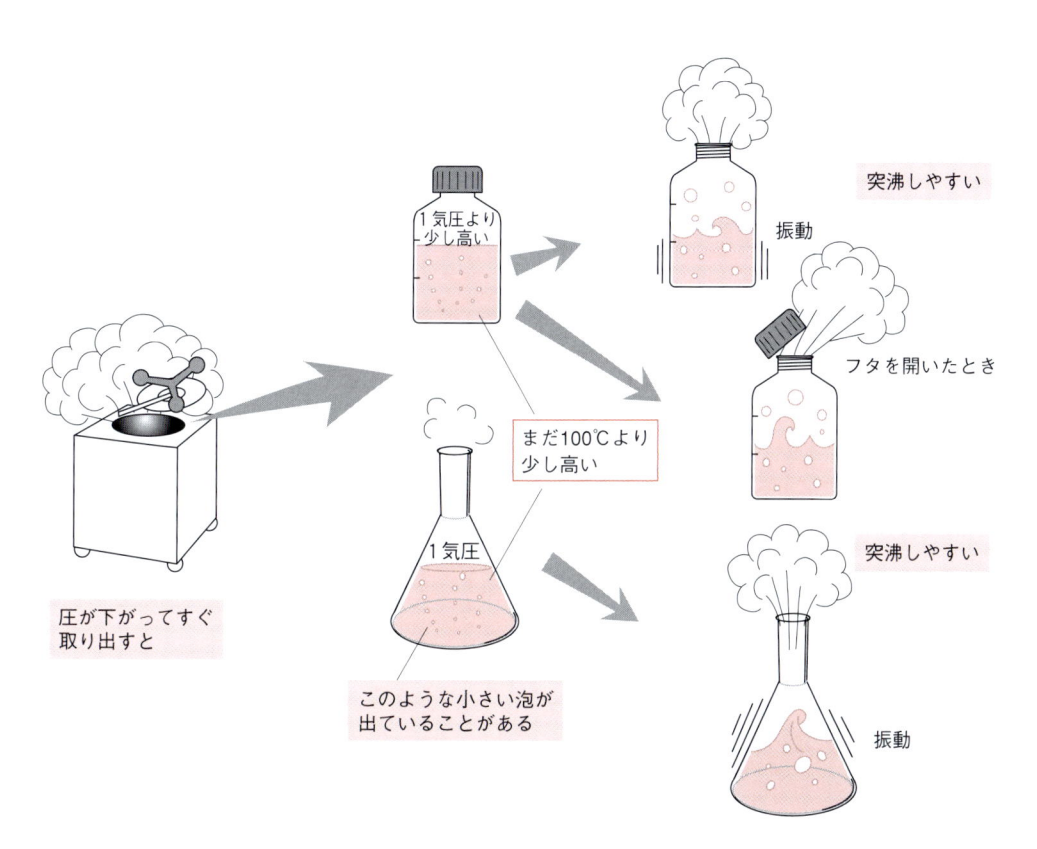

図6-9 オートクレーブから出したばかりの溶液は突沸しやすい

5-4 大腸菌培地の滅菌

1）液体培地

液体培地は数m*l*〜数 *l* の各サイズでつくられ，大部分は開放系でオートクレーブされる．フタとしてはアルミホイル，発泡シリコンの栓，綿栓，そして試薬ビンの口を緩めるなどいろいろあり，基本的には溶液の場合と同様に操作する．オートクレーブ後フタがきちんとされているかを確認し，冷暗所に保存する．

2）寒天培地（図6-10）

寒天は粉末で加え，溶解はオートクレーブである．寒天が入っていると冷めにくいため，オートクレーブ終了後に起こる突沸事故の頻度が非常に高くなる．粉末寒天を加えるとオートクレーブ後濃厚な寒天液が底に溜まるため，それを手で振って均一にするが，この操作を最も注意して行う．手でもてるくらいまで冷めてから振る．でき上がって固化した培地を再加熱する場合は，危険性が多少減る．

寒天が均一に混ざったら容器を45〜55℃まで冷まし，必要があればこのときにあらかじめ滅菌した熱不安定な添加物（抗生物質，IPTGなど）やオートクレーブ後加えるべき塩（マグネシウム塩，カルシウム塩，リン酸塩など）を無菌的に加える．すぐに使用しない場合は上記温度で保温する．シャーレへの注ぎ方は9章を参照のこと．

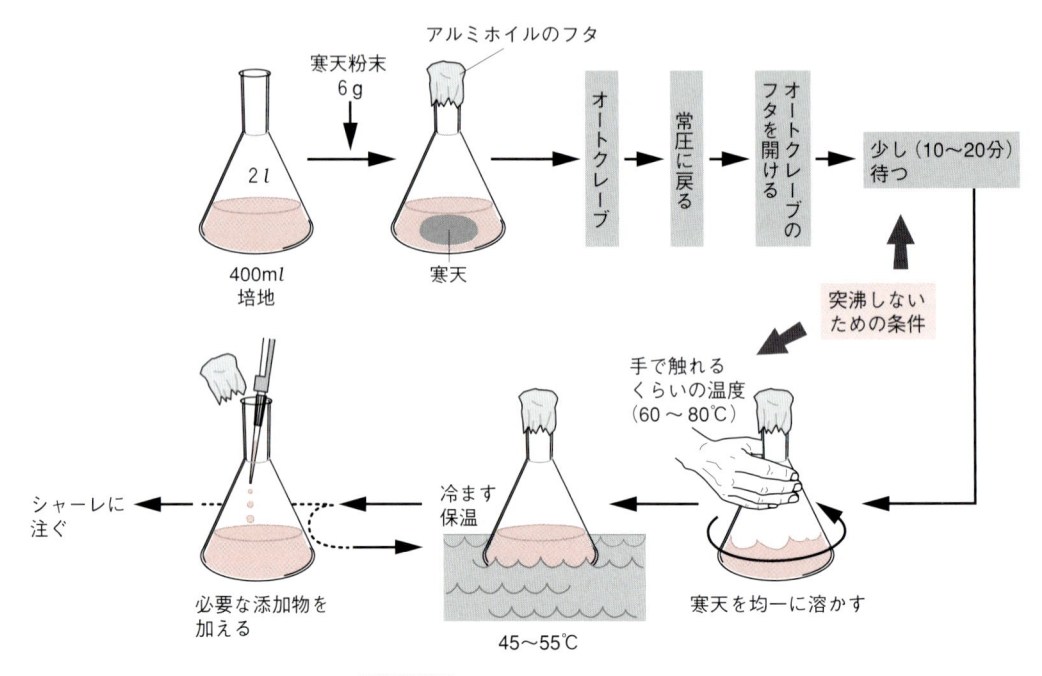

図6-10 寒天培地の準備の仕方

5-5 標準法以外の使い方

標準的オートクレーブで不十分と考えられるときは（RNaseを失活させたりする場合），もっと長く，1時間程度は行う．他方，オートクレーブで多少分解されるような試薬（アミノ酸や一部の有機物）の場合，時間を5分以内にする．完璧な無菌状態をつくるのでなければ，実際上問題ない．オートクレーブを溶液の温めに使うこともある．滅菌済みで固化した寒天培地の溶かし直しは電子レンジでもよいが，オートクレーブで圧が上がりかけたところで加熱を停止してもよい[b]．

---

[b] 寒天を何度も溶解/固化させると固まりにくくなる．

6 消毒／殺菌

6-1 滅菌との違い

殺菌は微生物を殺すことを意味し，消毒は主に病原性のある感染源（微生物やウイルス）を無毒化することを意味する．滅菌に比べて条件は緩く，日常生活に関連するものが多い．煮沸は一般的殺菌法で，15分程度の加熱により，胞子を除くほぼすべての微生物を死滅させることができる（表6-3）．実験室では手洗いを励行する（必ずしも実験のおわりだけではない）．これは「何が付いているかわからない手」を生活の場にさらさないと同時に，手の汚れが試料に移ることを避ける意味がある．石けんで手を洗い流水でよくすすげば，一時的に大部分の微生物が汚れとともに除かれる．

6-2 消毒薬

消毒薬は病原体のタンパク質などに直接作用して効果を発揮する．薬剤は重金属剤（マーキュロクロム），ハロゲン化物（塩素，ヨードチンキ），酸化剤（オキシドール），アルコール類（エタノール，イソプロパノール），フェノール類（クレゾール），色素類，逆性石けん（塩化ベンザルコニウム「オスバン」）などに分けられる（表6-3）．これらのなかで，実験室で手指の消毒に使われるものの代表は逆性石けんで，オスバンであれば0.01〜0.1％で使用する．エタノール（70％）は手指の消毒にも使われるが（多少皮膚が荒れる），揮発性があるので器具の殺菌などで多用される．

6-3 殺菌灯

紫外線は強い殺菌効果があり，殺菌灯として病院の手術室や理髪店の殺菌ケース，無菌室やクリーンベンチなどで使用される．微生物やウイルスのDNAに直接作用して殺す．無菌箱の中で殺菌灯を点灯しておくと，1時間でかなり無菌に近い状態が得られる（表6-3）．ランプは寿命が短く，点灯しにくくなったら新しいものと交換する．紫外線はプラスチックを劣化させたり，皮膚に当たるといろいろな傷害を誘発する危険性があるので，必要以上長時間点灯したり，体に当てないことが望ましい．

表6-3　殺菌・消毒法

煮沸	100℃，10〜30分	金属器具の処理
消毒薬	重金属剤，ハロゲン化物，酸化剤，アルコール類[*1]　フェノール類，色素類，逆性石けん[*2]	手指，器具の処理
紫外線	殺菌灯を30分〜数時間点灯	無菌箱，器具部屋

実験室で使用するもの．[*1]：70（〜100）％エタノール．[*2]：0.01〜0.1％塩化ベンザルコニウム「オスバン」など

7　クリーンベンチ

7-1　構造

　　ファンを使って高性能HEPAフィルターを通った風を送り，箱の内部を無菌（少なくとも微生物類は除去される）の環境にして作業する機械（実験台）（図6-11）．ろ過された空気が手元から吸い込まれて循環するタイプと，外に出す吹き出しタイプがある．バイオハザードからの保護を目的とした場合では前者が必要である．使用しないときはドアをきちんと閉め，中の器具もきちんとフタ（テープなどでシール）をしておく．こうすれば，コンタミ（contamination：雑菌が混入，増殖すること）はほとんどない．連続して殺菌灯をつけてもよいが，前述の理由によりあまり好ましくない．一定間隔で殺菌灯をON/OFFするタイプもある．

7-2　使用

　　使う0.5〜1時間くらい前に殺菌灯をつけ，10分くらい前になったらドアを少し開けて，ファンを回しておく．ドアを閉めると温度が上昇する．殺菌灯を消し，使用直前にアルコールを脱脂綿か紙につけて内部を拭く．ドアの開ける高さは25 cm以内にとどめる．使用後はドアを閉め，ファンを消して，殺菌灯をつける（点灯時間は研究室のルールに従う）．

7-3　無菌チェック

　　LBプレート（付録）を数枚用意し，運転中のクリーンベンチのいろいろな箇所にフタを開いて置く（乾燥するのであまり長時間できない）．10〜30分後にフタを閉じ，孵卵器で2晩培養し，雑菌の増殖をチェックし，無菌性を判断する．

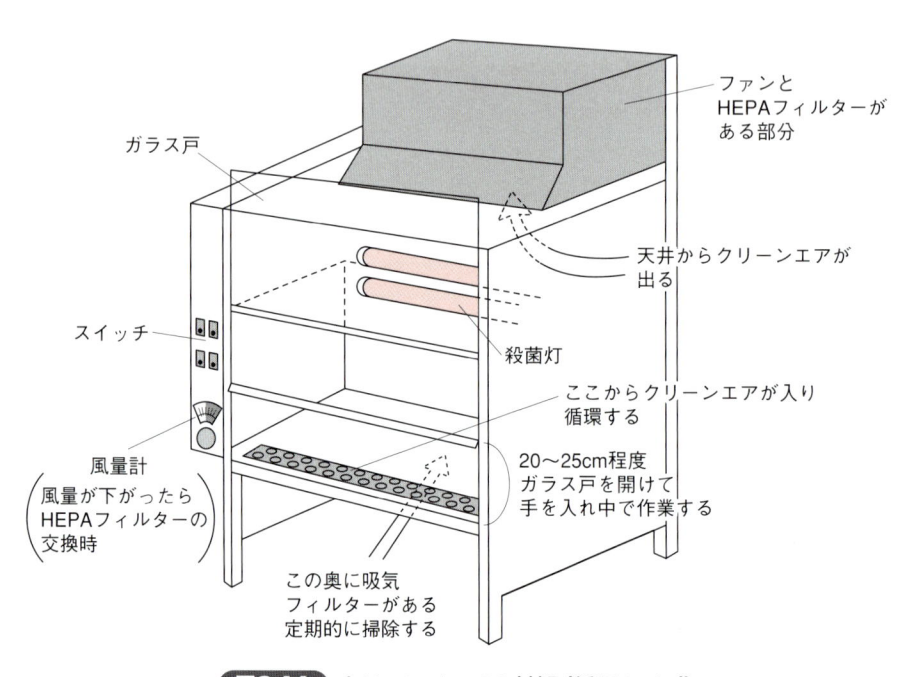

図6-11 クリーンベンチの外観（循環タイプ）

第7章

溶液をつくる

実験は試薬を溶かして溶液をつくるところからはじまる．溶液作製は複数の基本操作の合わさった作業であり，また試薬の種類によるいくつかのバリエーションがある．本章では溶液作製とその後の処理にかかわる基本的事項について解説する．

1 濃度について

物質が均一に溶けている状態を溶液といい，溶けているものを溶質，溶かすものを溶媒という．溶液の濃度の表し方の1つはグラム（重量）濃度で，g/l，$\mu g/ml$などと表記され，タンパク質やDNAなど，分子量が明確でない高分子を中心に使われる．濃度を百分率（％）で表すこともある．通常の％濃度はX g/100 ml（X％），つまり[w/v]を意味している．溶質が液体の場合は容量％（X ml/100 ml）が使われることが多い（[v/v]と表す）．分子生物学実験ではエタノール，ホルムアミド，TritonX-100などの液体や，アガロース，SDS，PEGなどの固体で％濃度が使われる（表7-1）．

生化学反応などで分子と分子の相互作用を論じようとする場合は，分子量を考慮した分子数濃度，すなわちモル濃度が適している．アボガドロ数（6.02×10^{23}）の分子数を1モル（mol）といい，分子量Aの試薬の1モルはAグラムである．1 lに1モルの溶質が溶けている溶液［1 mol/l］は1モル（濃度）［1 M］であるという．モル濃度は一般的に分子量の明確な低分子物質などで用いられる（表7-1）．

表7-1 濃度の種類

質量濃度	グラム濃度	(g/ml) など	例）DNA：3 μg/ml
	パーセント濃度[*1]	％ [w/v]	例）SDS：10％
		％ [v/v]	例）TritonX-100：1％
分子数濃度	モル濃度[*2] （モル/l）	[M]	例）塩化ナトリウム：5 M 例）ATP：1mM

*1 ％ [w/w] という場合もありうる
*2 分子量 A の物質が1モルあると Ag になる

2　溶液作製の基本操作

2-1　天秤と計量器

1）天秤

　　試薬の重さを量る（秤量）ときは直視型の電子天秤を使う（4章）．使用する天秤の性能は，最低でも量る重さの千分の一までの目盛りが出るもの（例：50 gであれば50.00 gと読めるもの）が望ましい．0.1 gが最少読みの天秤（大量用天秤）で3 gを量る場合などでは精度が低くなるので，風袋はできるだけ軽くする．秤量にあたっては，天秤の感量と最大秤量，そして風袋重量などを総合的に考慮する（4章）．

2）計量器

　　液量測定（計量）は計量器で行う．計量器に付いている目盛は検定済みのため正確であるが，ビーカー，三角フラスコ，駒込ピペットなどの目盛りはAPPROX（approximately）とあるように単なる目安で，場合によっては10%の誤差がある．プラスチック容器の目盛りは意外に精度が高く，バイオ実験レベルの精度では15 mlや50 mlのコニカルチューブをメスシリンダーの代わりに使うこともある．計量では温度に注意する（20℃付近で行う）．

2-2　粉末を正確にとる手技（図7-1）

1）スパーテルを使う

　　試薬ボトルの口を天秤皿の近くに寄せ，スパーテル（薬さじ）ですくって風袋に乗せる．微調整はスパーテル上の試薬を指でトントンと叩くようにするか，微量薬さじ（ミクロスパーテル）を使う．薬さじの清浄さに不安がある場合は自分で洗浄し直してから使用する．

2）スパーテルを使わない

　　サラサラしている試薬を量る場合，試薬をボトルから直接天秤皿に落としてもよい．微調整はボトルを回して試薬を少しずつ落とす．

2-3　液体を正確にとる

　　液体を正確にとるには，1 μl～10 mlまではピペットマンで，0.1～25 mlはメスピペットで，数ml～2 lはメスシリンダーを用いる．メスシリンダーで液量を希望量に合わせる

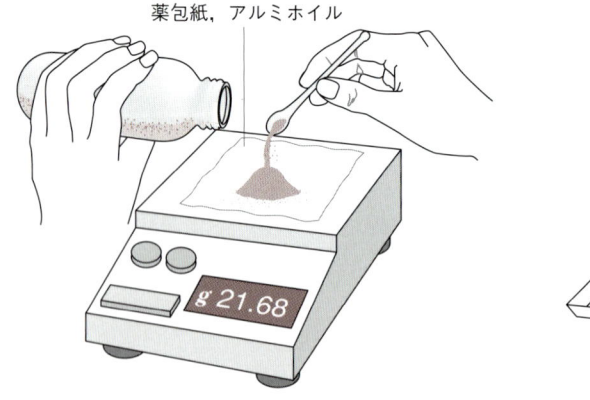

A）薬さじ（スパーテル）を使って量る　　　　B）スパーテルを使わない方法

図7-1　粉末試薬の秤量

ことをメスアップという（図7-2）．メスアップの最後の調整はピペット，ピペットマン，洗浄ビンなどを使って行う[a]．

[a] メスシリンダー使用後，底に残った液の洗い込み（後述**2-4-2**））はしない．

　バイオ実験で使う計量器では，最大容量の0.25％程度の誤差は避けられない（200 μlのピペットマンであれば0.5 μl，2 lのメスシリンダーであれば5 ml程度）．目安として，正確にとれる限界は最少目盛りの25％とみなす．計量器の誤差量は液量にかかわらずほぼ同程度なため，メスアップする量が少ないほど誤差率が高まるので，10 mlを100 mlのメスシリンダーで測定したりしないこと．また100 mlをとるのに10 mlの器具で10回計るようなこともしない（図7-3）．計算上の誤差は同程度でも，時間がかかり，人為的ミスによるバラツキも増える[b]．

[b] 測定の精度は機器の精度に依存する誤差と，操作や注意度のバラツキで決まる．

> **memo** 試薬の大元を汚染しない：粉末であろうと液体であろうと，試薬の大元（製品が入っているボトルの中身）は汚染しないように．スパーテルなども清浄なものを使用し，余った試薬を元に戻すこともよいかどうかを考えて行う．

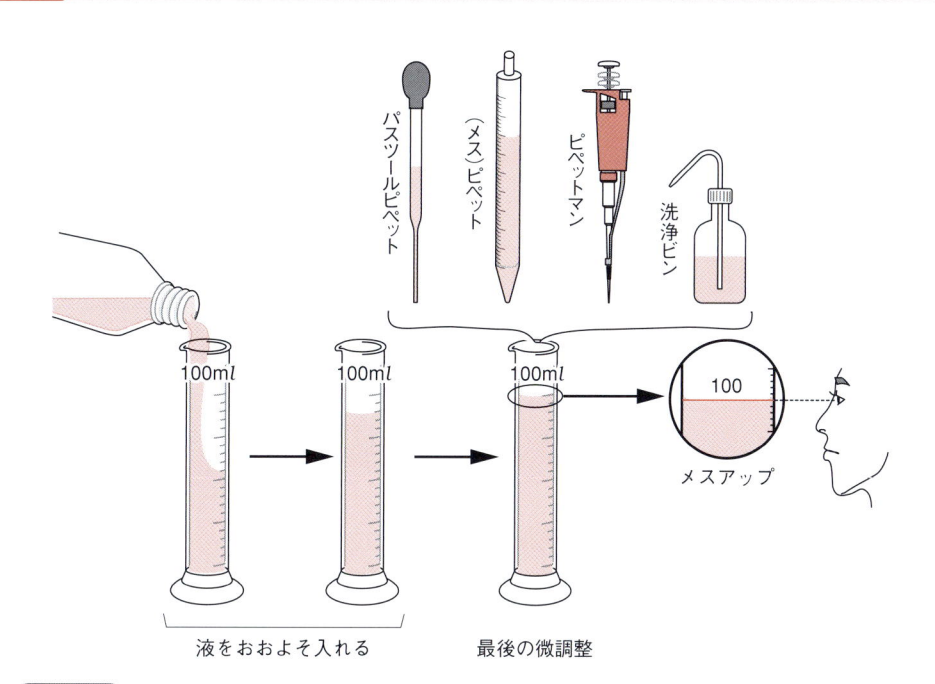

図7-2 メスシリンダーに希望の液量を入れる

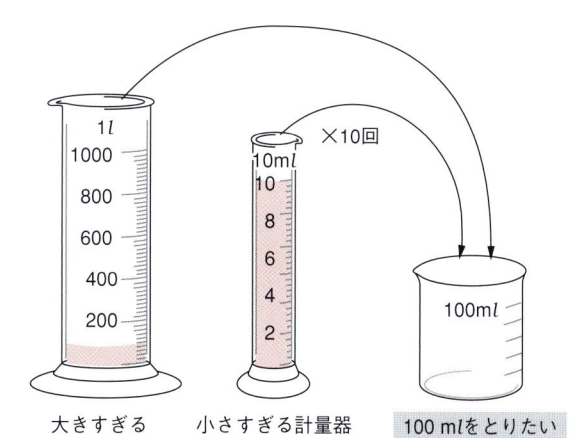

図7-3 よくない計量のやり方

2-4 器具に残った溶液の処理（図7-4）

1）共洗い

濡れている容器に別の，もしくは濃度の異なる溶液を入れる場合，前に使用した液の影響で組成/濃度が変わらないようにする措置．1度使用した分光光度計のキュベットをそのまま用いて類似の液を測定するときにも行う．2度目に測定する溶液の濃度が前回よりもかなり薄い場合は，より確実な共洗いが必要である．

2）洗い込み

容器内に溶けている物質を別の容器に移してX mlにする場合，まずXより少なめの量（Y）にして中身を移し，中に残った液を少量（Z）の溶媒で洗って前液と合わせる．洗う操作を2～3回行い，最後のV量の溶媒でメスアップする（X＝Y＋Zn＋V）．この操作を洗い込みといい，溶液を調製する場合は必ず行う．

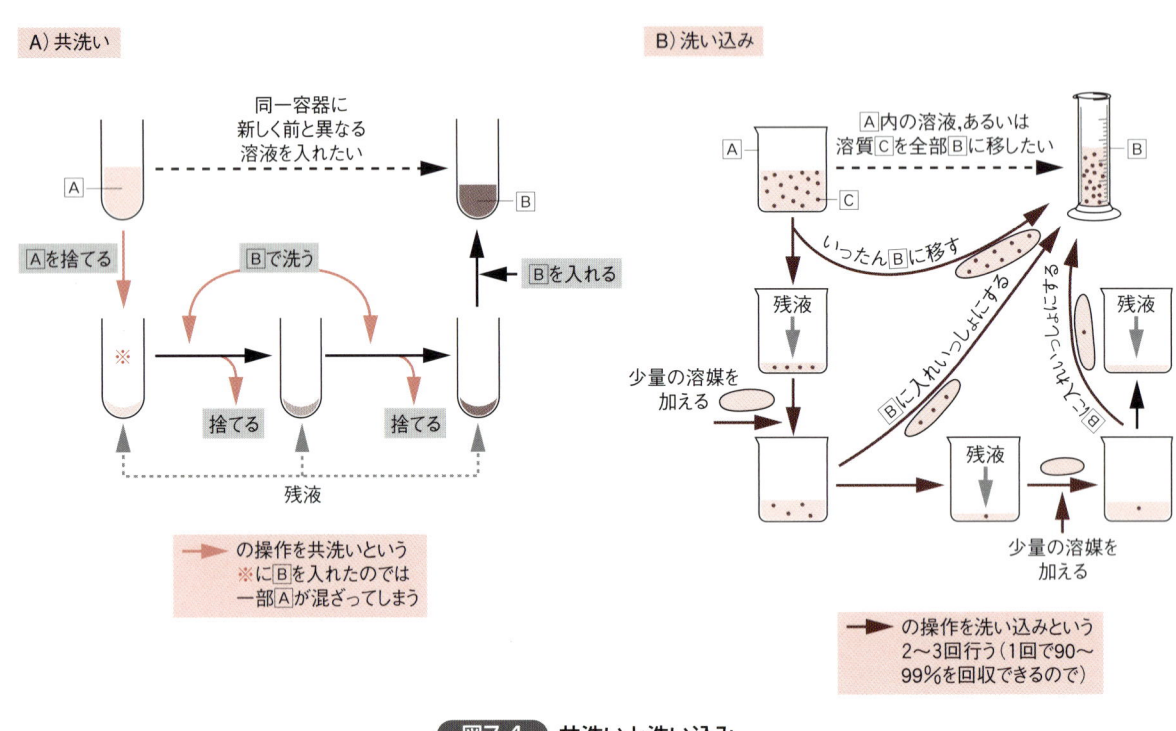

図7-4 共洗いと洗い込み

3 溶液の調製

3-1 実験の精度と有効数字

分子生物学実験では作製する試薬の濃度の精度は「有効数字3桁（誤差も含み4桁まで読む）」が一般的である（図7-5）．天秤の場合は問題は少なく，29.6gを秤量する場合は29.60と読みとれればよく，バイオ実験ではそれ以上の精度を要求されることは少ない（注：以下の理由により意味がない）[c]．一方，計量は秤量に比べて誤差が大きく，0.3%程度の誤差は避けられない．濃度の精度は計量の精度に依存するといえる．このような溶液を使って行う生化学反応では，人為的誤差なども加わって誤差はさらに拡大し[d]，一般には有効数字2～3桁の精度で論じられる．細胞や生物個体を使った実験では，誤差はさらに拡大する．

ⓒ 反応速度が18.2倍というとき，計算して出た数値18.2487…倍をそのまま発表する初心者がいるが，上記の理由によりナンセンスである．

ⓓ 誤差の限界：単純な統計処理と異なり，実験では用いる試薬/溶液の濃度の誤差，使用する器具の誤差，材料の個性や操作そのものがもつ誤差などが加算され，最終的誤差が誤差全体の相乗値以下になることはない．

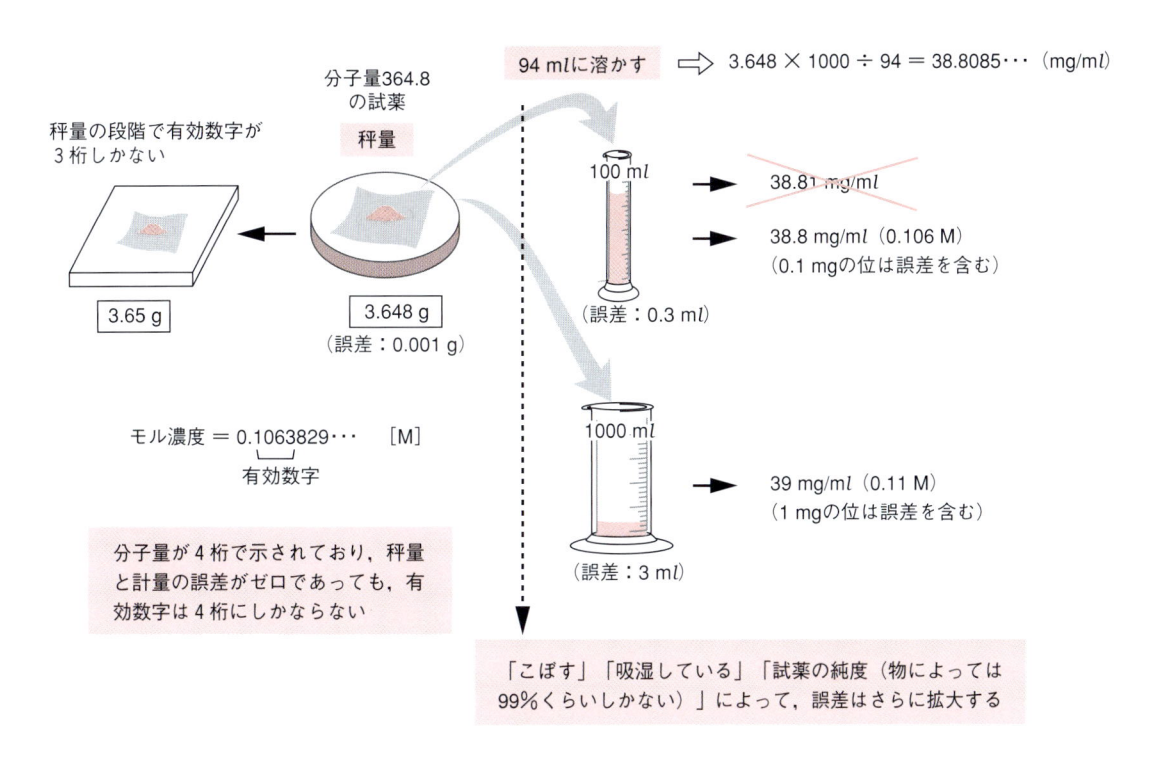

図7-5 溶液濃度の誤差と有効数字

3-2 標準的な溶液作製法

1）粉末試薬

図7-6に濃度2モル［M］の塩化ナトリウム（分子量［MW］58.44）溶液500 mlをつくるプロトコールを示した．必要な試薬量は58.44× 2 ×0.5＝58.44 gなので，まず天秤でこの量を秤量しⓔ，500〜1,000 mlのビーカーに入れてから約400 mlの純水を入れる．スターラーでしばらく撹拌し，溶けたら500 mlのメスシリンダーに移す．ビーカーの内壁を純水の洗浄ビンを使い少量の水ですすぎ，メスシリンダーに入れる「洗い込み」操作を2〜3回行う．最後に洗浄ビンで慎重に500 mlにメスアップする．口をパラフィルムでシールし，メスシリンダーを数回振盪して全体を均一にする．この均一化は忘れがちだが，必ず実行する．

ⓔ 天秤の秤量範囲が0.01〜5,000 gという優れたもので，空のビーカーが300 gなどと比較的軽ければ，ビーカーを風袋とし，そこに試薬を直接入れてもよい．

2）液体試薬

液体試薬で容量濃度（％［v/v］）の溶液をつくる場合は，メスシリンダーで試薬を量り，それをメスアップ用シリンダーに入れる（注：この場合は最初に試薬を量ったシリンダーの洗い込みはしない）（図7-7）．液量が十分に多い場合はメスアップするシリンダーに試薬を直接注いでもよい．重量濃度で溶液をつくるときは入れる量を天秤で計り，それをメ

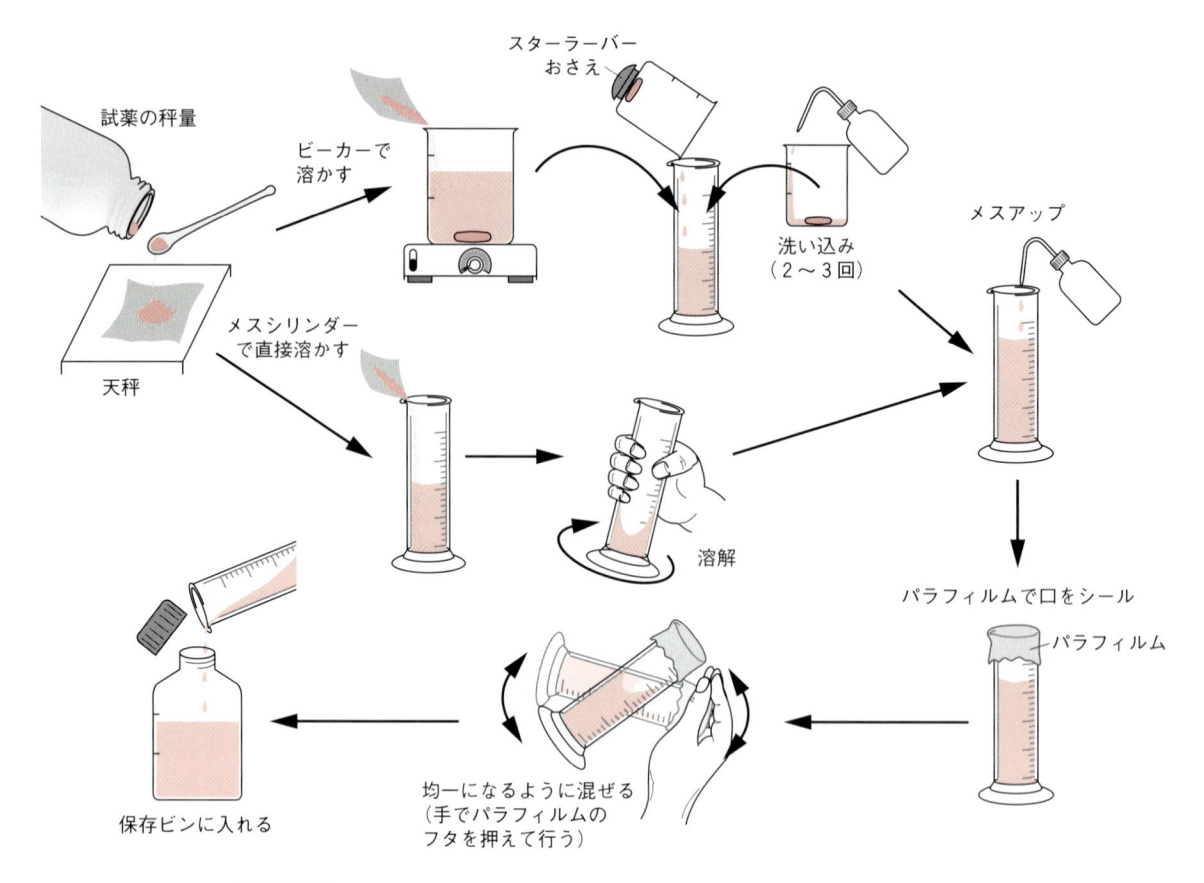

図7-6 標準的な溶液作製法（粉末試薬の場合）

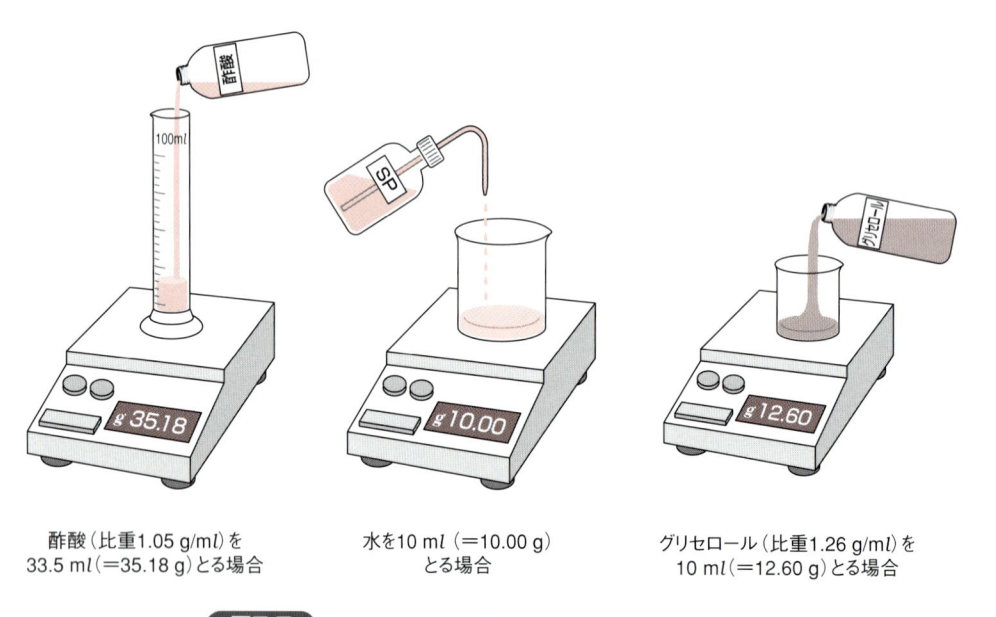

酢酸（比重1.05 g/ml）を
33.5 ml（＝35.18 g）とる場合

水を10 ml（＝10.00 g）
とる場合

グリセロール（比重1.26 g/ml）を
10 ml（＝12.60 g）とる場合

図7-7 天秤を使って一定量の液体をとる
（室温が20℃から大きくずれていないことが条件）

スアップ用シリンダーに移す．この場合，容器の如何に限らず洗い込みで試薬を移す．洗い込み操作を省くためにメスアップ用シリンダーに試薬を直接入れて秤量してもよいが，その場合は「天秤の性能」に留意する．溶媒によるメスアップは粉末試薬の場合と同じ．

3-3 特殊なプロトコール

1）粘度の高い試薬

グリセロール，TritonX-100，ポリエチレングリコールなどの粘性の高い液体試薬は完全な洗い込み操作がやっかいなため，試薬をメスアップするメスシリンダーに直接入れる．シリンダーのサイズが大きく，入れる量がわずか（誤差が大きくなる）な場合は，比重から重量を割り出し，天秤を使って重さで量る（図7-7）．

2）発熱する試薬

酸や苛性アルカリ，低級アルコールや塩化マグネシウム（無水）など，いくつかの試薬は水に溶解するときに発熱する[f]．発熱の激しい試薬は大量の溶媒に撹拌しながら少しずつ入れる．溶媒を試薬に入れるという逆の操作をしてはいけない「危険」（図7-8）．

温度が室温に戻ってからメスアップする．

---

[f] 試薬によっては尿素やグリシンのように，溶解すると冷えるものもある．

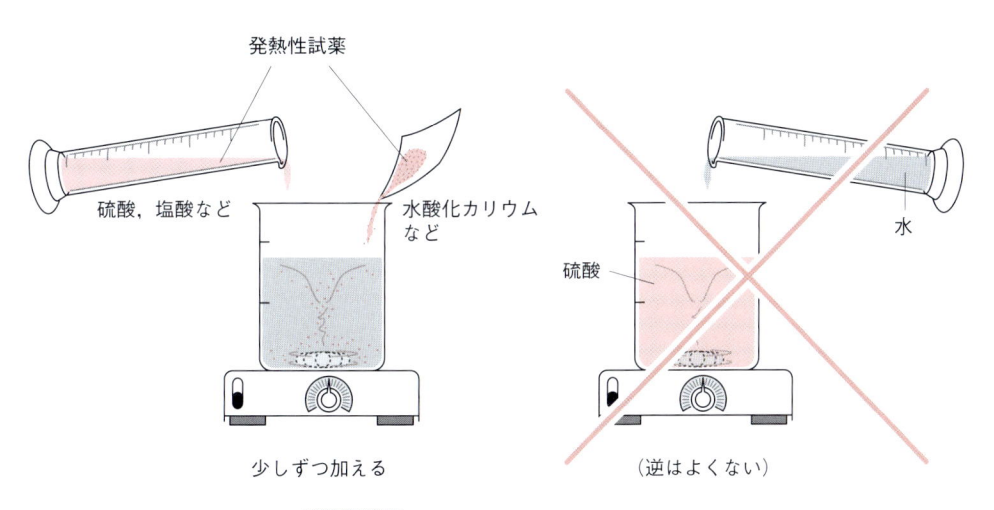

図7-8　溶解熱が出る試薬の溶解法

3）吸湿性試薬

水酸化ナトリウムなどの吸湿性の高い試薬は，試薬ビンをデシケーターから出したら短時間に秤量を終え，速やかにビンを元の場所に戻す．ビンから出したらすばやく重さを読み，その重さに見合った量にメスアップする（図7-9）．

4）ビンごと溶かす

TCA（トリクロロ酢酸）やフェノールのような危険性のある試薬，潮解性や吸湿性が高く，封を切ったら保存の利かない試薬，あるいはスパーテルですくえないほど微量しか入っていない試薬（酵素，生理活性物質，ヌクレオチドなど）は，溶液が安定に保存できるのであれば，試薬をビンごと溶かす．少なめの溶媒で何回かに分けて試薬の溶解と洗い込みを行い，メスアップする（図7-10）．液量の変化がほとんどない場合は，加えた容量を最終液量とみなす．

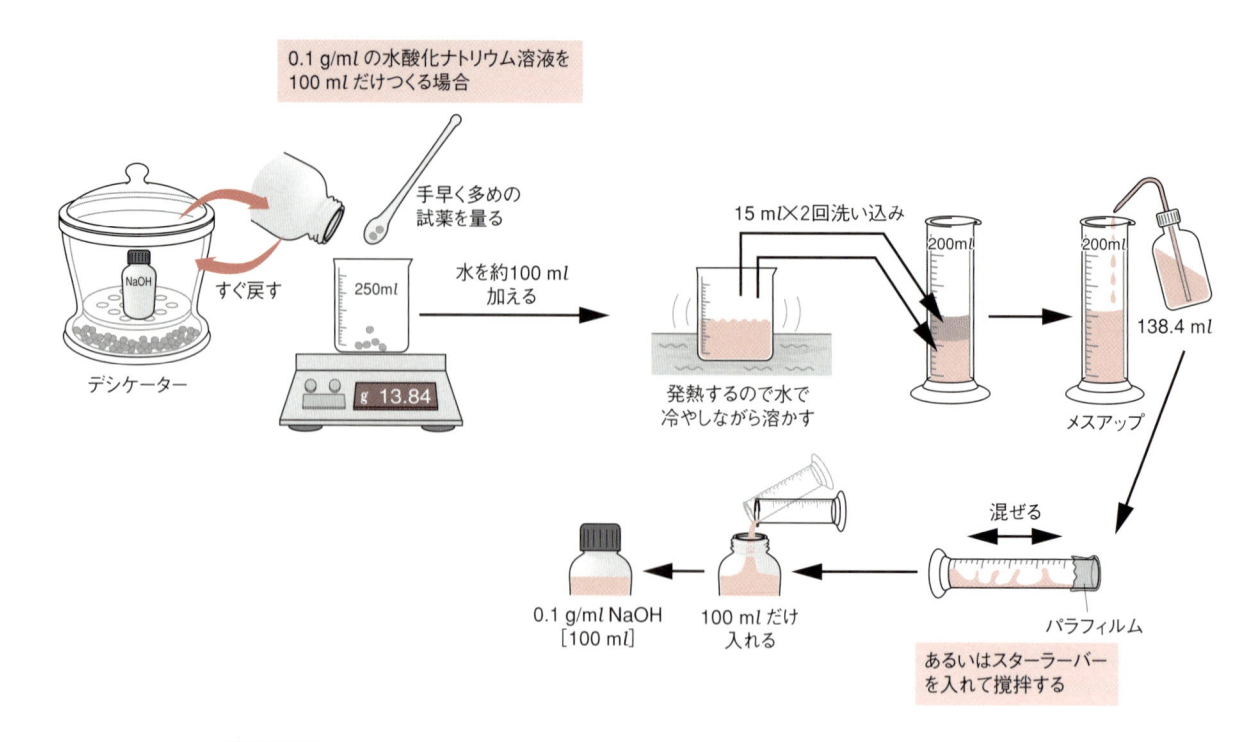

図7-9 吸湿性試薬の正確な濃度の溶液をつくる方法

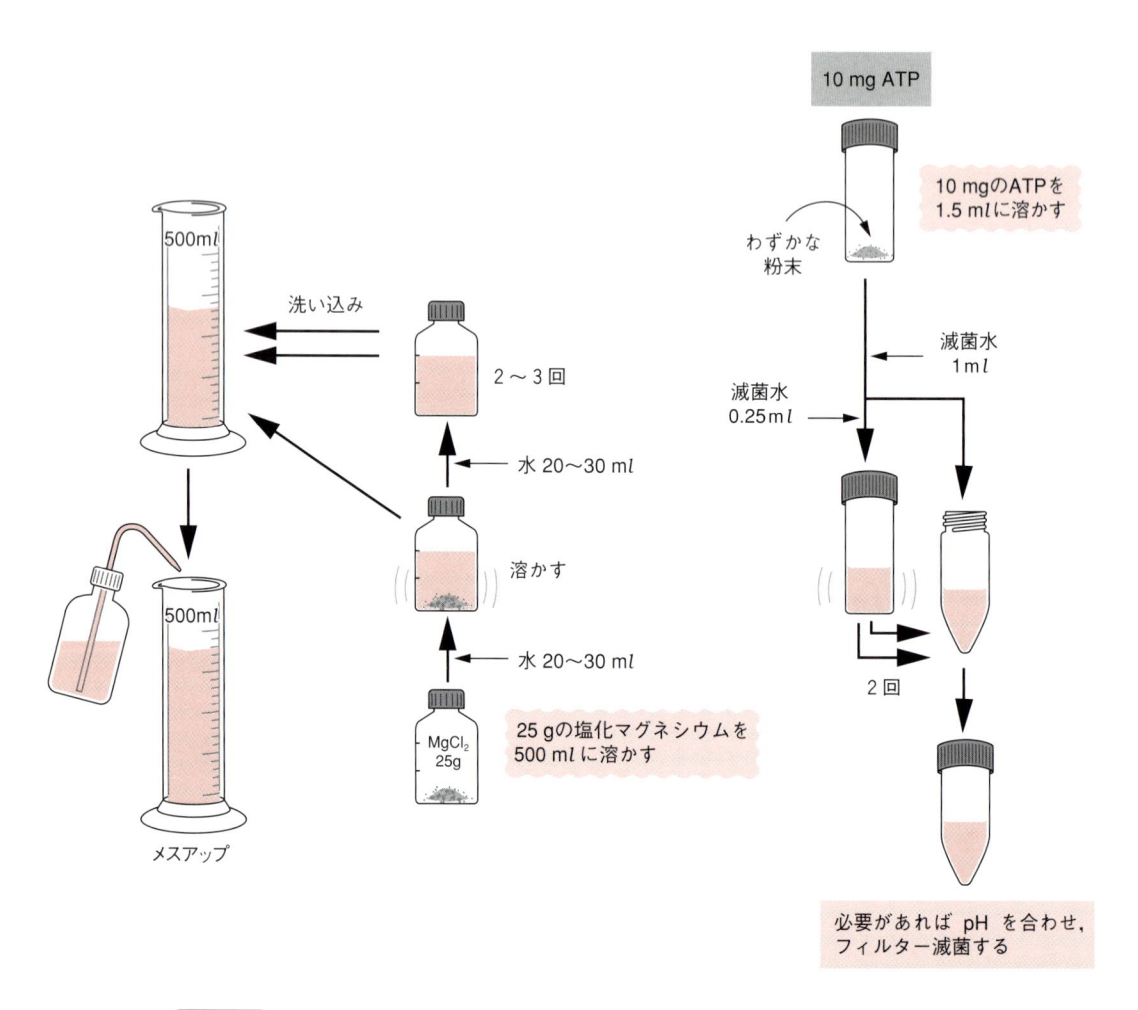

図7-10 試薬のボトルに溶媒を直接入れて溶液をつくる方法

3-4 容器への移し入れから保存まで

1）保存容器の種類

メスシリンダーでメスアップし，均一にした溶液を口のしっかりしまる所定の容器に移す．その後オートクレーブするのであれば耐圧性のデュラン瓶（50～1,000 ml）に入れる（2 l 以上は割れやすいのでなるべく避ける）．凍結保存する場合，凍ると容量が増えるので，満杯には入れない．フィルター滅菌した場合は滅菌済み容器に保存する．

2）滅菌

オートクレーブで安定なものはとりあえずオートクレーブする．ただ，使用する水や容器が滅菌されており，溶液が腐りにくいものであれば，そのままでも冷蔵庫で数カ月程度保存できる．培養実験の場合は必ず滅菌しなくてはならない．熱不安定なものや揮発性の高いもの，有機溶媒が入っているものはフィルター滅菌する．

3）保存

塩化ナトリウムやSDSなど，多くの試薬は室温保存で問題ない．ただ実験に使うもののなかには室温で分解しやすいもの（例：炭酸アンモニウムなど），熱や酸化に敏感なもの（例：抗生物質，ヌクレオチド，フェノール，メルカプトエタノールなど），雑菌が生えたり腐りやすいもの（例：リン酸バッファー，スクロース，デンハルト，ウシ血清アルブミンなど）もあり，試薬の性質を調べて保存温度（常温，4℃，-20℃，-80℃）を決める．腐敗しやすいものは必ず冷凍保存する．

4）ストック溶液と使用中溶液

溶液はストック（stock）溶液と使用中（working）溶液に分けられる（図7-11）．普段使う試薬は小さなビンかチューブに小分けして使用中溶液とし，室温あるいは冷蔵庫などの使いやすい場所に置く．使用中溶液がなくなったり，汚染や分解／変質などの危惧がある場合は，元のストックから小分けして新しい使用中溶液をつくる．ストックは共用されることが多いので，ピペットを突っ込んだりせず，できるだけデカンテーションで分注する．

冷凍保存試薬が4℃で不安定だったり凍結融解に敏感な場合，あるいは滅菌状態が必須だったりする場合，ストック溶液は小型チューブに小分けして保存する．チューブの中身はなるべく使いきりにする（凍結融解の回数もできるだけ減らす）．

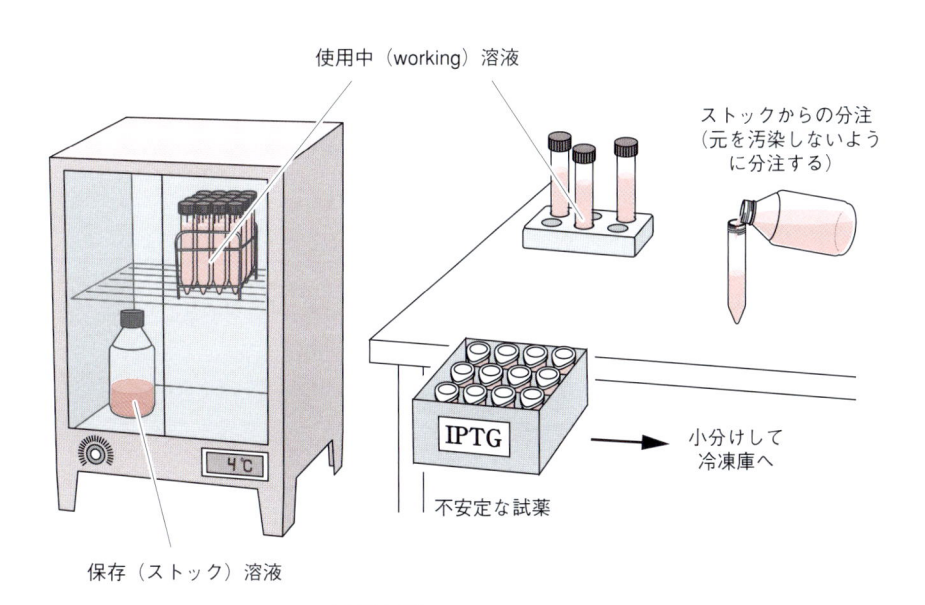

図7-11 保存溶液と使用中溶液

3-5　代表的溶液の調製法

以下に代表的溶液の作製法を簡単に述べる．詳しくは成書を参照願いたい．

① 0.5 M EDTA（pH 8.0）500 ml

① EDTA（EDTA：エチレンジアミン4酢酸）・2Na・2H$_2$O（MW = 372.24）93.06 gを約400 mlの水に懸濁させる．
② スターラーで撹拌し，pHをモニターする（はじめは酸性になっている）．
③ pHを見ながら固形水酸化ナトリウムを少しずつ入れ，pHを8弱にする．
　（試薬が溶けて透明になる）
④ 5 N水酸化ナトリウムを滴下し，pHを8.0にあわせ，500 mlにメスアップする．
⑤ オートクレーブし，室温あるいは冷蔵庫で保存する．

② 10% SDS 100 ml

① SDS（ドデシル硫酸ナトリウム）10 gを100 mlのビーカーを風袋に計りとる．
　（SDS微粉末が飛散するので，ソ～と試薬をとる）
② スターラーで溶かし，100 mlにメスアップする．
③ オートクレーブせず，室温で保存する．

③ 50mM ATP［アデノシン三リン酸］（pH 7.0）　～1 ml

① 25 mgのATP・2Na・3H$_2$O（MW = 605.2）が入っているビンに滅菌水を約0.5 ml入れる．
② 溶かした後，ピペットマンで2 N水酸化ナトリウム*を少しずつ加え，pH試験紙でpHを7.0に合わせる．加えた液量を記録する．
　＊：50mMトリス塩基を用いてもよい
③ 全量が0.826 mlになるように滅菌水を加える．
④ 0.1 mlずつネジブタ付きエッペンに分注し，－20℃で保存する．

④ TE 50 ml

① 1 Mトリス塩酸バッファー（pH 8.0）0.5 mlと，1 M EDTA（pH 8.0）0.05 mlを滅菌済みコニカルチューブに入れる．
② チューブにある目盛りに従い，滅菌水で50 mlにメスアップする＊．
③ フタをして撹拌後，室温，あるいは冷蔵庫で保存する．
　＊：トリス塩酸バッファー 10mM，EDTA 1mMとなる

⑤ トリス-フェノール　～400 ml　（図7-12）

① 500 gの結晶フェノール（核酸抽出用）のビンを約70℃の恒温槽に入れてフェノールを溶解させる．以降の操作は手袋をして行う．
　〔身体についたら直ちに石けん（中和の意味）と大量の流水で洗う〕
② 1,000 mlのネジブタ付きガラスビンにフェノールを移し，0.5 gのキノリノール粉末と0.5Mトリス塩酸バッファー（pH 8.0）を約400 ml加える．
③ フタを締め，ビン全体を数分間撹拌する．
④ 上層（水層）をアスピレーター（先にピペットを付けて）で除く．
⑤ 0.5Mトリス塩酸バッファー（pH 8.0）を400 mlを加え，上の操作を繰り返す．
⑥ 水層を少し残して大部分を除き，褐色ビンに移した後冷蔵庫で保存する．
　（キノリノールの黄色い色がフェノール層につく．色が褐変したフェノールは使えない）

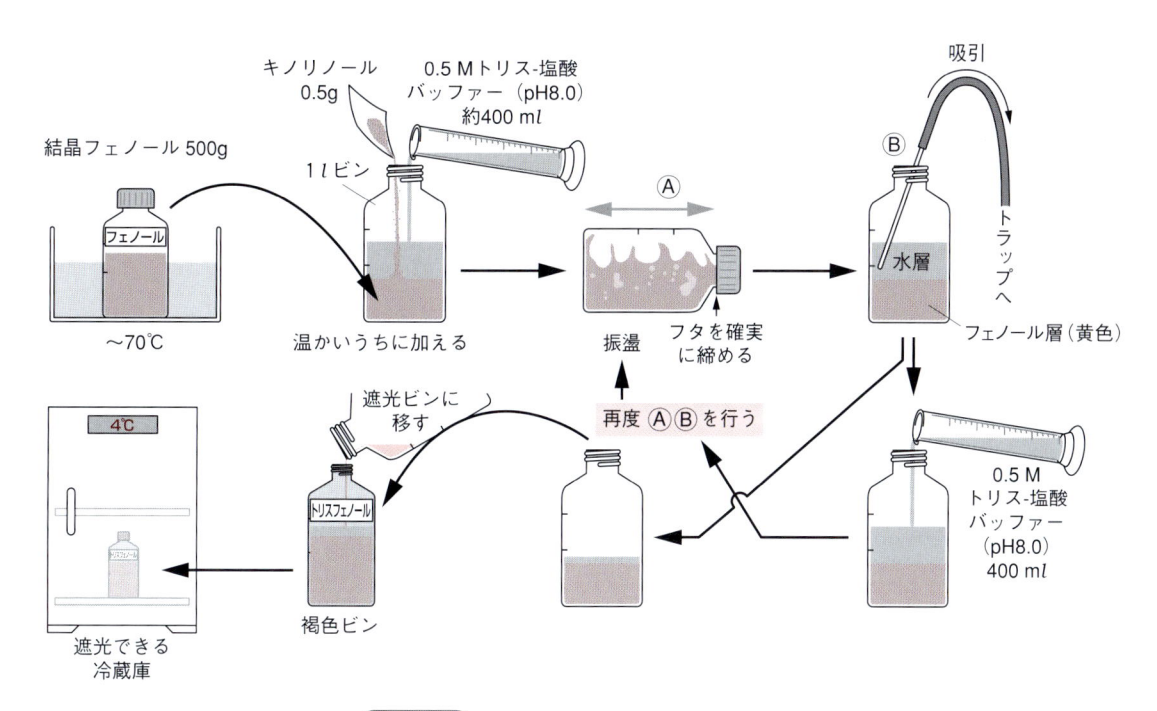

図7-12　トリス・フェノールのつくり方

4　バッファー

4-1　水溶液のpH

アミノ酸，タンパク質，核酸などの生体分子が水に溶けると電離してイオンとなり，そのときに水素イオンを放出/吸収したりするため，結果pHがいろいろと変化する．DNA（核酸）やアスパラギン酸が溶けている水は酸性に，チミン（生体塩基）やアルギニンが溶けている水はアルカリ性になる．脂質や糖質にはこのような性質はほとんどない．通常試薬の場合も，弱酸と強アルカリの塩（例：酢酸ナトリウム）や強酸と弱アルカリの塩（例：塩化アンモニウム）は，加水分解してそれぞれ弱アルカリ性と弱酸性を示す．

4-2　バッファー

バッファー（緩衝液）はpHの変化を抑えるために用いられる．タンパク質や核酸などはそれぞれ固有の安定なpH，あるいは反応に適したpHがある（中性とは限らない）．以上の理由により，生体分子を扱う場合は例外なく10 mM〜200 mMの範囲でバッファーが用いられる．

バッファーは，弱酸あるいは弱アルカリ（塩基）に，pHを調整するためにそれぞれアルカリあるいは酸を混合してつくられ，その種類は多い（表7-2）．付録に代表的なバッファーの種類を示した．バッファーに酸やアルカリが入っても，弱酸や弱アルカリの解離の平衡がずれることにより水素イオンや水酸化物イオンが吸収され，pH変化が抑制される．

表7-2　よく用いられるバッファー

試料	バッファーの種類（使用pHの例）
DNA	トリス - 塩酸（pH7.5〜8.0） 酢酸 - 酢酸ナトリウム（pH8.0）
RNA	酢酸 - 酢酸カリウム*（pH5.2〜6.0） トリス - 塩酸（pH7.2）
タンパク質	トリス - 塩酸（pH7.5） HEPES-KOH（pH7.0〜7.5）
中性の一般的バッファー	リン酸（pH6〜8）
電気泳動用バッファー	核酸：トリス - ホウ酸（pH8.2）／トリス - 酢酸（pH8.0） タンパク質：トリス - 塩酸（pH7.5〜8.5）／トリス - グリシン（pH8.3）（SDS-PAGE用）

＊SDSが存在する場合はナトリウム塩とする

4-3　代表的バッファーの作製法

以下に代表的バッファーの作製法を簡単に示した．詳しくは成書を参照願いたい．

① 1 Mトリス-塩酸バッファー（pH 8.0）500 ml

① トリス塩基（MW = 121.2）60.55 gを約400 mlの水に溶かす．
② pHを測定しながら6 N塩酸（60%塩酸）を徐々に加え，pHを8.0にする．
③ 500 mlにメスアップした後500 mlデュラン瓶に入れ，密栓してオートクレーブする（密栓しないと塩酸が揮発してpHが上がる）．
④ 室温あるいは冷蔵庫で保存する．

② 1 M HEPES-KOHバッファー（pH 7.5）500 ml （図7-13）

① HEPES（MW = 238.3）119.2 gを約400 mlの水に溶かす．
② pHをみながら5 N水酸化カリウム（56.1 gを200 mlに溶かす）を徐々に加え，pHを7.5にする．
③ 500 mlにメスアップした後500 mlデュラン瓶に入れてオートクレーブする．
④ 室温あるいは冷蔵庫で保存する．

③ 0.2 M リン酸ナトリウムバッファー（pH 6.8）　～500 ml

① 0.2Mの無水リン酸二水素ナトリウム（24 g/l）と無水リン酸水素二ナトリウム（28.4 g/l）を少なくとも300 ml程度用意する．
② リン酸水素二ナトリウム溶液およそ250 mlを500 mlビーカーに入れる．
③ pHをみながらリン酸二水素ナトリウム溶液を徐々に添加し，pHを6.8にする．メスアップはしないが約500 mlになる（リン酸基濃度がバッファー濃度）．
④ オートクレーブし，冷蔵庫で保存する（雑菌が生えやすいので）．

④ 3 M 酢酸ナトリウムバッファー（pH 5.2）500 ml

① 3 M酢酸ナトリウム（246 g/l）400 mlをビーカーに入れる．
② pHをみながら3 M酢酸（171.4 ml/l）を徐々に加え，pHを5.2にする．
③ 500 mlにメスアップ後，密栓してオートクレーブする．
　（密栓しないと酢酸が揮発してpHが上がる）
④ 室温，あるいは冷蔵庫で保存する（バッファー濃度は酢酸基濃度）

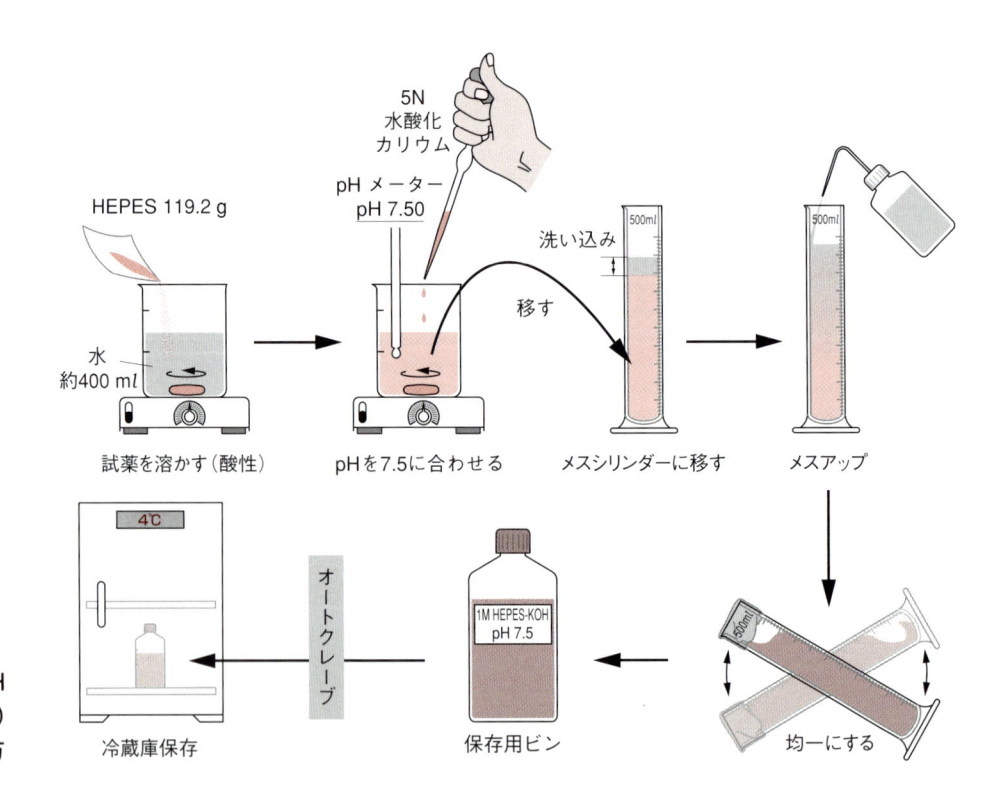

図7-13　1M HEPES-KOHバッファー(pH7.5) 500mlのつくり方

5　管理と廃棄

5-1　保管

　試薬や溶液の保管は保存条件だけではなく，種類（発火性や爆発性のある危険物や，毒物や劇物などのような有毒物質）によっては規則で保管限度量や保管場所が決められ，管理も義務づけられている（11章参照）．分子生物学実験の場合の危険物としては，過塩素酸類を含むいくつかの過酸化物，エーテルやアルコール類などの有機溶媒系物質，ニトロセルロース（メンブレンフィルターで使用される），そしてガスが対象となる．有毒物質の種類は非常に多く，分子生物学実験でも多くの試薬やガスがその対象となる（11章参照）．これとは別に，生体分子に作用（結合，切断，修飾）する試薬（エチジウムブロマイド，塩酸グアニジンなど）や，コノトキシン，αアマニチン（向神経性物質や代謝・調節阻害物質）などの生物毒は，たとえ法令になくとも注意深く操作，管理する必要がある．

5-2　廃棄

　試薬や溶液を廃棄する場合，試薬の性質と規則の両面からの注意が必要である（図7-14）．廃棄に関して実験室で注意するものとしては，重金属系化合物（Cd, Cu, Zn, Mnなど），ハロゲン化物，酸とアルカリ，写真関係廃液，有機溶媒系試薬（DMSOなど）などがある．酸やアルカリは中和して，有害物質や環境汚染物質なども少量であれば大量の水で希釈し，制限濃度値以下にして捨てることができる．フェノールは基準値がきわめて低いため，少量であっても流しに流さないようにする．分子生物学実験でよく使われるアルコール類等の有機溶媒，発癌性が疑われるエチジウムブロマイド，神経毒であるアクリルアミドは図7-14に示した流れに従って処理／廃棄する．流しに直接流せないものは，原則として中和，燃焼，沈殿，吸着，固化，乾燥など，無毒化や固定化などの前処理が必要である（11章参照）．研究室で簡単に処理できない場合は，機関内の処理施設に搬入するか，業者に委託する．

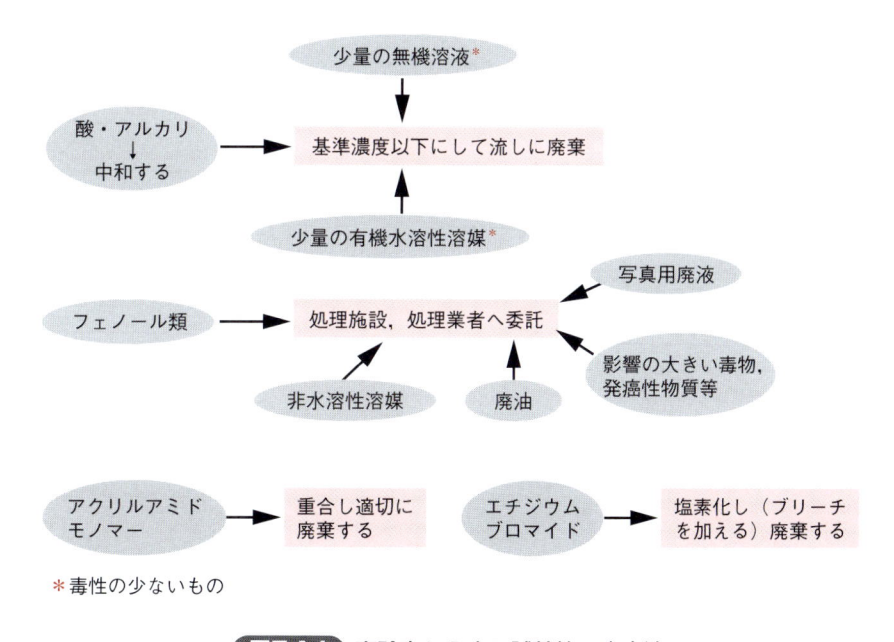

図7-14　実験室から出る試薬等の廃棄法

第8章 分子生物学実験の基礎

分子生物学研究ではDNAを中心として，抽出，精製，検出，定量など，さまざまな実験がなされる．本章ではDNAを中心に，分子生物学実験操作の基本的な部分について説明する．

1 DNA実験

1-1 DNA

1）一般的性質

DNAはヌクレオチドがホスホジエステル結合で連なった鎖状分子で（分子端のデオキシリボースの位置からみて3´，5´という方向性がある），アデニン（A）：チミン（T），グアニン（G）：シトシン（C）という特異的水素結合によってDNA鎖同士が緩く結合する，二本鎖として存在する（図8-1）．熱や水素結合切断試薬で二本鎖が一本鎖になるが（変性），逆の反応（アニール，ハイブリダイゼーション）も容易に起こる．DNAには紫外線吸収能があり，また高濃度のDNAは粘性がある．長い（数十キロ塩基対：kbp）DNAは激しい水流などで物理的に切断（剪断）されやすい．DNAはガラスに吸着するので，実験では基本的にプラスチック器具を用いる．

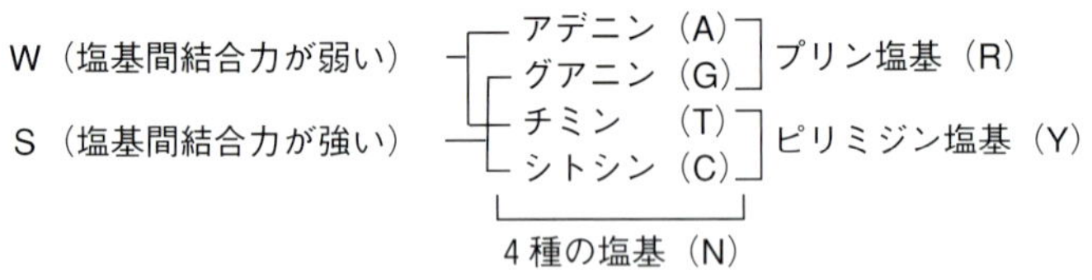

```
W（塩基間結合力が弱い）  ┌ アデニン（A） ┐ プリン塩基（R）
                        └ グアニン（G） ┘
S（塩基間結合力が強い）  ┌ チミン （T） ┐ ピリミジン塩基（Y）
                        └ シトシン（C） ┘
                        4種の塩基（N）
```

図8-1 DNAを構成する塩基の略語

2）安定性

DNAを取り扱う場合，①酵素による分解，②物理的切断，③変性，④化学修飾，が起こらないように注意する．低温を保ち激しい撹拌を避け，pHを中性から微アルカリ性にし，DNA分解酵素を活性化する二価金属イオンを除くキレート試薬（EDTA：エチレンジアミン四酢酸など）を加え，また二本鎖の安定化のため，100 mM程度の一価の陽イオン（ナトリウム塩，カリウム塩など）を加える（図8-2）．冷蔵庫で保存するが，長期の場合は冷凍保存がよい．DNAは比較的安定な分子であり，10 kbp以下のサイズであればTE（TEバッファー）中でも簡単には分解することはない（普通郵便で送ることができる）．

DNA実験ではDNAの変性とアニールがしばしば行われる．通常のDNAは10分間の煮沸で変性する（その後急冷する必要がある）（図8-3）．変性剤でDNAを変性させることもでき，試薬としては尿素やホルムアミドを用いるが，アルカリ，ホルムアルデヒド，DMSO（ジメチルスルフォキシド）なども用いられる．

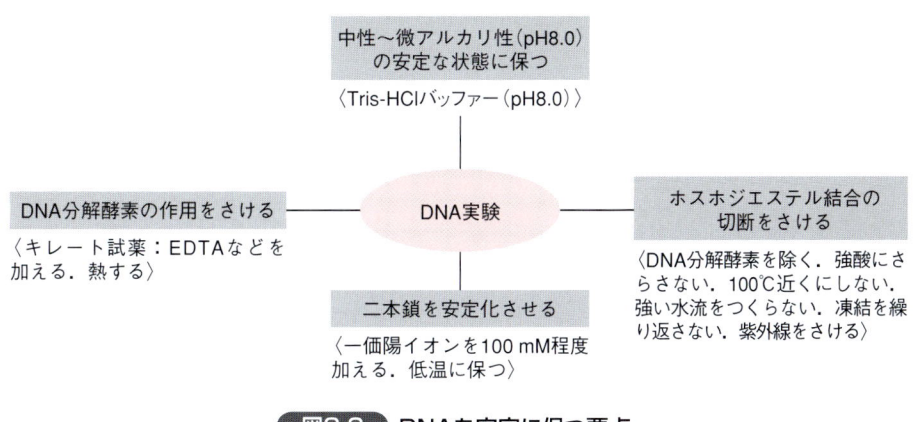

図8-2 DNAを安定に保つ要点

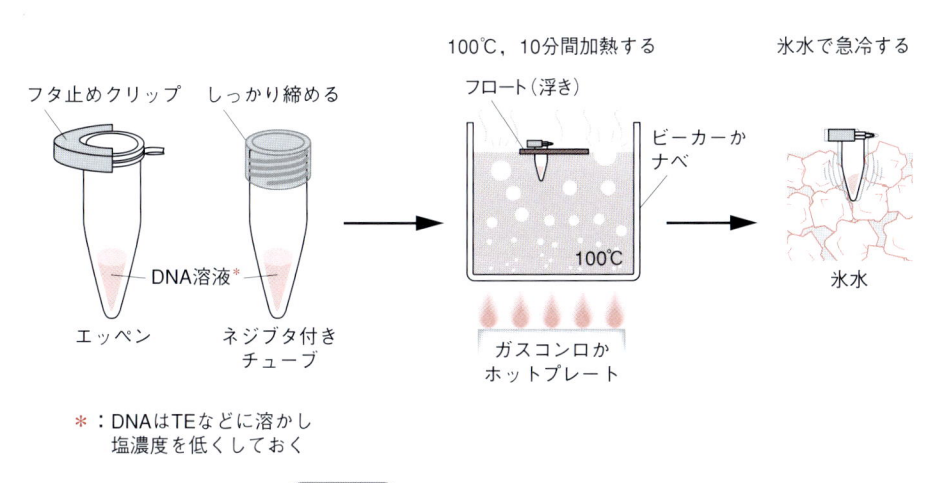

図8-3 DNAの熱変性

1-2 検出

1）定量と純度

平均的塩基組成のDNAは260 nmの紫外線に吸収極大をもつので，水か0.1×TEを対照に，分光光度計を用いこの波長で定量する．1 μg/mlのDNA溶液のOD（吸光度，4章参照）は0.02になる．一本鎖DNA（変性DNA）とRNAはより紫外線を吸収し，1 μg/mlのOD$_{260}$はそれぞれ0.03，0.025と概算される．260 nmに対して280 nmのODは約半分になるが（OD$_{260}$/OD$_{280}$の比がDNAは約2.0），タンパク質は280 nmに吸収極大があるため，OD比が2.0より低い場合はタンパク質の混入を疑う[a]．

[a] エタノールの混在：試薬エタノールの作製はベンゼンとの共沸騰で行われるため，エタノールが残るとベンゼン環に由来するOD$_{280}$が高くなり，DNAの純度が見かけ上低下する．

2）エチジウムブロマイド

DNAがどこにあるかを目で見るには，エチジウムブロマイド（EtdBr，臭化エチジウム．俗にエチブロという．危険なので必ず手袋を着用する）をDNAと結合させる．電気泳動ゲルは1 μg/ml溶液に15〜30分間浸ける．エチジウムブロマイドが二本鎖DNAの間に挿入され，そこに紫外線が当たるとオレンジ色の蛍光が出るのでDNAの場所がわかる（紫外線防護器具を着用すること：4章参照）．この方法を応用し，DNA溶液にエチジウムブロマイド溶液を混ぜてから紫外線を当てて，DNA濃度を概算することができる（図8-4）．DNAに結合したエチジウムブロマイドは有機溶媒（エタノール，イソプロパノール，ブタノール）に溶かして除く．

ゲルの染色	プラスミドの精製	DNAの簡易定量
EtdBr＝〜1μg/ml	EtdBr＝100μg/ml	EtdBr＝〜1μg/ml

図8-4　エチジウムブロマイドの利用例
必ず手袋を着用して操作する

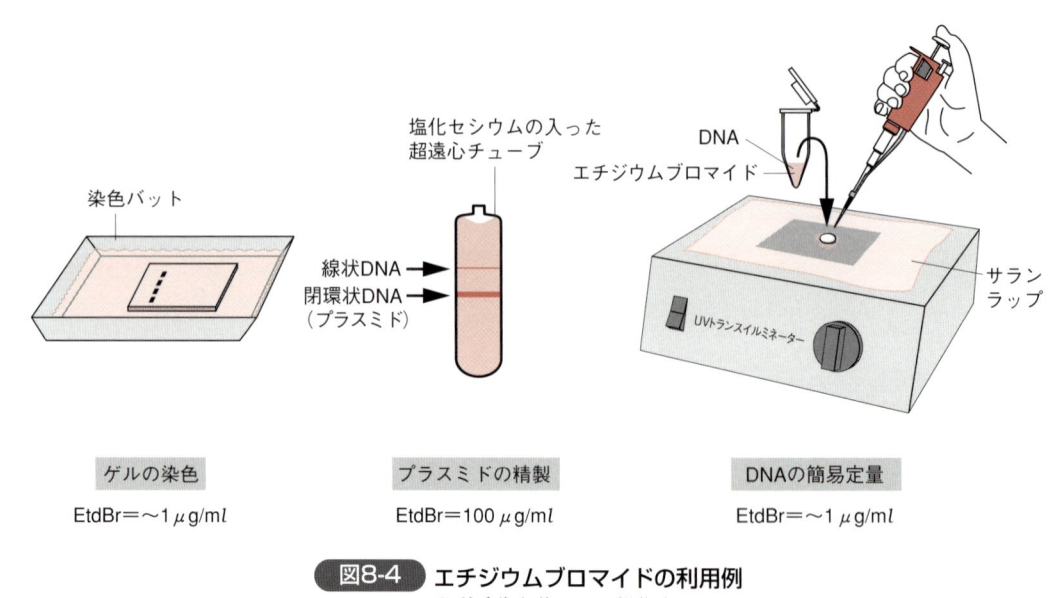

1-3　沈殿／濃縮法

1）エタノール沈殿

　DNAはエタノールに溶けないので，DNA溶液にエタノールを加え，回収した沈殿を少量のバッファーに溶かすことにより，DNAを濃縮できる（図8-5）．エタノール沈殿の際，一価陽イオン（Na^+，K^+，Li^+）があるとDNAの荷電が消え，DNAが凝集しやすくなる．実際には酢酸ナトリウムを0.3Mになるように加え（塩化ナトリウムの場合は0.1Mとする）[b]，そこに2〜2.5倍量のエタノールを加え，冷やして沈殿を熟成させてから遠心分離で沈殿を回収する．

[b] RNAのエタノール沈殿：基本的にはDNAと同様だが，RNAが酸性側で安定なため，酢酸カリウムpH＝5.2を0.3Mになるように加える．

　低温に置く目安は4℃で数時間以上，−20℃で0.5〜2時間，−80℃で15〜30分である．これはDNA濃度が1μg/mlの場合15,000 rpm，15分で沈殿を回収するときの標準的条件であり，実験により遠心の強さを適宜調整する[c]．沈殿が目で見える場合には5,000 rpmでも十分回収でき，逆に少ない場合は超遠心が必要となる．

[c] 遠心分離のキャリア：物としてほとんどない極微量DNAはエタノール沈殿として効率よく回収できない．これを克服する目的として，反応を邪魔しない物質をキャリアとして加え，試料をキャリアとともにエタノール沈殿として回収する方法がある．キャリアは専用の試薬もあるが，コラーゲンや種々の多糖類も使われる．アイソトープ実験ではウシ胸腺DNAや酵母RNAなどがよく用いられる．

　エタノール沈殿には塩が残存しており，このまま使用すると不都合が生ずるので，エタノール沈殿を70%エタノールに懸濁し，再度遠心分離と上清除去で沈殿を洗う．これをエタノールリンスという．リンス後は注意深く上清を除き（リンス後の沈殿は滑りやすい），乾燥後（0.5〜数時間の自然乾燥か10〜20分間の遠心濃縮機）[d]，TEなどの適当なバッファーに溶かす．沈殿が少しであれば数分で溶ける．

[d] 大量の沈殿の溶解：沈殿が大量の場合は自然乾燥で生（半）乾きにする．完全に乾かすとなかなか溶けない．生乾きでも残っている液体は水なので問題ない．

図8-5 DNAのエタノール沈殿

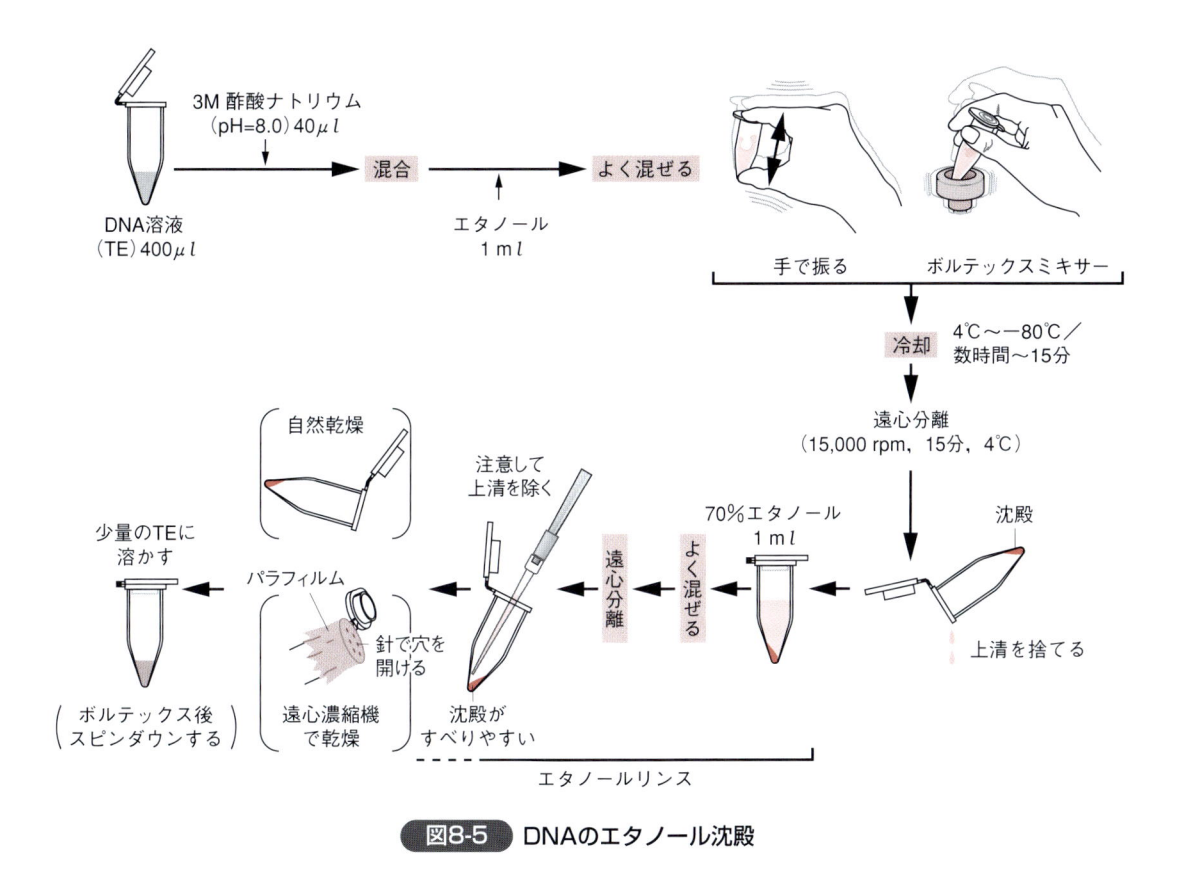

2）その他の沈殿法

　エタノールの代わりに，より沈殿能の高いイソプロパノールを加える方法がある．塩を加えたDNA溶液に0.7（～1.0）倍量のイソプロパノールを加える．沈殿の熟成や遠心分離は室温で行い，遠心後残存するイソプロパノールはエタノールリンスで除く．液量があまり増えず便利な方法である．PEG（ポリエチレングリコール）溶液（13％［w/v］PEG 6000, 0.8M 塩化ナトリウム）を等量の溶液と混ぜ，冷蔵庫で1時間置いた後遠心分離でDNAを回収する方法もある（俗にペグ沈という）．残存するPEGはフェノール-クロロホルム抽出で除く（後述）

3）減圧濃縮や有機溶媒による濃縮

　DNA溶液を遠心濃縮機にかけて水分を減らしたり，乾燥させる方法がある．ただしバッファー成分も濃縮されるので，後でエタノール沈殿か，他の方法で低分子成分を除く必要がある（後述）．有機溶媒で脱水する（有機溶媒に水が溶ける性質を利用）方法もあり，n-ブタノールや2-ブタノールが使われる（図8-6）．誤って有機溶媒を入れ過ぎて水層が消えても，水を加えて撹拌すればDNAが回収できる．バッファー成分が濃縮されるのは上と同じ．

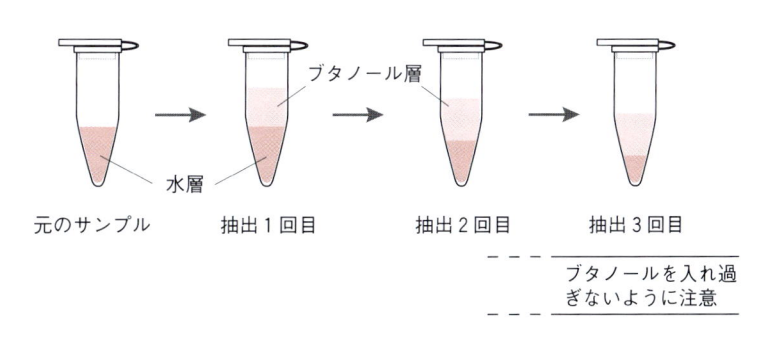

図8-6 ブタノールによるDNA溶液の濃縮
n-ブタノールか2-ブタノールを使う

1-4 精製

1）タンパク質の分解とDNAからの解離

細胞からDNAを抽出したり，DNAにタンパク質が混在している試料に，SDS 0.1%（タンパク質の変性と可溶化），EDTA 1 mM（金属除去による酵素失活とタンパク質解離），塩化ナトリウム100 mM（DNAの安定化とタンパク質の溶解のため）を加え1〜数時間，37℃で保温撹拌する[e]．

> [e] 以下の抽出操作も同様だが，数十kbp以上という高分子DNAを扱う場合は，ダックローターなどで一晩かけてきわめてゆっくり撹拌する．

ここにプロテナーゼK（50μg/ml，SDS存在下でも作用する）を加えてタンパク質を消化すると，その後のDNA抽出が格段にうまくいく（図8-7）．

2）フェノール抽出

混在するタンパク質とDNAを分離するにはフェノール抽出をする（図8-8）．フェノール自身にもタンパク質変性効果があり，タンパク質は水不溶性画分として水層（DNA相）と分離する．前述のような処理を行った試料（あるいはそのままの試料）に等量のトリス-フェノール[f]を加えてよく抽出（振盪，撹拌）する．振盪時間は10〜30分とタンパク質量により変える．15,000 rpm，15分の遠心分離後，上清を回収して新しい試験管に移す．変性タンパク質の中間層が残るようであればこの抽出操作を繰り返す．その後，回収した上清をフェノール・クロロホルム[g]抽出する（1〜3回行う）．酵素反応を停止させる程度であればフェノール・クロロホルム抽出を1〜5分間1度だけ行えばよい．回収した溶液はエタノール沈殿する．

- SDSでタンパク質を変性・可溶化させる
- EDTAでDNA分解酵素を効かなくさせ，同時にタンパク質−DNAの会合を切断する
- 塩化ナトリウムなどの塩を加え，タンパク質を解離させやすくする
- フェノールやグアニジウム塩のようなタンパク質変性剤を作用させる
- プロテナーゼKなどでタンパク質を分解する

図8-7 DNAからタンパク質を解離させる方策

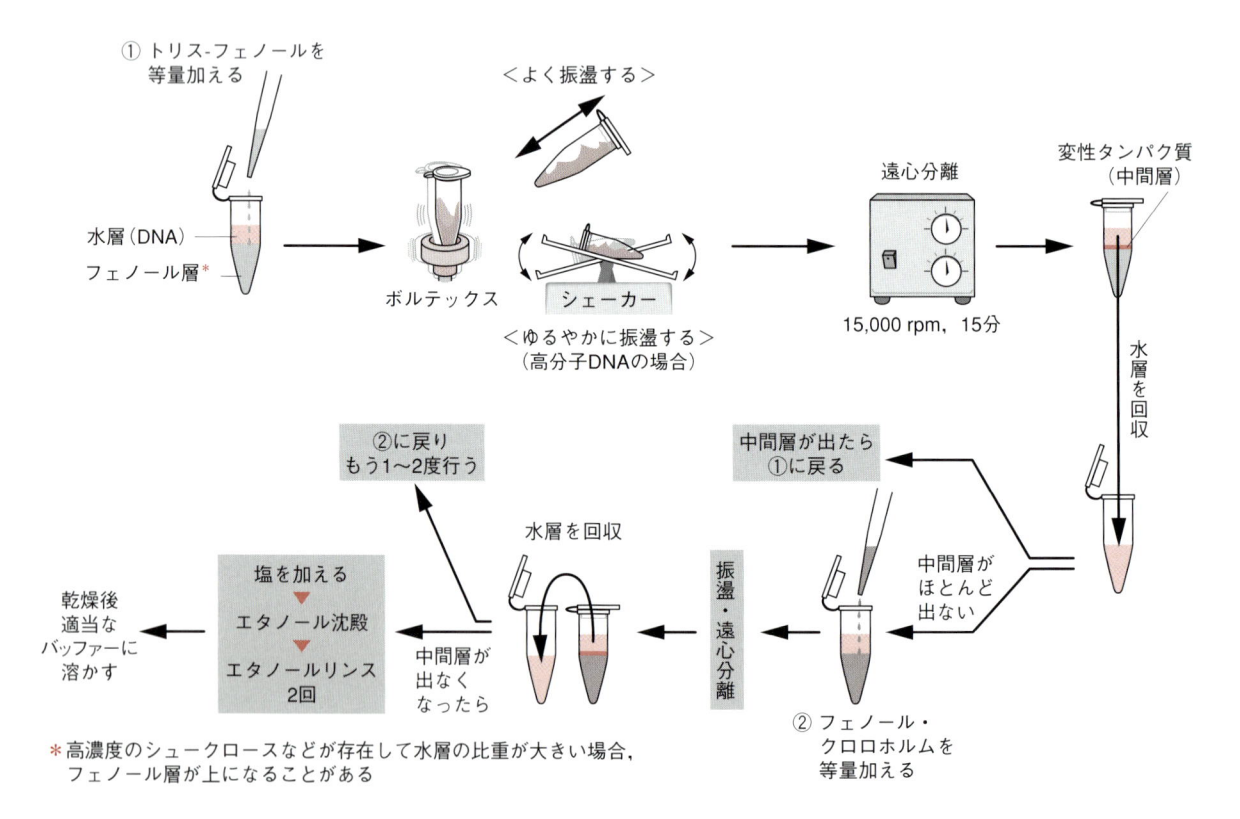

図8-8 フェノール抽出法

DNAの純度が不十分な場合は抽出かその前のステップからやり直す．

ⓕ 0.5Mトリス塩酸バッファー（pH＝8.0）で平衡化したフェノール（7章参照）．
ⓖ トリス-フェノールとクロロホルムの混合液〔「バイオ試薬調製ポケットマニュアル」（田村隆明／著），羊土社，2004，参照〕．タンパク質変性効果は弱いが水相との分離能がよく，水層へのフェノールの溶け込みも少ない．

3）低分子除去

DNAなどの高分子から塩やバッファーなどの成分を除く1つの方法にゲルろ過がある．DNAの場合小型カラムで十分である．市販のミニカラムもあるが，図8-9のように自作できる．ゲルろ過の担体にはセファデックスG25～G50（DNAグレード）を使用し，図8-10に示すように精製する．ゲルろ過では分子は分子量の大きい順に溶出される．低分子を除くもう1つの方法に透析がある．透析チューブを図8-11に従って前処理したものを使用し，内部に試料を入れ，専用クリップで両端を止める．試料の100～1,000倍程度の透析外液（TEなど）に4時間～一晩透析するⓗ．より完全な透析のためには，4時間以上（塩が90％以上除ける時間）のインターバルで3回ほど外液を交換する．

ⓗ 一本鎖DNAは透析膜に吸着するので使用できない．

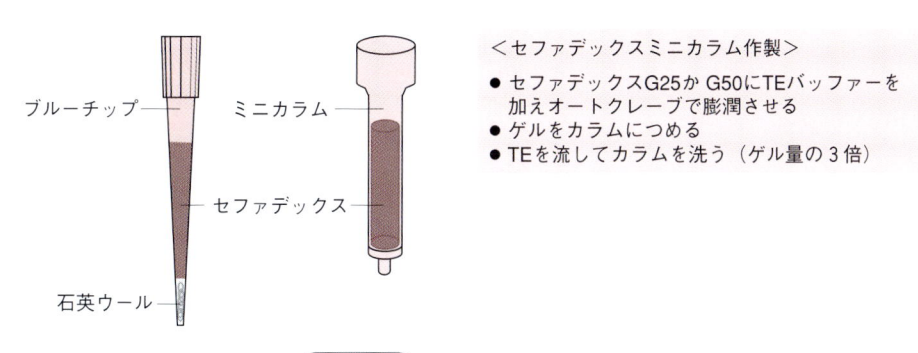

図8-9 ゲルろ過カラムの作製

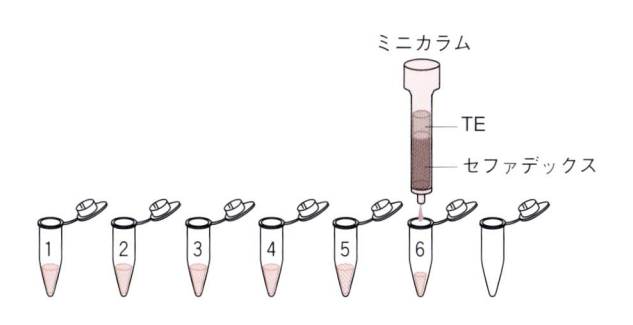

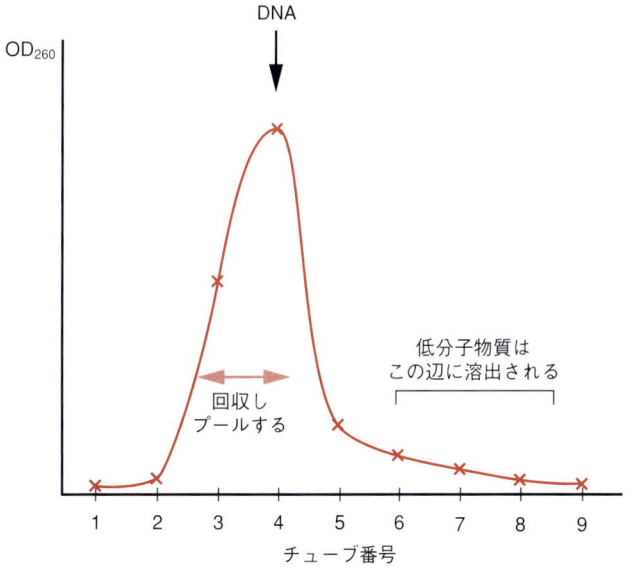

図8-10 ゲルろ過によるDNAの精製

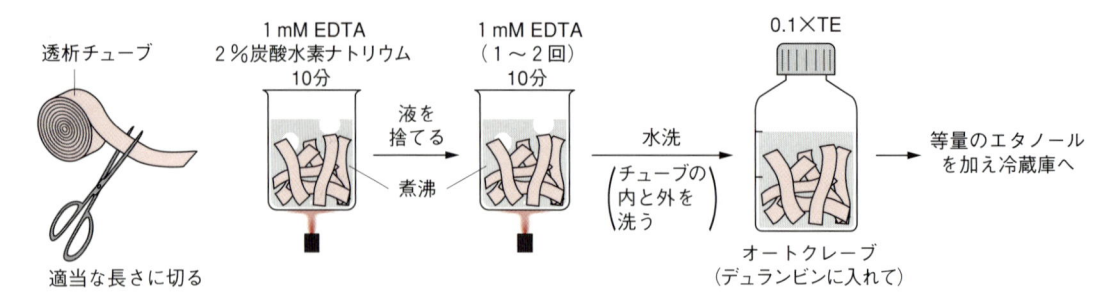

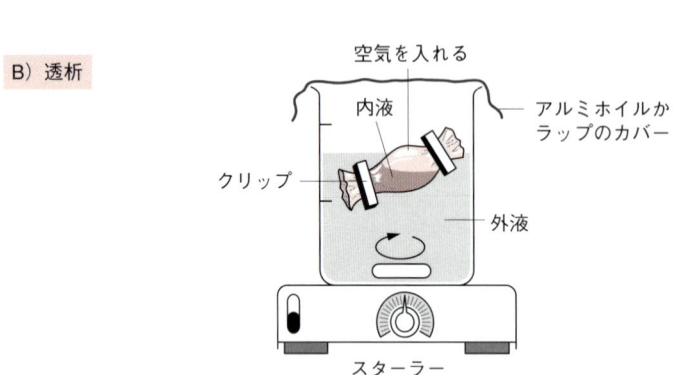

図8-11 透析チューブの前処理と透析のやり方

4) DEAEセルロースによる精製

負に荷電している核酸は陰イオン交換体であるDEAEセルロースに結合する。セルロース〔DE81ペーパー，DE52セルロース粉末（ワットマン社）〕をミニカラムやエッペンに入れ，TEで洗ってからDNAを染み込ませ，続いて少量の0.5M塩化ナトリウム入りTEでDNAを溶出する．

5) 有機溶媒の除去

DNA実験にはフェノール，クロロホルム，イソプロパノール，ブタノールなどいろいろな有機溶媒が使われるが，これら有機溶媒はエタノール沈殿とエタノールリンスで除くことができる．これ以外にも溶液をエーテル抽出することで有機溶媒を除ける（図8-12）．エーテルは引火性が強いので，必ずドラフト内で操作する．

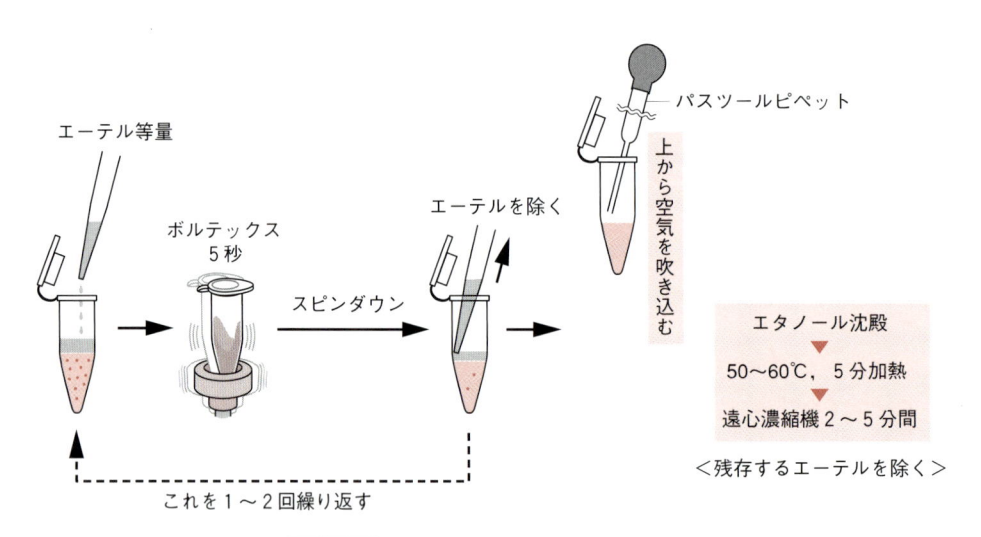

図8-12 エーテルによる有機溶媒除去
この操作はドラフト内で行う

2 オリゴヌクレオチド

2-1 注文する

オリゴヌクレオチドとは，2～数十塩基長の一本鎖DNA（RNAも含む）を指す．現在では自作することはまれで，塩基配列データをインターネットか電子メールを使ってメーカーに送り外注する．ファックスを使う場合は，GをCと読み違えないようにGはgと小文字で書く．品物が室温乾燥状態で送られてきたら滅菌水で溶かし，記載されたモル数からmol/μlの濃度を求める[①]．ネジブタ付きエッペンに入れて−20℃で保存する．

> [①] この場合のモル数は鎖状分子としての値であり，ヌクレオチドモル数ではない．

オリゴヌクレオチド製品は通常のゲルろ過精製品で問題ないが，特に純度の高い製品が必要な場合はHPLC精製といって注文する．

2-2 プライマーの設計とTm

オリゴヌクレオチドは主にDNA合成（PCRなど）のプライマーとして使用され，20～25塩基長前後のサイズでつくることが多い．不特定多数（ゲノムDNAや逆転写産物のプール，あるいは種々のライブラリー）のDNA断片から希望の配列をPCRで増幅する場合は増えにくいことがあり，以下の点に注意する．

① Tmが適当で（特定の塩基に偏っていない），設計配列中に繰り返しがない

② 目的配列以外にそれと相同な配列がゲノム中にない

後者はホモロジー解析プログラムを使い，DNAデータベースにアクセスしてチェックする．Tm（melting temperature）はDNAが50％変性する温度で，図8-13に示した式で求めることができる．これとは別にインターネットでhttp://www-btls.jst.go.jp/Links/Link_Primer.htmlにアクセスし，適当なソフトをダウンロードしてTmを計算することができる．筆者らはしばしばPrimer3（http://frodo.wi.mit.edu/cgi-bin/primer3/primer3_www.cgi）を用いている．

$Tm = 81.5 + 16.6(\log_{10}M) + 0.41(\%GC) - (500/n)$
M：一価陽イオン濃度（モル数）
　　※トリス塩基は濃度を0.66倍として計算する
n：ハイブリダイズする部分の塩基数

ただし，以下の式でも近似できる．
$Tm = 4(GC塩基数) + 2(AT塩基数)$

図8-13 Tmの算出

2-3 PCR

PCR（polymerase chain reaction）用プライマーを設計する場合，一対の各プライマーのTmが極端に違わないように注意を払う．目的DNAが増えない場合は，①プライマー設計は適当か（上記の基準に従う），②反応条件はよいか（GC配列が多いときには反応液を変えることがある），③元の鋳型DNAがあるか（細胞1個に含まれるDNA量：3 pg，ライブラリーの力価，遺伝子発現がある細胞からの逆転写産物か，など），④酵素の能力が十分か（1 kb以上のDNAを増やすときは専用の酵素を使うことがある），などをチェックする（図8-14）．

① 鋳型となるべきDNAがない（きわめて少ない）
② プライマーの設計が不適当
③ 反応条件が合っていない
④ 酵素の能力が不十分
⑤ PCR機が正常に作動していない
⑥ 操作，分注時にミスがあった

図8-14 PCRで断片が増幅しない原因

3　RNA実験の指針

　RNAはリボースとウラシルが用いられる以外，構造的にはDNAに似る．一本鎖を基本とするが，分子内で二次構造をとって球状になりやすく，物理的剪断力には強く，ガラスへの吸着も少なく，また粘度も低い．しかし化学的には不安定で，アルカリで加水分解される．細胞内RNAの寿命は短く（数時間～数日），事実細胞内には多種多様なRNA分解酵素（RNase）が存在する．この生物学的不安定性をどう克服するかが，RNA実験の最大のポイントとなる．
　RNA実験では以下の項目に注意する．

① 細胞を集めたら低温でできるだけ早く操作し，RNAをタンパク質から離す．pHを微酸性（pH 5～6）に保つ．重金属が結合すると切断されやすいので，バッファーにはEDTAを加える．

② タンパク質変性剤（SDS，フェノール，グアニジウム塩など）を早く確実に効かせる．

③ 手袋やマスクを着用し，体液が触れないように注意すると同時に，器具や試薬もRNA実験専用のものを用意する．アルミホイルを敷くなど，ベンチをきれいにする．専用の実験スペースがあるとなおよい（図8-15）．

④ 器具は乾熱滅菌する．できない場合は1時間オートクレーブするか，DEPC（ジエチルピロカーボネート：RNase阻害剤）水で処理する（0.1％溶液に2時間以上浸け，その後40分間オートクレーブする）．可能な限り滅菌済みのディスポ器具を使う．ピンセットなどを使う場合はアルコールランプなどを用意し，その都度先を火炎滅菌する．

⑤ サンプリングした細胞をすぐ使わない場合，速やかに液体窒素で凍結・保存する．

　組織や細胞を処理しはじめたら途中で止めることはできないので，確実に機器を準備する．近くにRNA実験をやっている人がいたら，近づいたり話しかけたりしない．RNA試料は-20℃で50％エタノール溶液あるいはエタノール沈殿として保存する．水溶液の場合，-80℃以下で保存する．

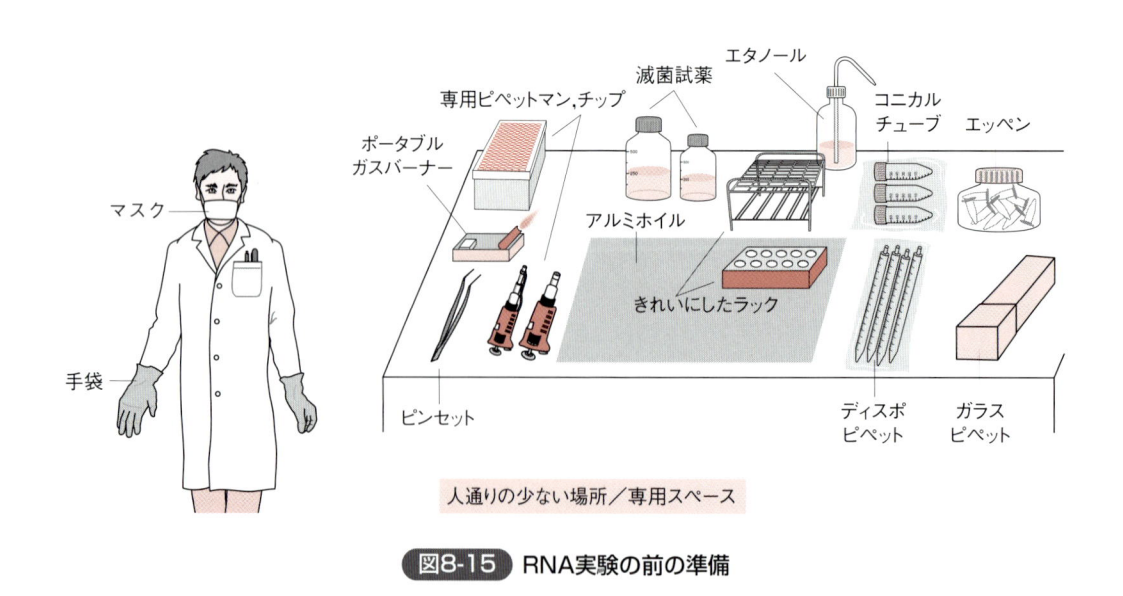

図8-15 RNA実験の前の準備

4 タンパク質実験

4-1 タンパク質の取り扱い

タンパク質は核酸と異なり，分子によって機能はもちろん，大きさ，電気的性質（荷電状態など），溶解度などがすべて異なり，実験方法も一定の基準がない．しかし一般的には「低温」「中性pH」「100〜200 mM程度の塩を加える」「重金属の除去用にEDTAを加える」などのことを守るようにする．システインのSH基が酸化されてS＝Sとなるのを防ぐために，SH試薬（2-メルカプトエタノールやジチオスライトール：DTT）を加えることも多い．表面張力に感受性があることが多いので，泡立てないようにする．薄め過ぎも失活の一因となる．不安定な酵素などは15〜25％のグリセロールを入れて−80℃以下で保存する．試料に混在するタンパク質分解酵素が失活の原因となる場合は，複数のプロテアーゼインヒビター（阻害剤）を加える（付録参照）．

4-2 低分子除去/脱塩

低分子の除去法はDNAの場合と同じであるが，通常は透析する（1-4-3）参照）．

4-3 濃縮

タンパク質濃縮の一般法は，硫酸アンモニウム（硫安）を加えて沈殿させる塩析である（図8-16）．巻末の表（付録2-❷）に従って希望する濃度で硫安を加え，低温でしばらく撹拌した後，遠心分離（12,000 rpm以上，15分以上，4℃）で沈殿を集め，それを適当なバッファーに溶かす．硫安がかなり残るので，透析で除く（注：中に水が入るので余裕をもって透析チューブをしばる）．目的タンパク質が何％の硫安濃度で沈殿するかはまちまちなので，不明の場合は60％（〜70％）にする（大部分のタンパク質は沈殿する）．凍結乾燥した場合は少量のバッファーに溶解後に透析する．タンパク質を吸着する担体があれば，それにタンパク質を吸着させ，少量の溶出バッファーで溶出するという方法もある．このほか，限外ろ過膜で吸引し（あるいは遠心力をかけ），水分だけを除くという方法もある．

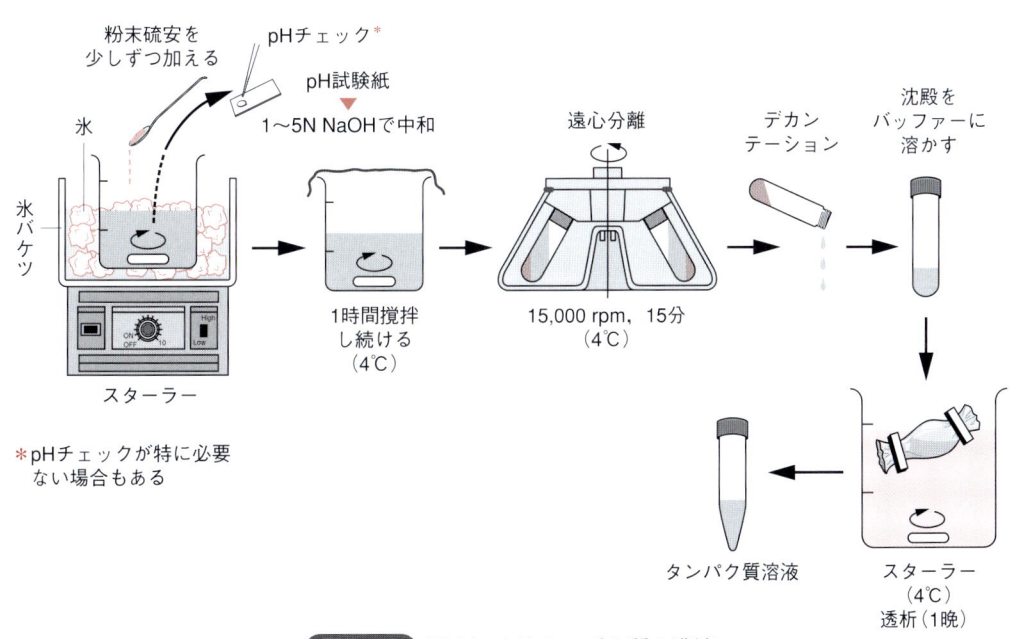

図8-16 硫安によるタンパク質の濃縮

5　酵素反応を確実に進めるコツ

　実験の初心者が酵素反応をすると，はじめはたいてい失敗する．原因の多くは「言われた通りにやっていない」ことによる．新人のときは以下に書かれていることをいちいち再確認してやるようにする（図8-17）．

① チップをきちんとピペットマンに装着し，液に先だけ浸けてゆっくり吸う．とり過ぎて失敗することもある（酵素標品のなかには阻害物質も入っている）．

② 5章に書かれた注意を守って，とった液を全部エッペンに出す．液切れを確実にするため，チップの先端を凝視しながら操作する．

③ エッペンに分注し終えたらスピンダウンし，目で撹拌を確認しながらごく短時間（1～5秒）ボルテックスする．やり過ぎない．タッピング（5章）で液混ぜし，スピンダウンしてもよい．

④ チューブはきちんと加温/保温する．短時間反応の場合，気相インキュベーターは不適．

⑤ DNAの純度やフェノールなどの阻害物質の混在に留意する．「試料を豊富に調製し，反応にはその一部を使う」という姿勢が実験をうまく進めるコツである（阻害物の濃度が減るので）．

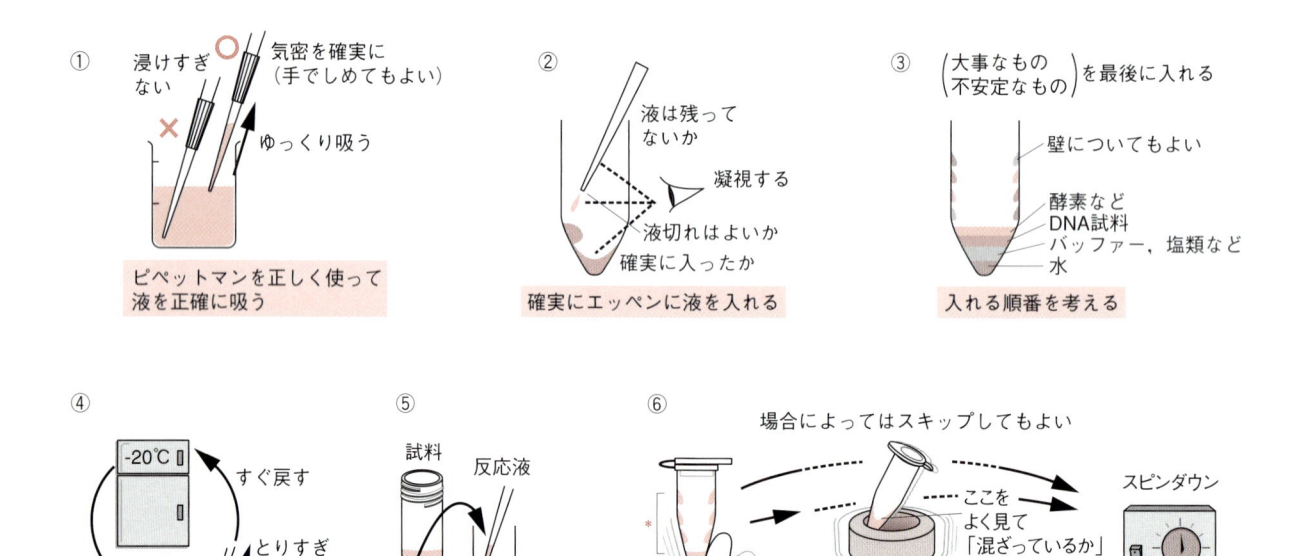

図8-17 酵素反応を行う場合の操作チェックシート

6　コンピュータの活用

6-1　市販の解析ソフトを使う

　パソコンを使った解析の1つは，市販の解析ソフトを使う方法がある（図8-18）．実行/解析される主なものとしては，①複数のDNA断片をつなげるなど編集するもの，②塩基配列からオープンリーディングフレーム（ORF）を導き出すもの，③制限酵素部位やDNA結合因子の部位を探し出すもの，④PCR用のプライマー配列を決めるもの，⑤タンパク質のモチーフ/高次構造を予測するものなどがある．

6-2　インターネットを利用する

　もう1つはインターネットを利用してデータベースにアクセスして，その情報を入手すると同時にそこに付随している解析ソフトを用いる方法がある（図8-18）．公共のデータベースとしては（なかには有料のものもある），海外のものとしてはNCBI（アメリカ，National Center for Biotechnology Information），EBI（ヨーロッパ，European Bioinformatics Institute），日本のものとしてはDDBJ（国立遺伝学研究所：DNA Data Bank of Japan）などがある．NCBI（http://www.ncbi.nih.gov/）などを使い，GenBankやSwiss-Protなど複数のデータベースを検索することができる．いずれの場合もキーワード（遺伝子名，疾患名，生物名，ゲノムかcDNAか，などと絞っていく）を入力し，希望する塩基配列を取得する．ホモロジー検索する場合は，BLASTやFASTAなどのプログラムが使われる．目的配列をコピー・ペーストして「検索」を開始すると，データベースをサーチしてくれる．データベース側に制限をかけることもできる．複数の塩基配列間のホモロジーを計算したり系統樹を書くためのプログラムとしてはClastalWがある．データベースはこれだけではなく，発現部位，タンパク質の立体構造/局在/機能モチーフなど，さまざまなものがある．

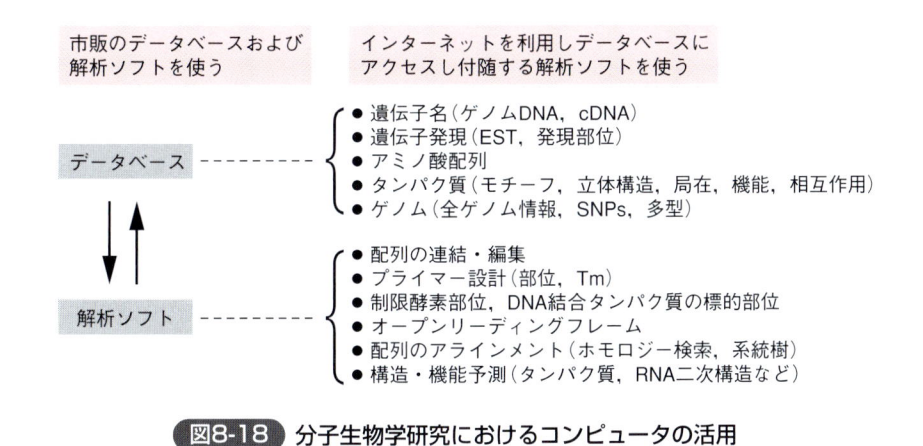

図8-18　分子生物学研究におけるコンピュータの活用

市販のデータベースおよび解析ソフトを使う　　インターネットを利用しデータベースにアクセスし付随する解析ソフトを使う

データベース
- 遺伝子名（ゲノムDNA，cDNA）
- 遺伝子発現（EST，発現部位）
- アミノ酸配列
- タンパク質（モチーフ，立体構造，局在，機能，相互作用）
- ゲノム（全ゲノム情報，SNPs，多型）

解析ソフト
- 配列の連結・編集
- プライマー設計（部位，Tm）
- 制限酵素部位，DNA結合タンパク質の標的部位
- オープンリーディングフレーム
- 配列のアラインメント（ホモロジー検索，系統樹）
- 構造・機能予測（タンパク質，RNA二次構造など）

第9章

大腸菌実験

分子生物学実験で使うDNAは主に大腸菌を用いて増やされるため，大腸菌実験は分子生物学には欠かせないものとなっている．この章では大腸菌の取り扱いを，基本的な部分に絞って説明する．

1　大腸菌

1-1　大腸菌とは

大腸菌（*Escherichia coli*，*E. coli*）（図9-1）はグラム陰性の通性嫌気性桿菌[a]（0.5×2〜4 μm）で，菌体表層の抗原物質（O，K，H抗原）でクラス分けされ，型により性質も異なる（有名な病原性大腸菌にO-157がある）．研究室の大腸菌はほとんどがK12株で，病原性はない．大腸菌は増殖速度が早く，安全で簡単に培養できるうえ，ファージやプラスミド[b]といった遺伝因子を使った遺伝子導入や組換えが可能で，かつ1倍体なため遺伝解析が容易で，古くから分子生物学の材料として使われてきた（表9-1）．約4,300個の遺伝子をもち，最も理解の進んだ生物といわれる．野生型の大腸菌が研究に使われることはまれで，多くは実験に適した（変異）菌株が使用される．

[a] 通性嫌気性：酸素が少しあるとよく増殖するという性質．ただ，大腸菌はむしろ通性好気性に近く，よく増殖させるためには空気程度の酸素濃度が必要である．
[b] プラスミド：主に細菌に寄生する，染色体外で自律複製する核酸（主にDNA）．宿主菌に薬剤耐性，毒素産生，捻性（性の性質）などの有利な性質を与えることにより，宿主との共生関係を保っている．

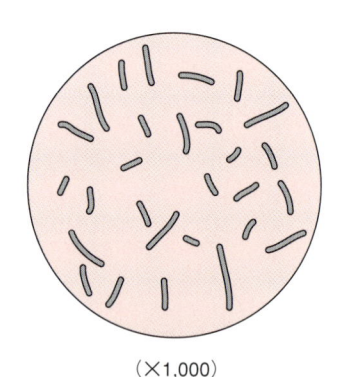

（×1,000）

図9-1　大腸菌

表9-1	分子生物学研究で大腸菌がよく使われる理由
1	扱いやすい ・安全である ・培養が安価で簡単に行える
2	遺伝解析が容易である ・増殖速度が速い ・遺伝子数が少ない ・1倍体なので表現形が出やすい ・多くの遺伝因子（プラスミド，ファージ）を使える ・DNAを導入しやすい
3	多くの突然変異体が知られている
4	プラスミドやファージをベクターとして遺伝子を大量に増やしたり，それを元にタンパク質を生産できる
5	すでに多くの知見が蓄積し，最もよくわかっている

1-2　増殖

　大腸菌は約20分に1回分裂する．大腸菌の培養を開始しても，はじめに分裂しない時期（誘導期，lag phase）があるが，やがて指数関数的に（対数目盛りで直線状に）分裂し（log phase），栄養分の枯渇や老廃物の蓄積，そして密集などの影響で増殖が止まり（定常期，stationary phase），やがて死滅する（図9-2）．固形培地上でははじめの1個の菌を核に増殖し，一晩たつと目で見えるほどの集落（コロニー，colony）を形成する．

　細菌の増殖を測定するには2つの方法がある．第1は菌液を適当に薄めて寒天培地にまき，コロニー数から生菌数を求める方法である．第2は分光光度計（550 nmか600 nmの波長）かクレット比色計で菌液の濁度（吸光度）測定する方法（菌数は直接わからないが，増殖程度がすぐにわかる実際的な方法）である．被検液（菌液）を取るときはコンタミ（雑菌が生えること）しないように注意して行う．

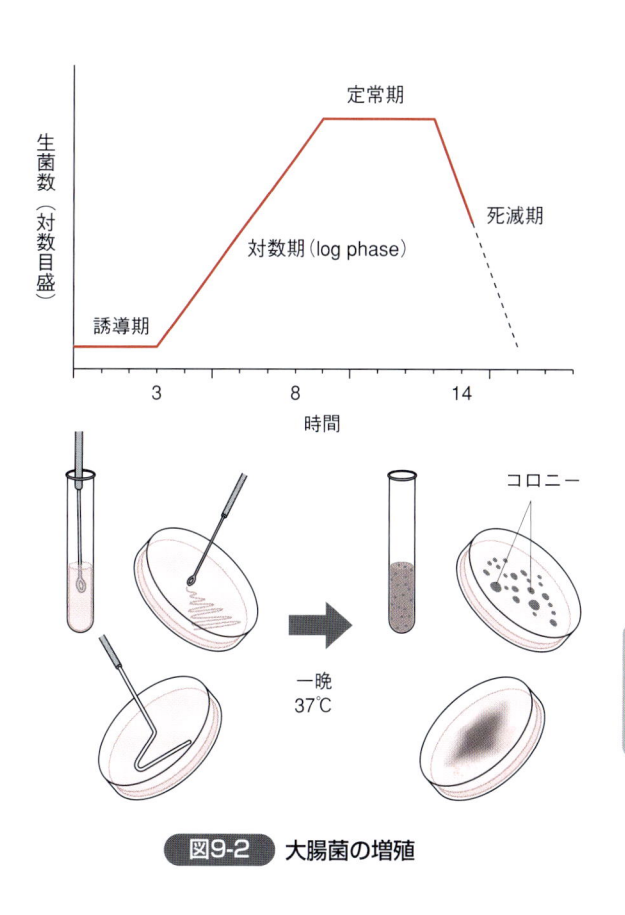

図9-2 大腸菌の増殖

1-3　培地

　菌を増殖させることを培養（culture）といい，培養のために水に栄養分などを溶かした培養基を培地という．培地には化学成分の定まった合成培地と天然物を用いる天然培地があるが，実験で用いられるものはほとんどの菌株を増やすことができる「半合成培地」で，アミノ酸や糖類，ミネラルやその他の栄養素を豊富に含む酵母抽出液（酵母エキス）とトリプトン（カゼインの加水分解物）に食塩を加えたものを使用する（表9-2，付録参照）．培地をつくったら水酸化ナトリウム溶液か塩酸でpHを7.0に合わせ，その後オートクレーブ滅菌する[c]（6章参照）．寒天培地は固体であり，扱いやすくコロニーを出すことができるので，菌の分離や保存，あるいはファージ力価測定などに用いられる．寒天（agar，アガロースを主成分とする）は100℃近くで溶け，室温より少し高い温度で固まるので，実験の目的に叶っている．実際には寒天を培地に加え，一緒にオートクレーブする．寒天培地をシャーレに入れてつくった培地をプレート（平板培地），試験管を立ててつくったものをスタブ（高層培地）という（図9-3）．

表9-2 大腸菌の培地の種類

分類	種類（例）	用いる材料／試薬
合成培地	M9[*1]	塩化アンモニウム，グルコース，塩化ナトリウムなど
天然培地	肉エキス	肉抽出物[*2]
半合成培地	LB，NZYM，SOB，2YT，スーパーブロース	酵母エキス／トリプトン／食塩／その他

*1：大腸菌にとっては最少培地でもある
*2：現在ではめったに使われない

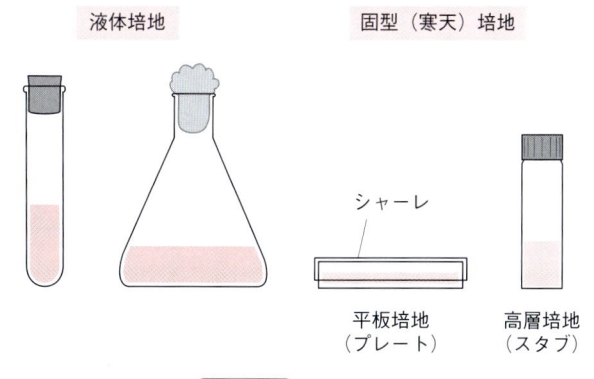

図9-3 培地の形態

ⓒ pH調整の裏技：菌が増えると産生される酸で培地が酸性になり，それが自身の増殖を抑えるので，pHを7より少し高く（pH＝7.2）した方がよい場合がある．

1-4　滅菌と殺菌

つくった培地はいったん無菌にする必要がある．培地の滅菌は121℃，20分間のオートクレーブで行う（6章参照）．滅菌した培地を試験管など別の容器に移して培養する場合も，使用する器具はあらかじめオートクレーブか乾熱滅菌しておくⓓ．

ⓓ ネジブタ付き容器をオートクレーブする場合，フタは緩めておく．そうしないと中に蒸気が入らない．

以下のように，目的菌と雑菌の最初の菌数とおのおのの増殖速度の違いから，容器を簡易殺菌で済ませて培養することもある．例えば20 mlの大腸菌液を400 mlの培地に移して数時間培養する場合，エタノール消毒したフラスコに滅菌した培地を入れ，そこに菌液を入れて培養してもほとんど問題ない．

2　培地の作製と保存

2-1　大腸菌実験と生化学実験との厳密さの違い

生化学実験と違い，大腸菌培地で使用する水は一次純水（RX水など）にする．活性炭とイオン交換処理した精製水でも全く問題ない．完全合成培地をつくるとき，超純水では増殖に必要な微量元素（マグネシウム，イオウ，亜鉛，など）がないため，菌の増殖は非常に遅くなるので精製水を使う〔コツ：RX水以上の純水を使うときは，水道水を1滴加えると菌の増殖がよくなるという迷信（？）がある〕．

半合成培地作製の場合，試薬の秤量や水の計量は数％の誤差以内であれば全く問題ない．これは栄養分がすでに十分足りているという理由による．細菌の増殖した菌液1 mlを100 mlに入れるなどというときも，計量器を使えば気楽にやってよく，生化学実験のように1.00 mlを100.0 mlにするなどという気づかいは必要ない．

器具の洗い方も，汚れがほとんどついていないものであれば，すぐ水洗すれば洗剤やブラシの使用は必要なく，水道水すすぎの後，一次純水で2～3回すすげばよい．

2-2　液体培地と培養器具

LB培地を例にとり，培地作製法のプロトコールを示す．

＜LB　400 mlの作製＞

① [*1]酵母エキス2 g，トリプトン4 g，食塩[*2] 4 gをビーカーに入れ，水（精製水あるいはRX水）を入れる[*3]．
▼
② スターラーで撹拌し溶けたらpH試験紙を使い（だいたい酸性になっているので），1～6 N水酸化ナトリウムを加え，pH＝7.0にする．
▼
③ 2 lの三角フラスコに入れ，フタ（アルミホイルを4枚重ねにするなど）をする．
▼
④ オートクレーブ（121℃，20分）する．
▼
⑤ 少し冷めてから取り出し，冷暗所に保存する．

＊1：2 l三角フラスコに直接試薬を計りとってもよい
＊2：試薬を使う．市販の食塩にはマグネシウム塩などが混在しており，オートクレーブで白濁する
＊3：微粉末が飛び散りやすいので注意

つくった培地は培養用容器に入れるが，その量は容器の満杯量の10〜20%以下を目安とする．20 mlチューブであれば2 ml，2 l三角フラスコであれば〜400 mlまでが標準である．この量は振盪器のタイプによっても異なり，往復タイプであればさらに少なくしなくてはならない（跳ねてこぼれるので）．

培養器具は試験管（10〜200 ml）か三角フラスコ（マイヤーともいう，100 ml〜5 l）を使う．撹拌効率を高める目的の特別な三角フラスコ（ヒレ付きフラスコやヒダ付きフラスコなど）もある（図9-4）．フタはアルミホイル，発泡シリコン栓（商品名シリコセン．高価だが優れている．乾熱滅菌も可），アルミキャップ，綿栓〔綿（水をはじく青梅綿．フトン用）を使って自作する〕などを使用する．多数の試験管に少量ずつ入れる場合には分注器を使うとよい．フタをしてからオートクレーブし，冷めたら冷暗所に保存する[e]．

[e] 数日間室温で置いておいてから使う方が，コンタミチェックができてよいということもある．

数カ月間は保存できる．一緒にオートクレーブできない試薬（下記）は冷めてから無菌的に加えるが，加える量が少しであれば液の増加はとりあえず無視する．

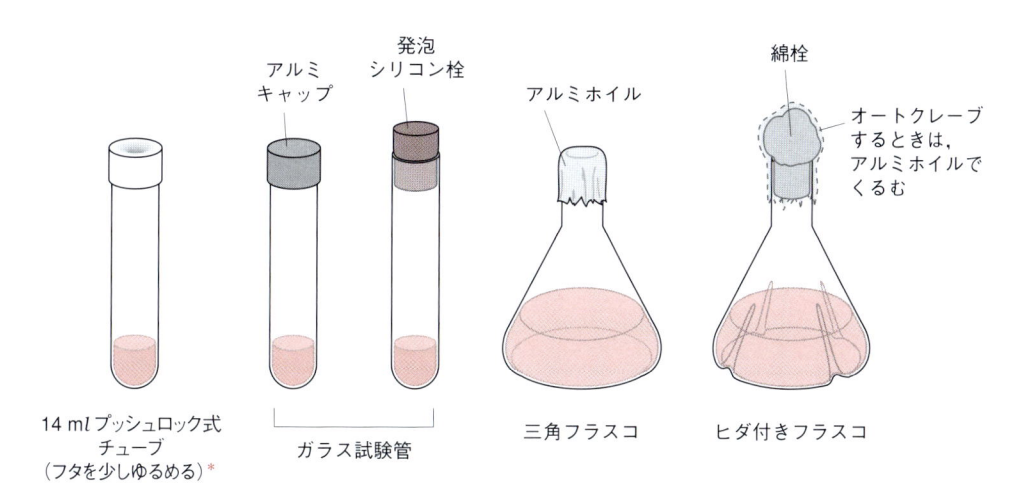

14 mlプッシュロック式チューブ（フタを少しゆるめる）*
ガラス試験管（アルミキャップ／発泡シリコン栓）
三角フラスコ（アルミホイル）
ヒダ付きフラスコ（綿栓，オートクレーブするときは，アルミホイルでくるむ）

*プラスチックなので，オートクレーブした培地を無菌的に分注して使う

図9-4 液体培養用の容器とフタの種類

2-3 寒天培地とプレートの作製（図9-5）

1.5%（あるいは2.0%）の寒天粉末を加えてからオートクレーブし，突沸や火傷に注意して冷まし，寒天を均一にしてから使用する（6章参照）[f]．必要な添加物はこの時点で加える．

[f] 使い切らずに残って固まった培地の再溶解は，ごく短時間オートクレーブで行う．試薬ビンに入っている場合は電子レンジ加熱が便利．

プレートづくりには水平台など，水平な場所が必要である．直径9 cmの丸型シャーレ（ペトリ皿ともいう）をフタを上にして並べ，バーナーで三角フラスコの口をあぶってから，目分量で15〜20 mlずつ分注する（図9-6）．炎のそばで操作し，シャーレのフタを開ける時間は短くする．10〜60分で固まる（室温次第）．気泡の入ることがあるが，固まる前にガスの炎，あるいは焼いた白金線で触って泡を消す（図9-7）．研究室で決めたルールに従って，シャーレの身の側面にフェルトペンで線を引き，何のプレートかがわかるようにする（筆者の研究室では赤はアンピシリン入りLB）．プレートは1日程度室温に置いて

図9-5 プレート作製法

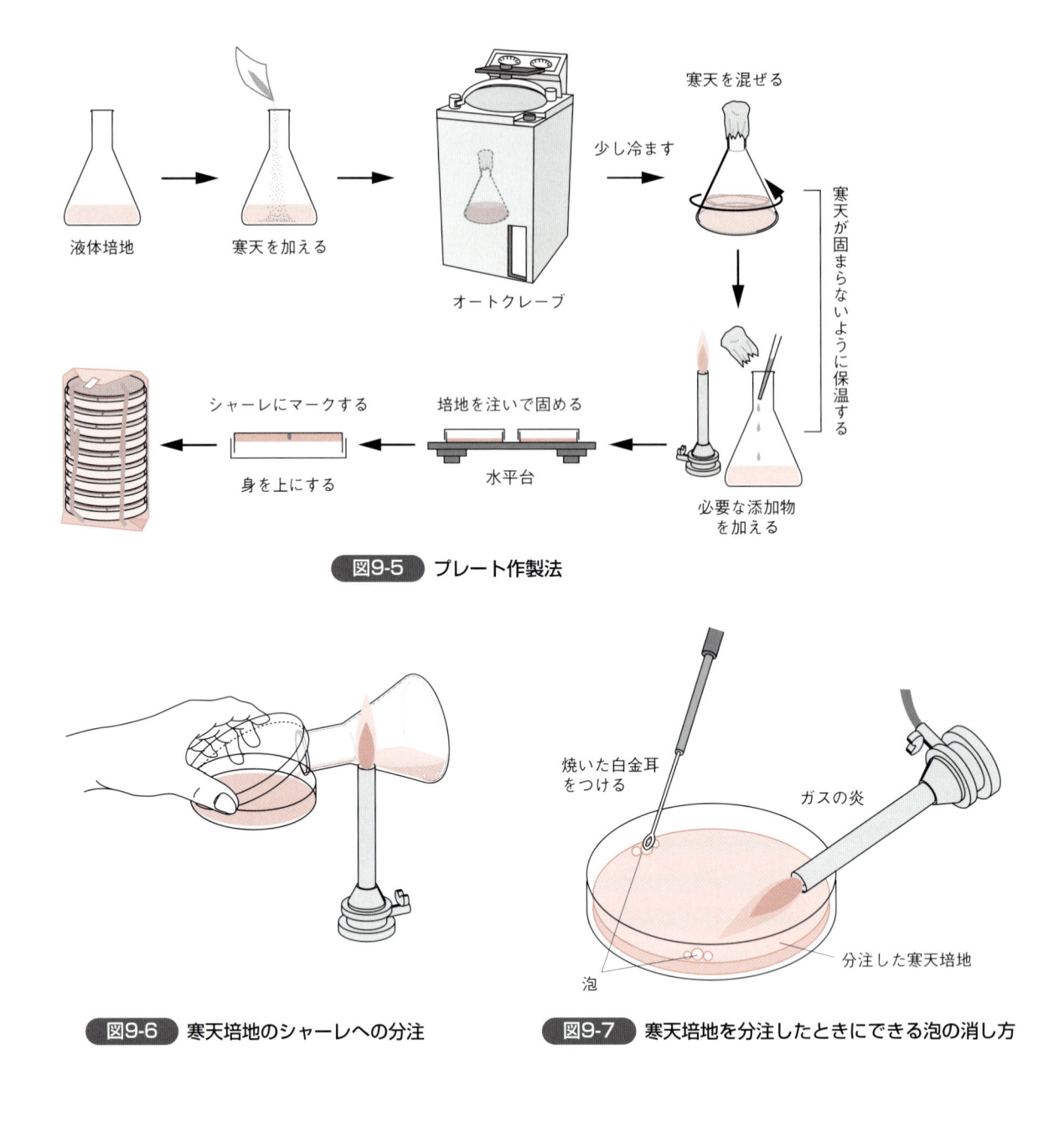

図9-6 寒天培地のシャーレへの分注

図9-7 寒天培地を分注したときにできる泡の消し方

おく．コンタミチェックにもなるし，少し水分が抜けて使いやすくなる．その後は乾燥しないようにビニール袋に包み，冷蔵庫で保存する．

3 培地と一緒にオートクレーブしないもの

3-1 別途添加

　　　培地とは別に滅菌し，後から加える試薬があるが，それらは一緒に加熱すると沈殿してしまう塩類と，それらが熱に不安定で変性・分解するものに分けられる．このような試薬は下記のように準備する．別途添加試薬はまずそれ単独でオートクレーブするか，フィルター滅菌（少量の場合便利）しておく．熱安定性があまり高くないものは短時間オートクレーブ（1〜5分間）という方法もある．熱で分解するものはフィルター滅菌する．有機溶媒に溶けている場合は通常滅菌の必要はない．

以下にいくつかの例を示す．①塩類：カルシウム塩，マグネシウム塩があると沈殿を生ずる．オートクレーブかフィルター滅菌する．②糖類：マルトース（ファージの実験で使用する）やグルコースは培地と一緒に加熱すると変質するので，フィルター滅菌する．オートクレーブも可．③アミノ酸：なかに熱不安定なものが多く，短時間オートクレーブかフィルター滅菌する．④その他：チミン／チミジンのような塩基／ヌクレオシドやその誘導体，代謝調節物質，金属塩なども，基本的には培地と一緒にオートクレーブしない．

3-2 抗生物質

ほとんどの抗生物質試薬は熱に不安定で，オートクレーブできない．試薬を水に溶かす場合，製品粉末は滅菌されたガラスバイアルに入っていることが多い．まずゴムのフタをしたまま滅菌水を注射器と針でバイアルに注入して溶かし（このとき必ず空気を少し入れる．針は抜かない），その後針で溶液を吸い取る（図9-8）．有機溶媒に溶かすものも同様である．操作はクリーンベンチ内で行う．バイアルに入っていない試薬の場合には，予防的措置としてフィルター滅菌する．溶けた試薬をエッペンなどに少量ずつ分注し，−20℃で保存する．各薬剤は表9-3に示す濃度で培地に加える．大部分の抗生物質は培地との混合後比較的速やかに分解してしまうので，加える濃度は作用濃度よりも高くなっている（表9-3）．テトラサイクリンは光で分解されるので，試薬や培地は遮光する（培養中も光を遮る）．

表9-3　大腸菌の培地に加えられる抗生物質

抗生物質名	保存溶液 (mg/ml)	溶媒	使用濃度 (μg/ml)	使用範囲 (μg/ml)
アンピシリン	100	滅菌水	100	20〜200
カナマイシン	20	滅菌水	20	10〜50
ストレプトマイシン	10	滅菌水	10	10〜50
クロラムフェニコール	30	エタノール	30	30〜170
テトラサイクリン	20	エタノール	20	10〜50

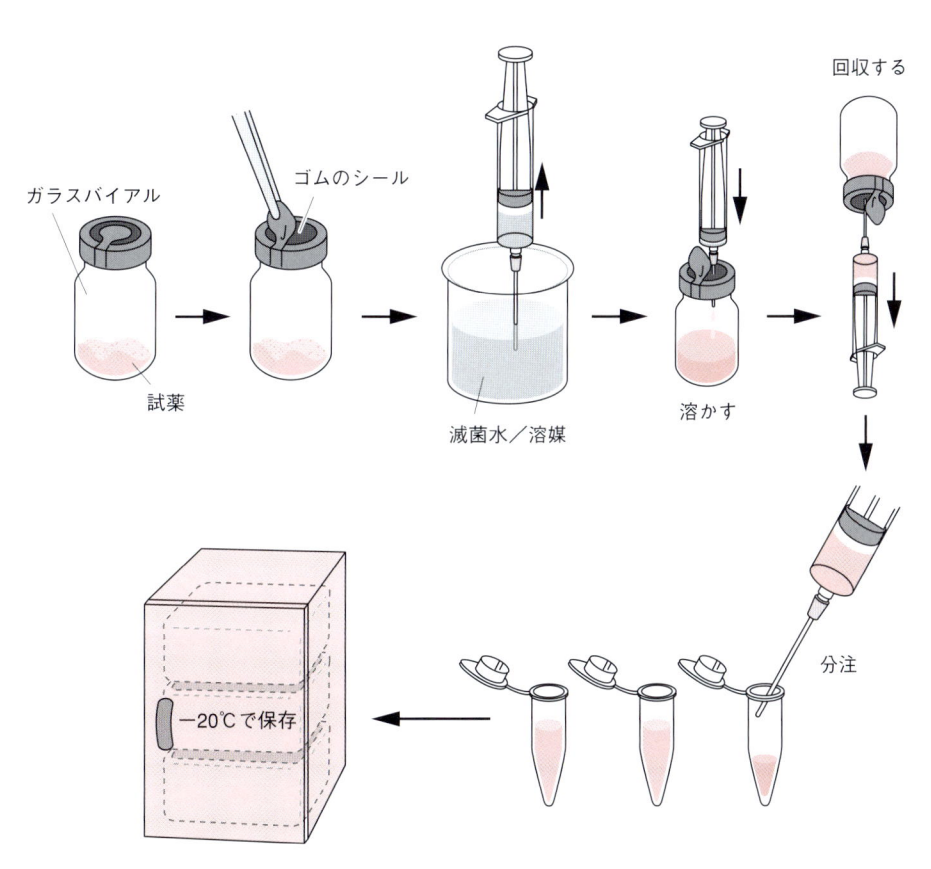

図9-8　バイアルに入っている抗生物質の溶液調製
これらの操作をクリーンベンチ内で行う

3-3 カラーセレクション（ブルーホワイトアッセイ）用試薬

IPTG（isopropyl 1-thio-beta-D-galactoside）は0.1M溶液（0.1g/4.2 ml）をつくり、ろ過滅菌後小分けして冷凍保存する。培地には0.1％容量加える。プレートに染み込ませて使用する場合、20〜50 μlを無菌的にコンラージ棒（下記）で広げる（図9-9）。X-gal（5-bromo-4-chloro-3-indolyl-beta-D-galactoside）はDMF（N-N-dimethylformamide）に溶かして2％溶液とし、そのまま小分け・凍結保存する。培地には0.2％容量加え、プレートに染み込ませる場合には30〜50 μlを用いる。

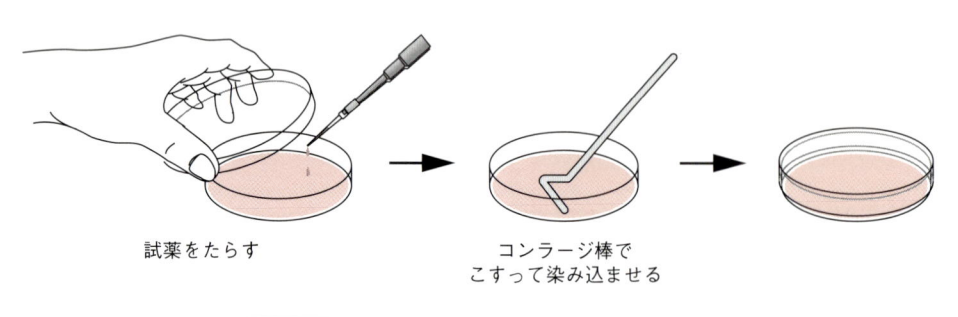

図9-9 プレートに試薬を染み込ませる方法

4 植菌器具

4-1 白金耳／白金線

白金耳（ループ）は5〜10 cmの白金線（あまり細くないもの。ニクロム線でもよい）の先を丸め、専用のホルダーに取り付ける。単なる白金線も使用するが、先を尖らせるため、ガスバーナーで赤熱しながら引き切る（図9-10）。使用する場合まず火炎滅菌する。炎に入れるときは急に酸化炎で熱せず、まず還元炎で温め、その後で酸化炎で赤熱する（図9-11）。こうしないと付着している菌が「パシッ！」と飛び散る。菌液やコロニーに触る前にガラス面や菌の生えていない寒天培地部分に触って冷ます。その後で菌液かコロニーに触れて菌をつける。滅菌済みのディスポループやスティックもある。

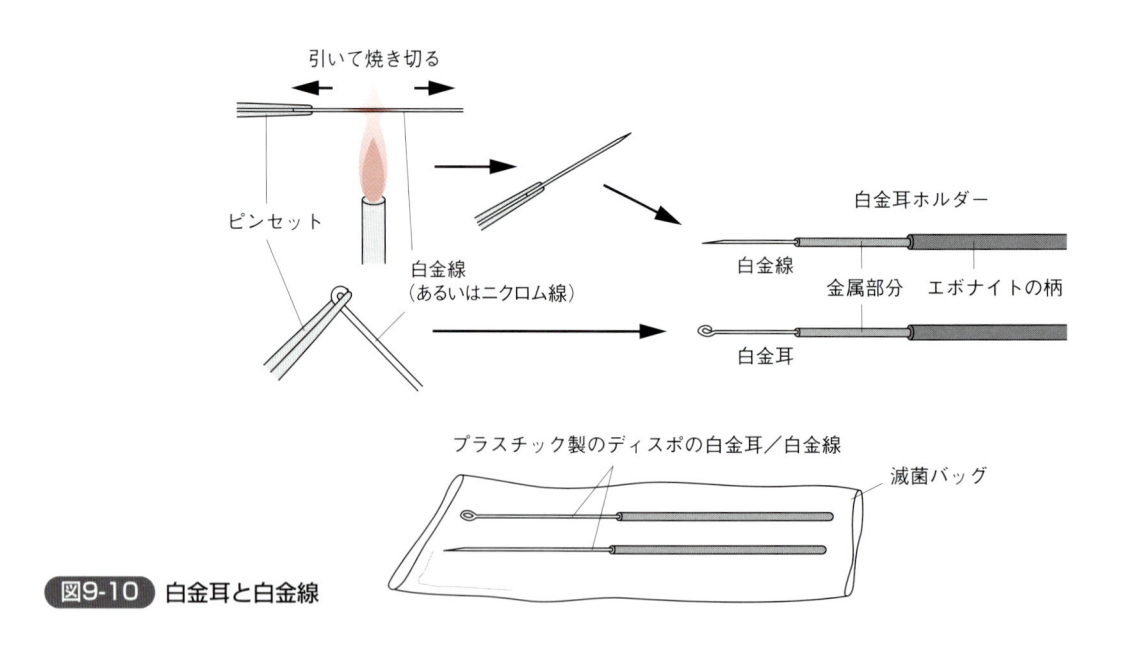

図9-10 白金耳と白金線

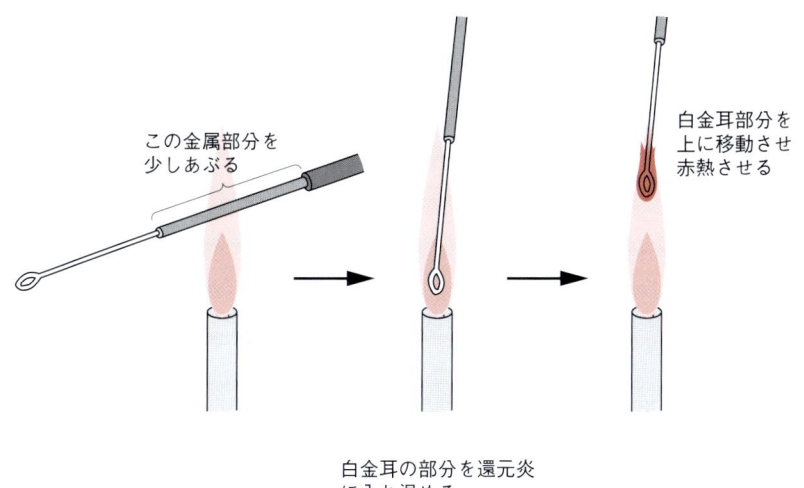

図9-11 金属製白金耳の処理の仕方

4-2 楊枝／竹串／チップ

爪楊枝や竹串をビーカーや試験管に入れてオートクレーブし，乾燥してから使用する（図9-12）．火には入れない．コロニーを突っつき，それで菌を移し取る[g]．ピペットマンチップも，使いにくいが代用できる．

[g] マスタープレート：多くのコロニーが出ているプレートからコロニーを1つずつ拾って新しいプレートに植え直し，通し番号で整理してマスタープレートとする．シャーレの裏に番号を書いた紙を貼ると，菌を塗るときに便利．付録参照．

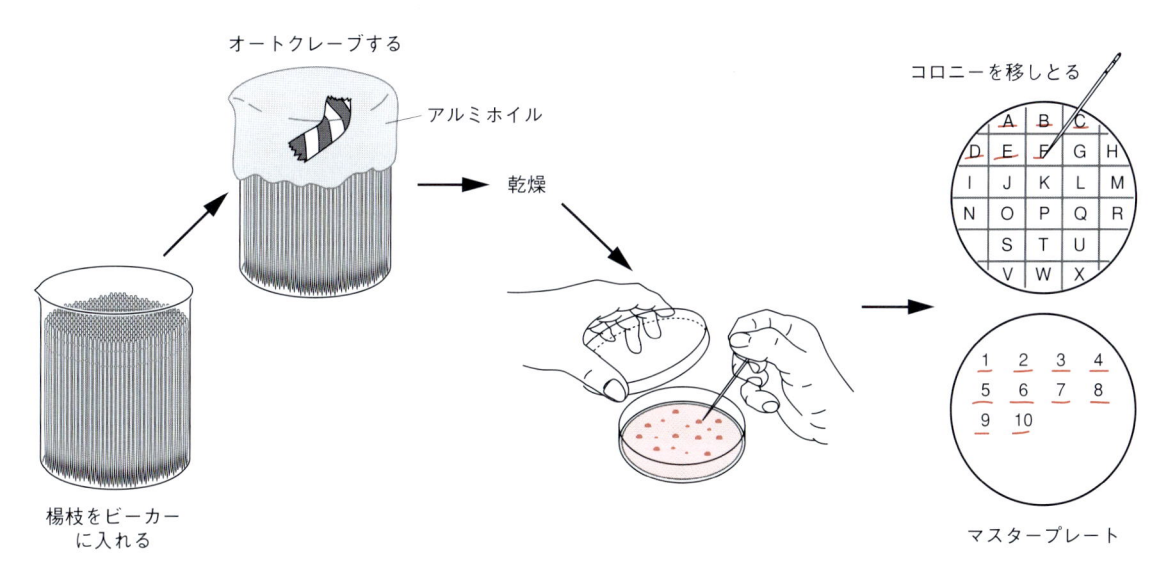

図9-12 楊枝の使用とマスタープレート作製

5 培養の実際

培養を開始するときはベンチを清潔にし，人通りを制限し，ガスをつける．ガスの炎を少し大きくし，操作中に落下細菌が入り込まないように注意を払う．燃えやすいものは遠ざけ，培養容器のフタを開いている時間は短時間にする．

5-1 液体培養と振盪器

菌を小規模培地に植え込む場合，白金耳の先がコロニーに触れる程度の菌量があれば十分である（図9-13）．試験管培養の場合，振盪器（シェーカー）を使う（図9-14）．水相式の方が温度が安定だが，「菌を増やせばよい」ということであれば気相式のもので十分である．専用の機械がなかったら，卓上型シェーカーを孵卵器（インキュベーター）に入れて使う．振盪の強さの目安は「機械が安定なこと」「よく撹拌でき，空気が十分取り入れられること（これをエアレーションという）」「培地がこぼれないこと」とする．ただ，「どっちにしろ，時間が経てば菌は増えるから」ということで，撹拌を最適条件よりも緩やかにすることもある．ダッグローター（5章参照）のような機械でゆっくり撹拌してもとりあえず菌を増やすことはできる（要は菌が沈殿しなければよい）．条件により異なるが，およそ37℃一晩で定常状態まで増殖する．

大量培養（～100 ml以上．三角フラスコで行う）の培養(h)は，コンタミ防止と増えるまでの時間を短縮する目的で，試験管培養の菌をスターターとし，これを大型培地に移して培養を開始する．抗生物質はこの時点で加える．

> (h) 大量培養に抗生物質は必要？：必要ではあるが，これは培養の開始時に雑菌の増え出しを防止する意味あいが強い．菌が増えて濁ってくると，培地中の抗生物質（特にアンピシリンなど）は急速に分解される．

培養には大型シェーカーを用いる．上記の注意はもとより，フラスコをセットする位置が振盪するプラットフォームの上で重さが対照になるようにする．

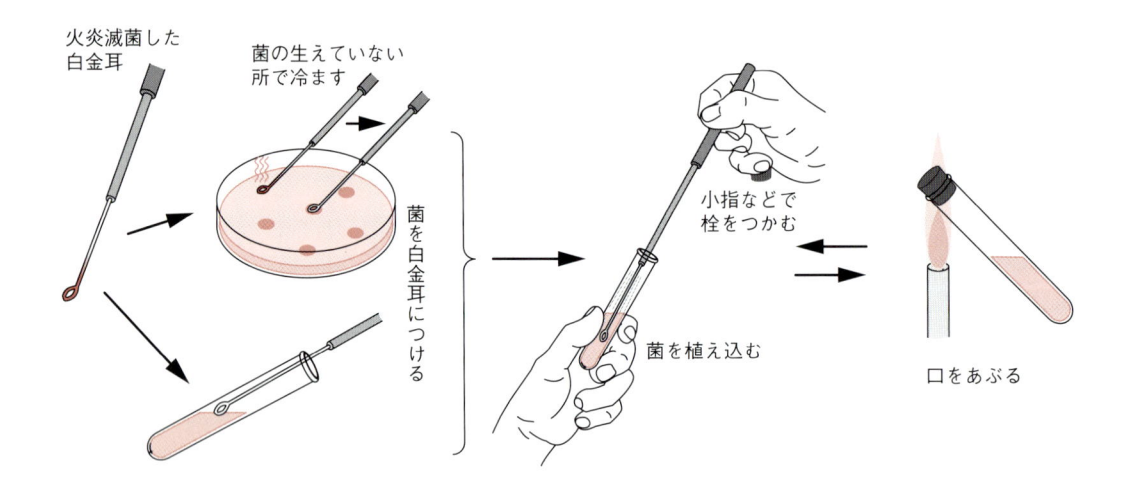

図9-13 白金耳による液体培地（試験管）への菌の植え込み

小型シェーカー

ダッグローター（ローテーター）
（ゆっくり回す）

大型シェーカー

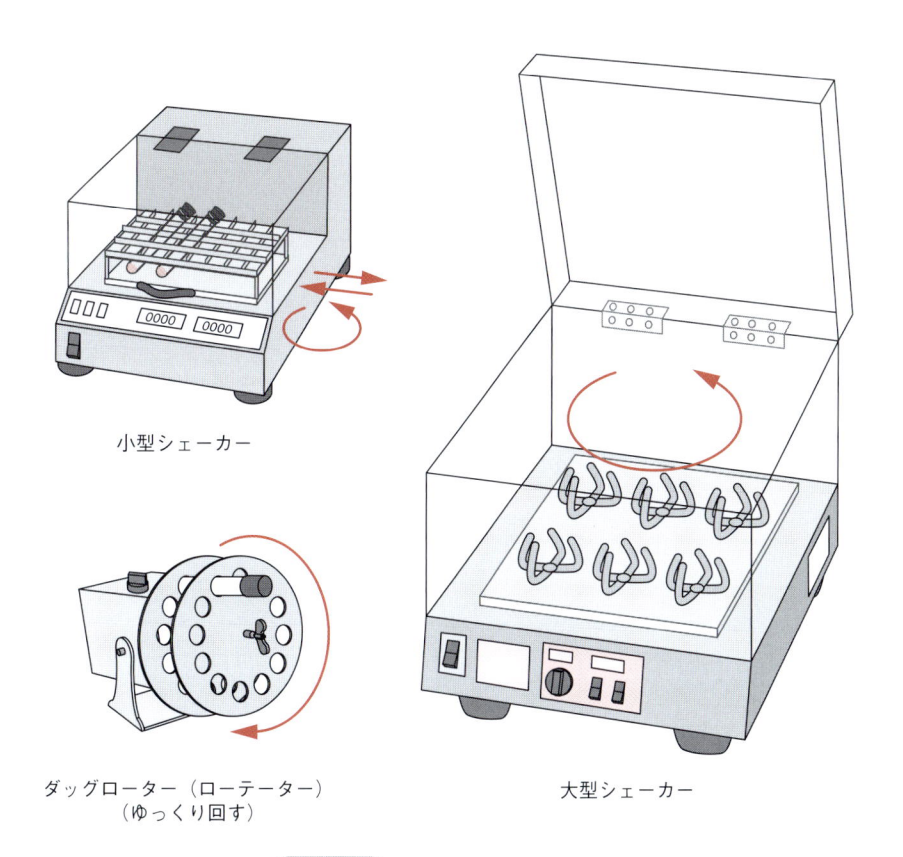

図9-14 液体培養用シェーカー

5-2 プレートによる培養

　はじめにプレートを冷蔵庫から出し，50〜55℃の乾燥機で30分間静置して培地を乾燥させる（図9-15）．このとき使用する孵卵器はファンのない自然対流型にする．クリーンベンチに入れ風を当てて乾かす方法もある．乾燥操作が結果に影響を与えることはないが，乾燥を行わない場合，後で水分が落ちるというトラブルや，大量の液を染み込ませにくいという不都合が起こる．プレートでの培養は画線培養（ストリーキング）といわれる（図9-16）．シャーレは身の部分を上にして置き，身を手でもち（少し斜上に構える），白金耳を軽く押し付けながら菌を塗る．一度塗ったところを触らないように「一筆書き」をすると，コロニーが離れて出るので「分離培養」ができる（コンタミ菌が混ざっている可能性のある場合は必須）．純粋な菌を大量に増やす場合はこういう気遣いはいらない．

　菌液を全面に塗り広げる「塗り広げ培養」の場合，プレート上に菌液（最大2〜3 ml）をたらし，100％エタノールに浸けておいたコンラージ棒（スプレッダー）を軽く火で焼き（炎が出るが，消えてから使う），それで塗り広げる（図9-17）．全体を軽く何度も擦るようにして液を染みこませるが，ターンテーブルを使うと効率的である．

　マスタープレート作製など，菌を少しつければよい場合は1 cm程度，楊枝で画線する（図9-12）．植菌後，シャーレの身にマーカーでラベルし，身を上にして37℃の孵卵器で培養する．通常6〜8時間でコロニーが出はじめ，一晩で直径1〜2 mm程度になる．

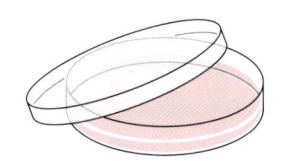

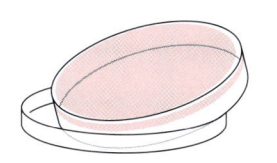

図9-15 インキュベーターの中でのプレートの乾燥（シャーレの置き方）

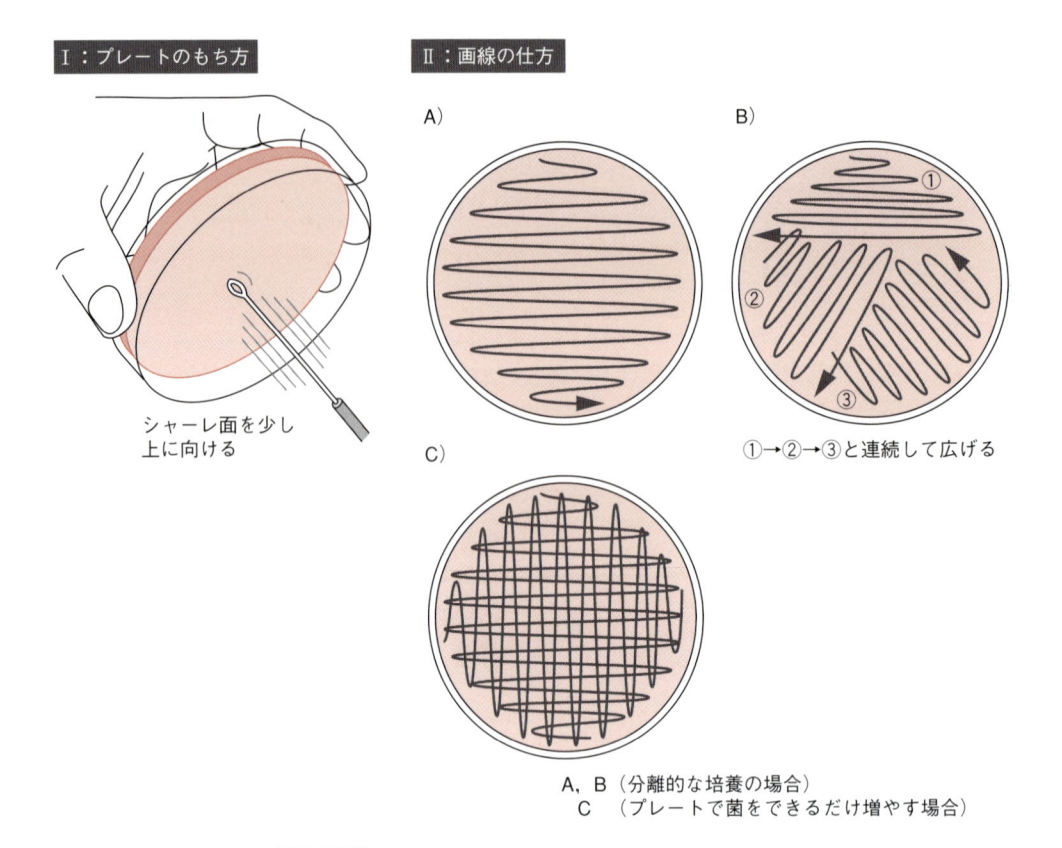

Ⅰ：プレートのもち方　　Ⅱ：画線の仕方

A)

B)

①→②→③と連続して広げる

C)

シャーレ面を少し上に向ける

A，B（分離的な培養の場合）
C　（プレートで菌をできるだけ増やす場合）

図9-16 白金耳を用いた画線培養

コンラージ棒

100%エタノール

火をつける

(菌)液をプレート上に落とす

火が消えてから

シャーレを手で回しながらコンラージ棒を往復運動する

プレート用ターンテーブル

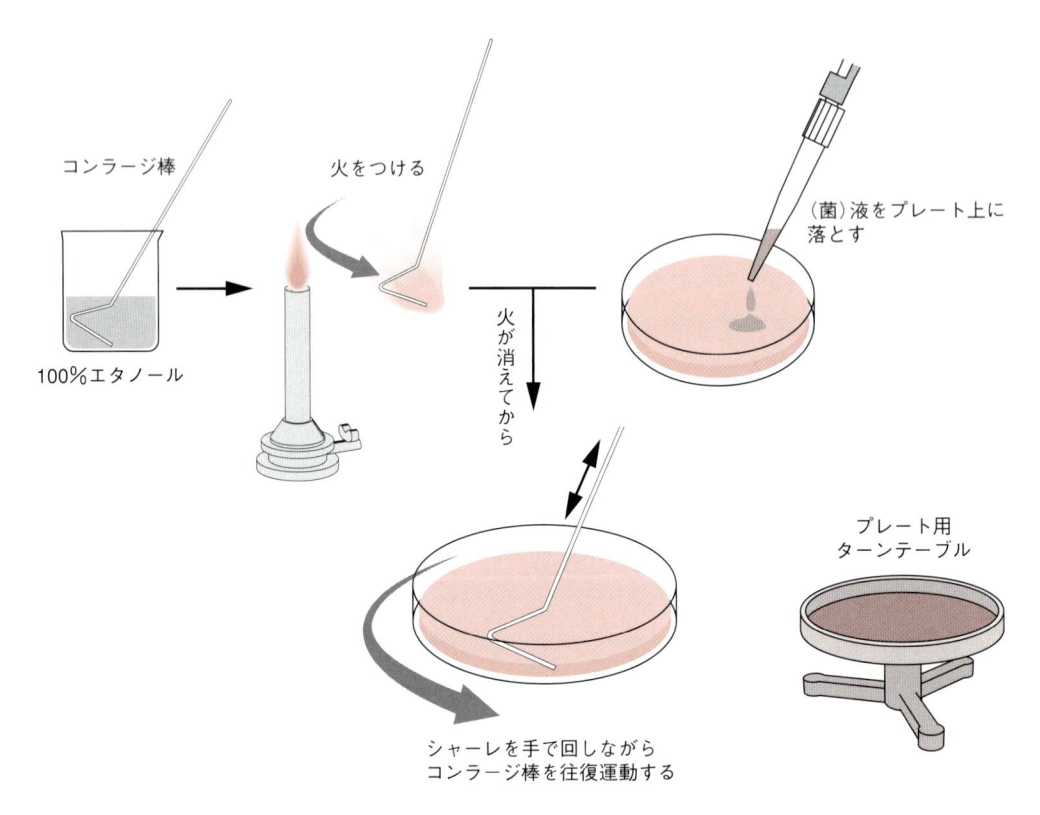

図9-17 コンラージ棒（スプレッダー）の使い方

6　液体培養からの集菌

　試験管培養であればデカンテーションで全量をエッペンに移し，微量遠心機で遠心して集菌する．遠心機は冷やした方がよい．デカンテーションで上清を除き，ティッシュペーパーの上に5～15分間逆さ立てして残液を切る．アスピレーターを使用してもよい（図9-18）．エッペンに入れられない容量～大量培養の場合は，遠沈管に菌液を入れ，低温で遠心分離する．遠心時間は4,000 rpm-20分，10,000 rpm-7分，15,000 rpm-4分程度は必要．徹底的に回収したい場合は遠心を少しきつめか長めにする．集菌した菌の沈殿を懸濁する場合，少なければ懸濁液を入れてからボルテックスミキサーなどで混ぜ，多ければガラス棒などを使ってほぐす．

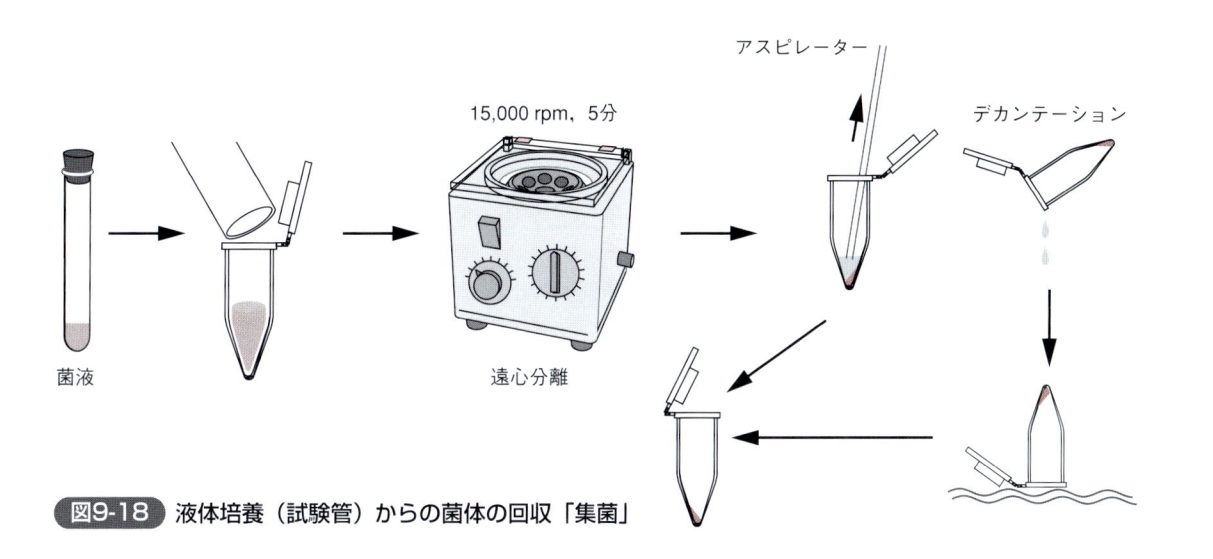

図9-18　液体培養（試験管）からの菌体の回収「集菌」

7　菌株の保存

7-1　室温保存

　寒天濃度を低く（0.7％）した軟寒天培地を無菌的に小型ネジブタ試験管に入れてスタブ（3～4 cm高）をつくり，ここに菌のついた白金線を上から2～3カ所刺す．乾燥防止のために口を厳重にシールする．ロウを溶かしたものを口の周りに垂らす方法がある（図9-19）．この状態で室温で保存する．乾燥しなければかなり長く保存できる．プラスミドが落ちやすいので注意する．

7-2　プレートのままの保存

　最も簡便な方法．実験で使用した菌の生えたプレートやマスタープレートなどをパラフィルムでシールし，冷蔵庫にフタを下（上にすると水滴が付き，落ちる）にして静置する（図9-19）．1～2カ月保存できる．

7-3　グリセロールストック

　3～5 mlの滅菌済みネジブタ付きチューブなどに，菌液と終濃度15～20％になるように

図9-19 さまざまな菌株保存法

A) 室温保存 / B) プレート保存 / C) グリセロールストック法 / D) 凍結乾燥

図9-20 ファージ（バクテリオファージ）液の保存

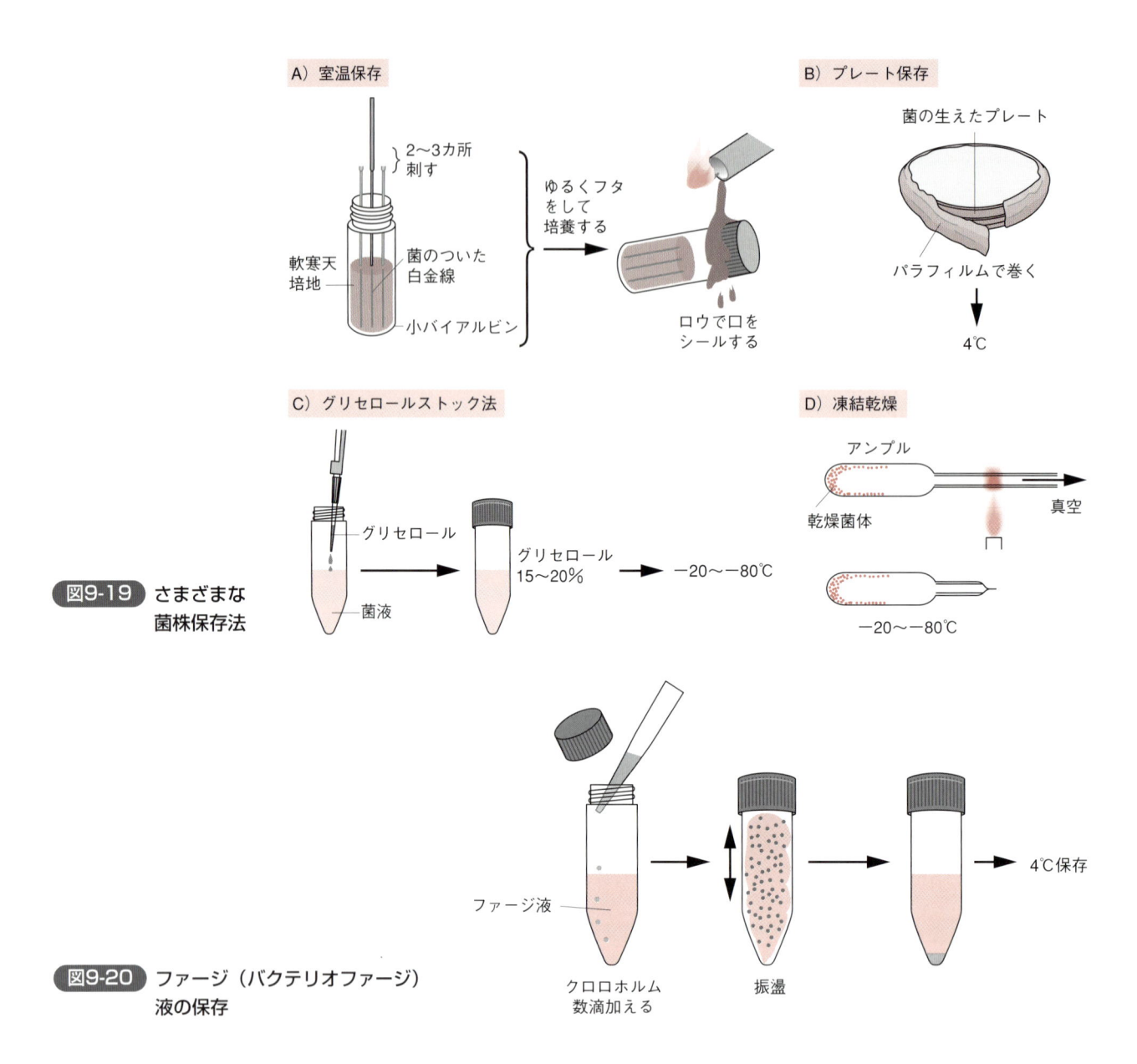

オートクレーブしたグリセロールを入れ，よく混合した後，−20〜−80℃のフリーザーに保存する（図9-19）．数年間は保存できる．グリセロールは85%濃度のものを用意しておくと扱いやすくて便利である．

7-4　その他の方法

ガラスアンプルに菌液を入れ，凍らせた後で凍結乾燥機にかけ，真空のままガスバーナーでアンプルをシールする．−20〜−80℃のフリーザーに保存する（図9-19）．半永久的に保存できる．

> **memo** ファージの保存：ファージ（バクテリオファージ）は細菌に感染するウイルス．大腸菌実験で使われるファージは，クローニングベクターとしてのラムダファージかその誘導体（ライブラリーなども含まれる），およびDNAのジデオキシシークエンシングで一本鎖DNAをつくるときに使用されるM13ファージかその誘導体である．ファージは細菌を溶かしてその上清に出てくる（ファージ懸濁液）．細菌と異なりファージはクロロホルムに抵抗性があるので，保存するときはファージ液にクロロホルムを数滴加えよく撹拌して（殺菌される），そのまま冷蔵庫に保存する（図9-20）．DMSOやグリセロールを入れて凍結保存する方法もある．

第10章 ラジオアイソトープ実験

ラジオアイソトープ（RI）は，検出感度のよさから研究の必須アイテムとして重要な位置を占めている．ただ一定の危険性があるため，性質を知ったうえで規則の範囲内で用いなくてはならない．本章ではRIとその使用基準について解説する．

1 ラジオアイソトープ（放射性同位元素）と放射能

1-1 核種と崩壊

元素が何であるかは，原子核に含まれる陽子数によって決まる．原子核は陽子と中性子が結合してできているが，陽子数と中性子数で表される原子を核種という（例 水素：^1_1H，重水素：^2_1H，三重水素：^3_1H）（図10-1）．陽子数が同じでも中性子数が異なるものを同位体（アイソトープ）という．エネルギー状態の低い同位体は安定だが（安定同位体：窒素15，重水素など），高いものは不安定で，崩壊（あるいは壊変：放射線を出して原子核組成が変化すること）して別の核種に変化するが，このような核種を放射性同位元素（ラジオアイソトープ：RI）という．放射線には3種類〔α（アルファ）線，β（ベータ）線，γ（ガンマ）線〕などがあるが，放射線を論じる場合はその量（線量）と強さ（エネルギー），そして崩壊頻度（半減期）がポイントとなる．

A）さまざまな水素の同位体

^1_1H：水素（陽子＋中性子数／陽子数，元素記号）

^2_1H：重水素（安定同位体）

^3_1H：三重水素［トリチウム］（放射性同位体：RI）

B）放射線の種類

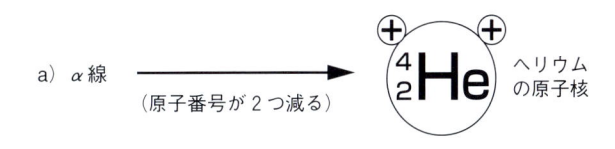

a）α線 →（原子番号が2つ減る）^4_2He ヘリウムの原子核

b）β（β⁻）線 → ⊖ 電子線（中性子が陽子に変わり，原子番号が1つ増える）

c）γ線 〜〜〜→ 電磁波

図10-1 アイソトープと放射線

1-2　放射線の種類

α線はヘリウムの原子核（$^4_2$He）で，陽電荷をもち重いため，空気中でもほとんど進まない．α崩壊した核種は原子番号が2つ少ない元素になるが，バイオ実験で登場することはまずない．β線は電子（陰電子：e^-）線で，中性子が陽子に変換するときに放出される．$β^-$崩壊後は原子番号が1つ増える．原子核から陽電子が出て，陽子が中性子になる$β^+$崩壊という形式もある．γ線はX線と同じように電荷をもたない短波長の電磁波で（X線より波長が短くエネルギーが強い），励起した原子から放出されるが，α崩壊，β崩壊，あるいは軌道電子捕獲（EC）に伴っても放出される（図10-1）．

1-3　半減期

RIは崩壊（decay）しながら減少する．一定時間に崩壊する数を放射能（放射活性：radioactivity）といい，単位にはベクレル（Bq）を用いる〔古いキューリー（Ci）という単位もまだ使われる〕（図10-2）．放射能が半分になる時間を半減期といい，核種に固有で温度や圧力に影響されない．^{14}Cのように半減期が5,760年という長いものから，^{131}Iの8日という短いものまでさまざまである．半減期の10倍で放射能は約0.1%になる．

①　壊変（崩壊）
- $3.7×10^{10}$ dps（壊変／秒）＝1 Ci（キューリー）
- 1 Ci ＝ $37×10^9$ Bq（ベクレル）
  1 μCi ＝ 37 KBq
  1 mCi ＝ 37 MBq

②　エネルギー
- 1 MeV（メガ電子ボルト）＝ $1×10^6$ eV
  　　　　　　　　　　　　＝ $1.6×10^{-6}$ erg（エルグ）
  　　　　　　　　　　　　＝ $3.7×10^{-14}$ cal（カロリー）

③　照射線量
- 1 R（レントゲン）＝ $5.24×10^{13}$ eV
  　　　　　　　　　＝ 83.8 erg/g（空気）

④　吸収線量
- 1 rad（ラッド）＝ 100 erg/g
  100 rad ＝ 1 Gy（グレイ）

⑤　線量当量
- 1 rem（rad equivalent man：レム）＝ 1 rad×RBE
  100 rem ＝ 1 Sv（シーベルト）
  　　　　＝ 1 J（ジュール）/kg

RBE（生物学的効果比）
＝ [一定効果を得るのに必要なX線かγ線の吸収線量] ÷ [同じ効果を得るのに必要な放射線の吸収線量]

図10-2 放射能に関する単位

1-4　エネルギーと飛程

放射線がどれくらい進むことができるか〔飛程（運動エネルギーを失うまでに進む距離）〕はRI取り扱いの重要な指標になる．放射線がもつエネルギーはeV（電子ボルト）で表されるが（図10-2），トリチウムのβ線は0.019 M（メガ）eV，^{32}Pのβ線は1.7 MeV，^{60}Coのγ線は0.14 MeVである．飛程は質量の大きな物質の中ほど短くなる．β線は荷電粒子なので飛程はあまり長くない．^{14}C（0.16 MeV）は水中で数cmは進むが，1 mmのアクリル板ではほとんど阻止される．トリチウムは空中でもほとんど進まない．エネルギーの大きい^{32}Pはガラス中を数mm程度（鉛だと1 mm程度）進むことができる．γ線は荷電のない電磁波で，物質を通り抜ける性質が強く，^{131}I（0.64 MeV）は鉛中を1〜2 cm進む（図10-3）．

A）β線の遮蔽

β線のエネルギー (MeV)	半分にさせるのに必要な 1cm²あたりの重さ (mg)	半分にさせるのに必要な厚さ (mm)		
		水	ガラス (d=2.5)	鉛
0.1	1.3	0.013	0.025	0.0011
1.0	48	0.48	0.192	0.38
2.0	130	1.3	0.52	1.1
5.0	400	4.0	1.6	4.2

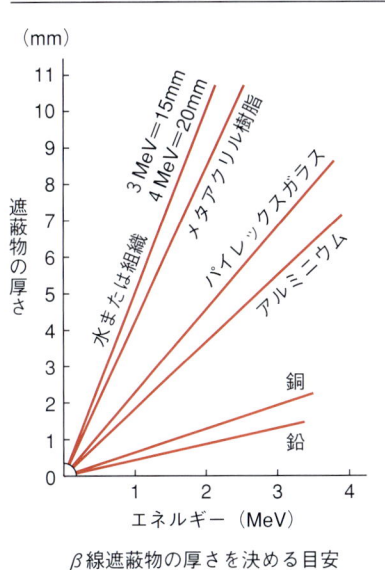

B）γ線の遮蔽

γ線のエネルギー (MeV)	鉛		水	
	半価層	1/10価層	半価層	1/10価層
0.5	0.4	1.25	15	50
1.0	1.1	3.5	19	63
1.5	1.5	5.0	20	70
2.0	1.9	6.0	23	75

半価層：半分にさせる厚さ (cm)，1/10価層：1/10にさせる厚さ (cm)

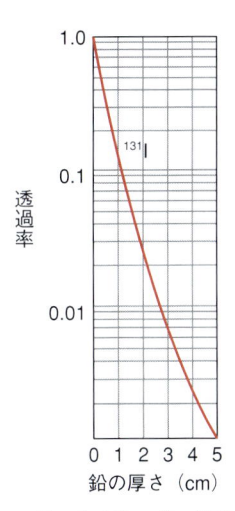

β線遮蔽物の厚さを決める目安

鉛による ^{131}I γ線の遮蔽

図10-3 β線とγ線の飛程と遮蔽

1-5　放射線の性質

　放射線は原子に衝突するとさまざまな形で原子を変化させる．一般には標的を活性化あるいはイオン化し，場合によっては電子や電磁波（γ線，X線，可視光）を出す．γ線が標的から軌道電子を飛び出させたり（光電効果），光子が標的から波長の長い光子と電子を放出させるなどの現象（コンプトン効果）も起こる．ウラン235（α線）や^{32}P（β線）のようなエネルギーの大きな荷電粒子が溶媒中を光速より速く進むとき（溶媒中ではこのようなことが起こる）周囲の溶媒を分極させ，分極が復帰するときに電磁波（光）が出る場合があり，この光をチェレンコフ光という（核燃料の貯水槽が青白く光るのはこのため）．

2　RI実験の基礎

2-1　RIを使用する理由

　RIは生物学実験のなかで主にトレーサー（当該分子の反応や移動を追う）として使われる．特殊なトレーサー実験の1つに，目的分子の代謝過程を追うパルス・チェイス実験という方法がある．培養細胞や試験管反応系にRIを加えてRIを取り込んだ目的分子を調製することも重要な実験法の1つである．RIは励起状態にあるため，hot（ホット）と比喩される（通常分子はコールドという）．核酸では蛍光色素を使った標識実験（規制がない）が盛んに行われるが，それでもなお厄介なRIが使われる理由は，RIが感度よく検出でき，目的分子に余計な化学基が付いていないという利点による（場合によっては蛍光色素より安定である）．

2-2 バイオ実験で使用される核種

バイオ実験で汎用される核種はそれほど多くない（表10-1）．有機物を標識する一般的な核種はトリチウム（^{3}H）とシー14（^{14}C）で，ヌクレオチド，糖，アミノ酸，塩基，生理活性物質，補酵素など，多くの化合物が製品として利用できる（同じ化合物でも，RIで標識される原子の部位に違いがありうる）．トリチウムは非常に弱いβ線を出し，その半減

表10-1 生物学で使用されるラジオアイソトープ

元素と質量数	崩壊形式	半減期	エネルギー（MeV） β線	エネルギー（MeV） γ線
^{3}H	β−	12.3 年	0.0185	‥
^{11}C	β+	20.5 分	0.95	‥
^{14}C	β−	5,760 年	0.156	‥
^{22}Na	β+, γ	2.6 年	0.58（90%）	1.3
^{24}Na	β−, γ	14.8 時間	1.39	1.38, 2.76
^{28}Mg	β−	21.4 時間	0.459	‥
^{31}Si	β−	170 分	1.8	‥
^{32}P	β−	14.3 日	1.71	‥
^{35}S	β−	87.1 日	0.169	‥
^{36}Cl	β+, EC, β−	3.1×10^5 年	0.71	‥
^{38}Cl	β−, γ	38.5 分	1.19（36%） 2.70（11%） 5.20（53%）	1.60（43%） 2.12（57%）
^{42}K	β−, γ	12.4 時間	2.04（25%） 3.58（75%）	1.4, 2.1
^{45}Ca	β−	165 日	0.260	‥
^{51}Cr	EC, γ	28 日	‥	0.323, 0.237
^{52}Mn	β+（35%） EC（65%）	5.8 日	0.58	1.0, 0.73 0.94, 1.46
^{54}Mn	EC, γ	310 日	‥	0.835
^{55}Fe	EC	2.94 年	‥	‥
^{57}Co	γ	270 日	‥	0.136（10%） 0.122（88%）
^{58}Co	β+（14.5%）, γ	72 日	0.472	0.805
^{59}Fe	β−, γ	46.3 日	0.46（50%） 0.26（50%）	1.3（50%） 1.1（50%）
^{60}Co	β−, γ	5.3 年	0.31	1.16, 1.32
^{64}Cu	EC（54%） β−（31%） β+（15%） γ+EC（1.5%）	12.8 時間	0.57（β−） 0.66（β+）	1.35（2.5%）
^{65}Zn	β+（1.3%） EC（98.7%）	250 日	0.32	1.14（46% of EC）
^{76}As	β−, γ	26.8 時間	3.04（60%） 2.49（25%） 1.29（15%）	1.705 1.20 0.55
^{75}Se	EC, γ	121 日	‥	0.076 − 0.405
^{82}Br	β−, γ	36 時間	0.465	0.547, 0.787 1.35
^{86}Rb	β−, γ	18.7 日	1.822（80%） 0.716（20%）	1.081
^{89}Sr	β−	51 日	1.46	‥
^{90}Sr	β−	28.5 年	0.61	‥
^{99}Mo	β−, γ	68 時間	1.3	0.75, 0.24
^{125}Sb	β−, γ	2.7 年	0.3（65%） 0.7（35%）	0.55
^{125}I	γ, EC	60 日	‥	0.035
^{131}I	β−, γ	8.1 日	0.605（86%） 0.25（14%）	0.637, 0.363 0.282, 0.08

EC：軌道電子捕獲

期は12.3年である（表10-2）.^{14}Cもβ線を出すがその半減期は5,760年と長い.ピー32（^{32}P）は強いβ線を出す核種で，半減期は14.3日である.エス35（^{35}S）は主にメチオニンやシステインなどの含硫アミノ酸としてタンパク質実験に使用される.^{35}Sのβ線のエネルギーは^{14}Cとほぼ同等だが，半減期は87.1日と短い.ヨウ素には^{125}I（γ線）と^{131}I（β線と一部γ線）のRIがある.γ線としては^{131}Iの方がエネルギーが大きい.甲状腺に蓄積するため甲状腺診断に使用されるが，ヨウ素が有機物に結合しやすい性質を利用し，核酸やタンパク質のポストラベル（下記）に使用される（ラベルされたタンパク質はラジオイムノアッセイにも用いられる）.

2-3 標識（ラベル）法

RIで分子を標識することを「ラベルする」といい，*in vivo*, *in vitro* 両方の方法がある.*in vivo*ラベルではRIが希釈されないよう，細胞や培養液から当該物質を減らす工夫が要る（例：アミノ酸標識では当該アミノ酸を欠く培地を用い，血清も透析する）.*in vitro*ラベルでは，目的分子を合成するときにRIを入れて反応させる場合と，でき上がった分子に本来はない原子団を付加するラベル法があり，後者をポストラベルという.核酸の*in vitro*標識には，末端の5′リン酸を標識する末端標識法と内部のリン酸を標識する内部標識法がある（図10-4）.

表10-2 生物学で用いる主要RIの時間経過に伴う減衰率

^{24}Na 半減期14.8時間		^{32}P 半減期14.3日		^{35}S 半減期87.1日		^{42}K 半減期12.4時間		^{131}I 半減期8.1日		^{3}H 半減期12.3年		^{125}I 半減期60日		^{45}Ca 半減期165日		^{51}Cr 半減期28日	
時間(hr)	残存量(%)	時間(days)	残存量(%)	時間(days)	残存量(%)	時間(hr)	残存量(%)	時間(days)	残存量(%)	時間(yrs)	残存量(%)	時間(days)	残存量(%)	時間(days)	残存量(%)	時間(days)	残存量(%)
1	95.4	1	95.3	2	98.4	1	94.6	0.2	98.3	1	94.5	4	95.5	10	95.9	2	95.2
2	91.1	2	90.8	5	96.1	2	89.5	0.4	96.6	2	89.3	8	91.2	20	91.9	4	90.6
3	86.9	3	86.5	10	92.3	3	84.5	0.6	95.0	3	84.4	12	87.1	30	88.2	6	86.2
4	82.9	4	82.4	15	88.7	4	80.0	1.0	91.8	4	79.8	16	83.1	40	84.5	8	82.0
5	79.1	5	78.5	20	85.3	5	75.6	1.6	87.2	5	75.4	20	79.4	50	81.1	10	78.1
6	75.5	6	74.8	25	82.0	6	71.5	2.3	81.2	6	71.3	24	75.8	60	77.7	12	74.3
7	72.1	7	71.2	31	78.1	7	67.6	3.1	76.7	7	67.4	28	72.4	70	74.5	14	70.7
8	68.7	8	67.8	37	74.5	8	63.9	4.0	71.0	8	63.7	32	69.1	80	71.5	16	67.3
9	65.6	9	64.7	43	71.0	9	60.5	5.0	65.2	9	60.2	36	66.0	90	68.5	18	64.0
10	62.6	10	61.5	50	67.0	10	57.2	6.1	59.3	10	56.9	40	63.0	100	65.7	20	61.0
11	59.7	11	58.7	57	63.6	11	53.9	7.3	53.4	11	53.8	44	60.2	110	63.0	22	58.0
12	57.0	12	55.9	65	59.6	12	51.2	8.1	50.0	12	50.9	48	57.4	120	60.4	24	55.2
13	54.4	13	53.2	73	56.0	12.4	50.0			12.3	50.0	52	54.8	130	57.9	26	52.5
14	51.9	14	50.7	81	52.5							56	52.4	140	55.5	28	50.0
14.8	50.0	14.3	50.0	87.1	50.0							60	50.0	150	53.3		
														160	51.1		

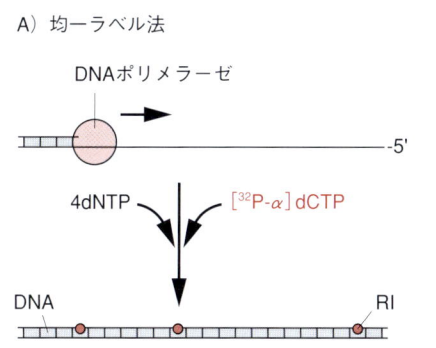

A) 均一ラベル法

DNAポリメラーゼ

4dNTP　[^{32}P-α] dCTP

B) 末端ラベル法

このほかにも［^{32}P-γ］ATPとポリヌクレオチドキナーゼを使う方法など，いろいろある

4dNTP　[^{32}P-α] dCTP

C) ポストラベル法

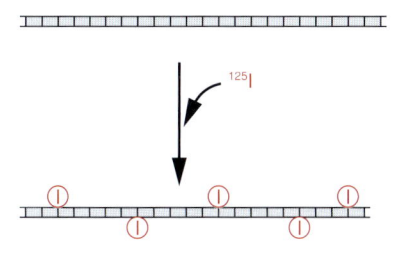

^{125}I

図10-4 DNAのさまざまなRIラベル（標識）法

2-4 RI製品の規格

RIは自然界にもいろいろ存在するが，実験に使われるものはサイクロトロンなどで人工的につくられる．反応の基質になるRI製品を選ぶ場合，RI原子が目的分子に移る（RI標識される）かどうかを確認する．ATPの^{32}P標識化合物では，^{32}Pがα，β，γ位のどの位置のリン酸にあるかが重要である〔例：合成するRNAに取り込ませる場合はα位（α-^{32}P）に，ポリヌクレオチドキナーゼでRNAの5´末端を標識する場合はγ位（γ-^{32}P）にRIがある必要がある〕（図10-5）．RIが到着したら添付データシートで次の項目をチェックする．(a) 放射能：まず放射能の量と，その量がいつの時点での値なのかをみる（購入日以後の日付になっている場合もある）．パッケージ単位としては，3.7 MBq（100 μCi）～37 MBq（1 mCi）が一般的．(b) 濃度：液量が記してあるので濃度がわかる．(c) 比活性（比放射能，specific activity）[a]：モル数あたりの放射能．RI製品は一定量の非RI分子を含む．放射能から用いる分子のモル数がわかる．(d) 溶媒：RIが溶けている溶媒が何かをチェックする．放射線は水中で化合物を分解するラジカルを発生させるので，製品によってはRIがエタノールなどの有機溶媒に溶けていることがあり，その場合はいったん溶媒を除く必要がある（溶液の上からガスを吹き付けて溶媒を蒸発させる，5章7-2参照）．安定化剤入りの，水溶液のままですぐに使える製品もある．半減期の短い核種の場合，日が経って減衰したRIは検出感度が落ちるだけではなく，放射崩壊で変化した核種が反応を阻害することがある（例：$^{32}_{15}$Pはイオウ$^{32}_{16}$Sに変化する）．

[a] RIの比活性：比活性の高いRIは，目的物質の放射能も高くなるので一般には優れている．しかし反応進行状況をモニターする場合はある程度の基質濃度が必要なので，比活性の低いRIが好まれる（図10-6）

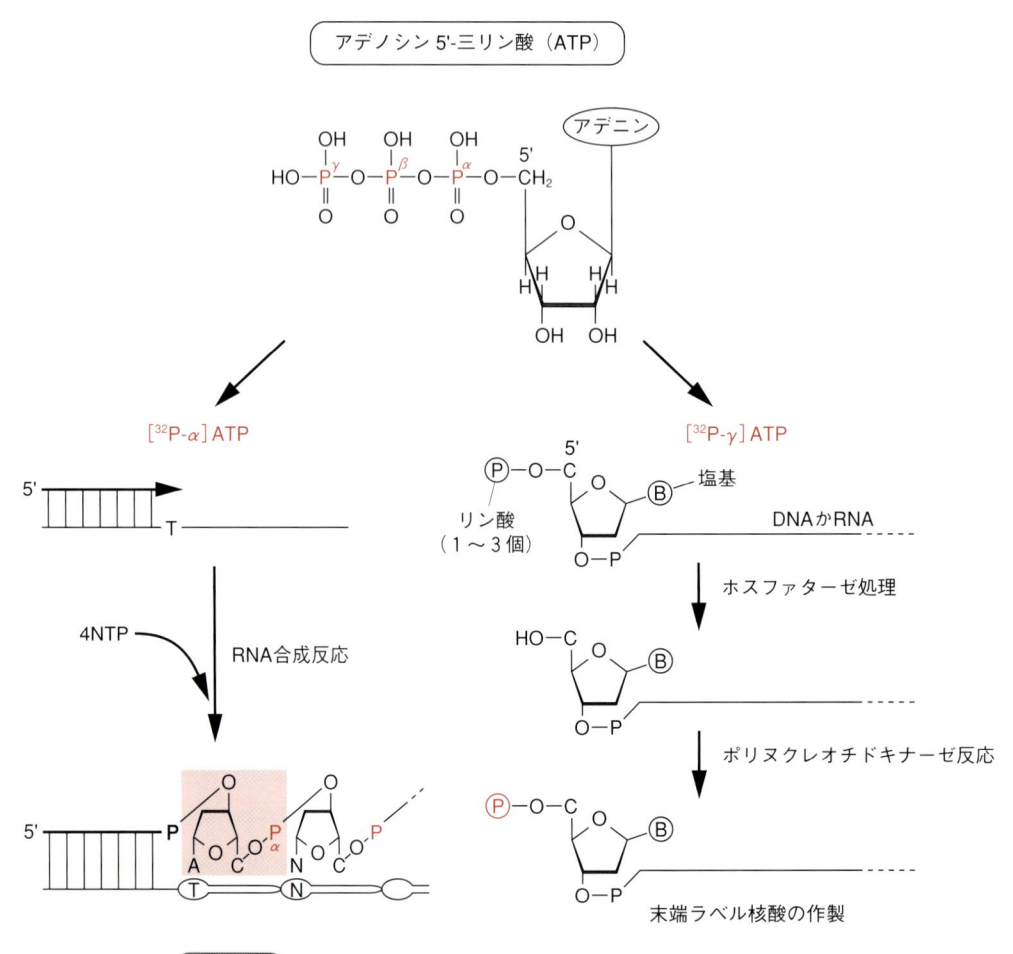

図10-5 ヌクレオチドのリン酸のラベル位置の違いによる利用法

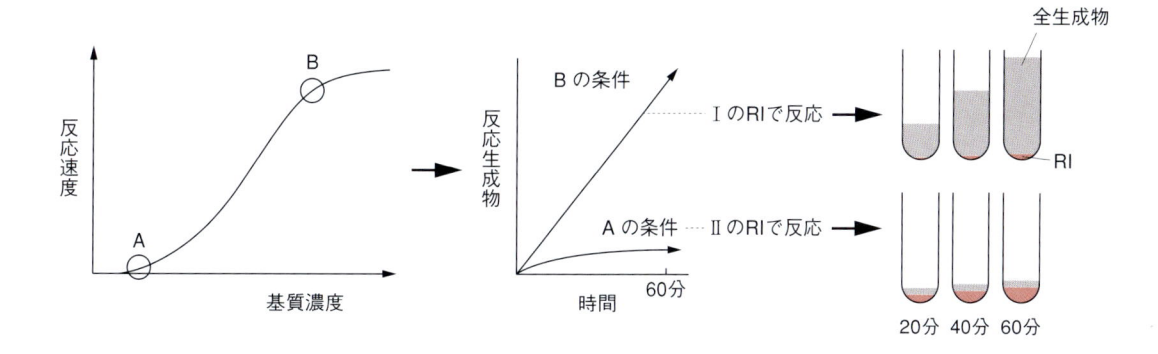

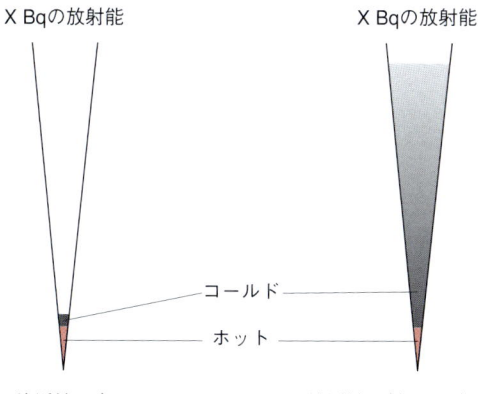

図10-6 比活性の高いRIと低いRIの使い分け
比活性の高いRI［Ⅰ］では反応が持続せず生成物も少ないが，取り込まれるRIの量は多い．同じRI量を用いても，他方，比活性の低い（基質量が多い）RIを用いると，取り込まれるRIの量が下がるが，反応は持続する．高標識された生成物を得るにはAの条件が適している

3 RI実験における手続きと決まりごと

3-1 RI取り扱い作業の管理

　RIの使用は法令で厳しく規制されている．RI実験を行おうとする場合には，まずRI利用者申請を出す．講習会と健康診断を受けるとアイソトープ手帳が交付され，個別のRI実験施設ごとの講習会を受けてはじめて実験ができる（その後も講習会と健康診断を定期的に受けなくてはならない）．RI実験は法律で決められた規準を満たした施設の管理区域内でのみ可能である．施設の登録条件によって使用できる核種と量が決められている．施設への出入りは記録に残すことが義務付けられ，RI取り扱い主任者である管理者がいない場合はRI実験ができない．

> memo　RI実験で普通に使用される放射能はX線撮影よりも少なく，原子炉とは比べようもないほどの微量であるが，作業は厳しく規制されている．

3-2 RI実験室の利用基準（図10-7）

1）入室時

　入室記録後，管理区域の前室で専用の実験着（黄衣）とスリッパを着用し，被ばくモニター用のフィルムバッジ[b]を，男子は胸に，女子は腹部につける（図10-8）．管理区域に

入る前に換気装置が働いていることを確かめる（内部が陰圧になる）．

ⓑ フィルムバッジは定期的に回収され，被ばく結果が報告される．

2）実験中

RIを扱う場合にはRIの被ばくと汚染の防止に努める．エネルギーの強い核種を扱う場合は遮蔽をして被ばく線量を減らす．管理区域内では飲食，喫煙，睡眠は厳禁である．体表の露出部分に傷がある場合は注意する．

3）退出時

手洗いをした後，手先，スリッパ，実験着をハンド・フット・クロスモニターでチェックし，OKサインが出てから退出する（図10-8）．管理区域から器具や機械をもち出す場合も汚染をチェックする．

4）線源の管理

RIを購入したら速やかに管理区域のしかるべき保管庫（RI貯蔵庫）に収納し，使用簿に記載する．線源（RI原液）を使用したらその都度記録する．使用したら同時に廃棄物も出るが，どのような廃棄物を出したかを使用簿に記載する．一般には溶液として90％，固形物として10％のRIが廃棄物となったと概算する．残量がゼロになったら線源容器を廃棄する．

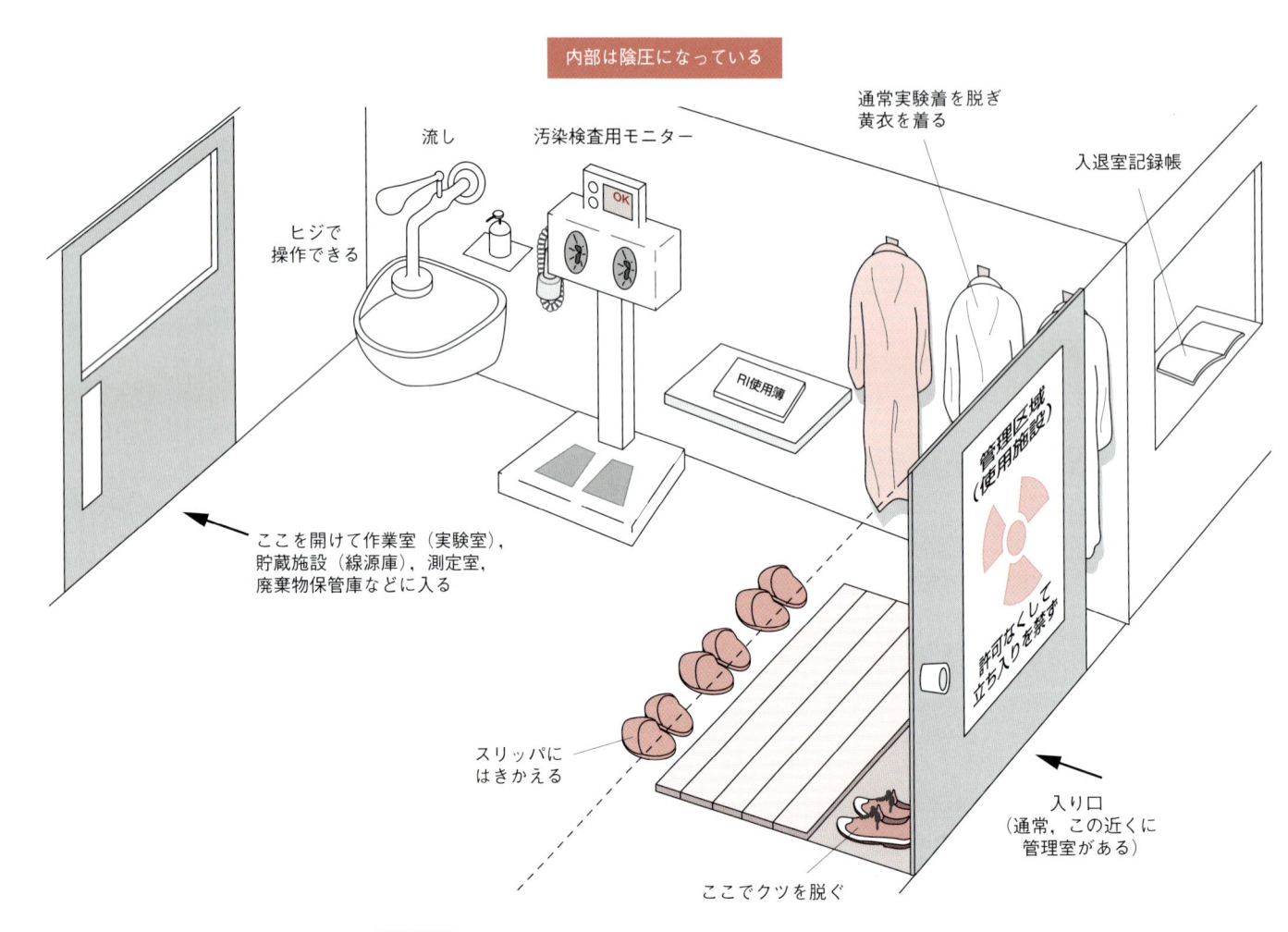

図10-7 RI施設の，入って最初の部屋（汚染検査室）の概観

A）フィルムバッジ（正面からの図）
エネルギー別にX線フィルムが感光するように，窓や中にはさむ金属片をいろいろと組み合わせている

B）ハンド・フット・クロスモニター

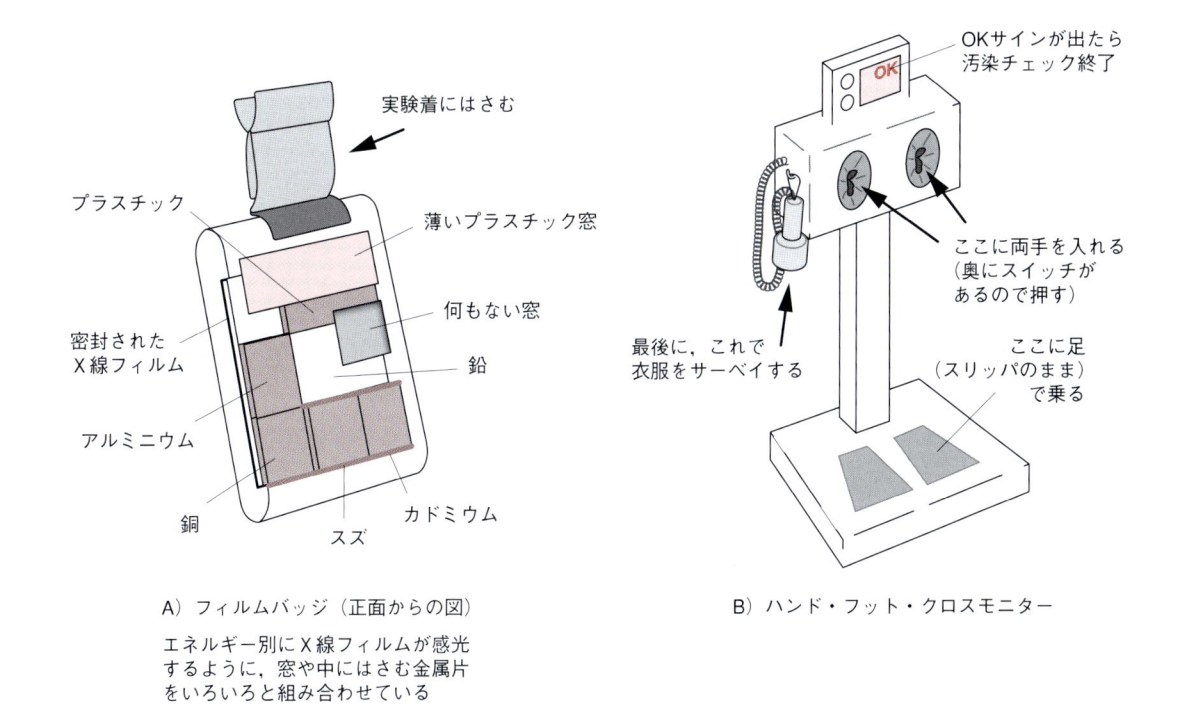

図10-8 RI実験室（管理区域内）での被ばくチェック用器具

4 被ばく

4-1 被ばくとその防護

1）内部被ばく

被ばく（放射線に当たること）には内部被ばく（RIを体内に取り込んでしまうこと）と外部被ばく（そばにある線源からの放射線を受けること）がある（図10-9）．被ばく防止は放射線防護三原則（図10-10）の実行（時間を短く，RIから離れ，遮蔽する）に尽きる．内部被ばくはトリチウムとヨウ素が特に注意を要するが，それ以外でも注意は必要である．

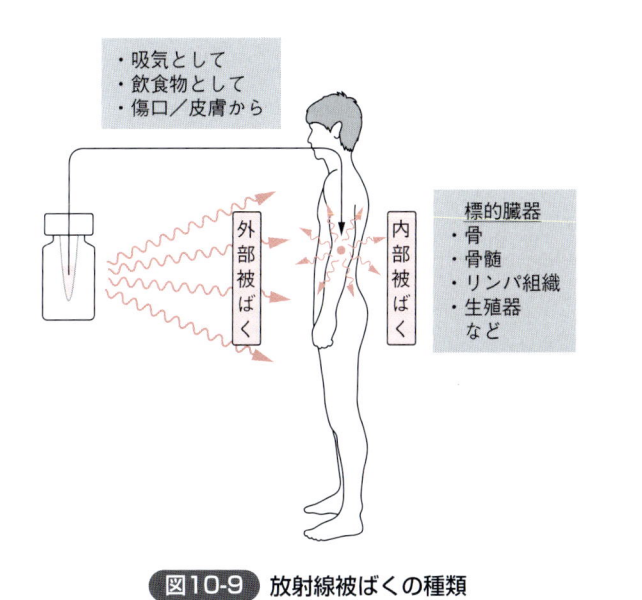

図10-9 放射線被ばくの種類

図10-10 放射線防護三原則

管理区域が換気されているか，口を使って器具を操作していないか，傷を露出していないか，などに留意する．濃度の高い線源を扱う場合や，RI容器のフタを開く場合にはドラフト（フード）を使用する．元素には固有の生物学的半減期があるので，体内に取り込まれたRIの実効半減期は物理的半減期より短い．

2）外部被ばく

γ線やエネルギーの強いβ線（^{32}Pなど）の使用にあたっては外部被ばくに注意する．被ばく量を減らすもっとも簡単な方法は，放射線量が距離の2乗に反比例するので，まずはRIに接近しすぎないことであるが，これとともに，身体とRIの間に遮蔽物を置いて放射線を減衰させる．通常のβ線はアクリル板やアルミニウム板で遮断できるが[c]，放射能の強いγ線では鉛の板やブロックが必要である（図10-11）．手指の被ばくは避けられないが，体幹部や下半身，目への被ばくはできるだけ避ける．

[c] 制動X線：強い電子線（β線）が質量の大きな金属に当たるとX線（制動X線）が出るため，大量で裸の^{32}Pを薄い鉄板などで遮蔽することは避ける．

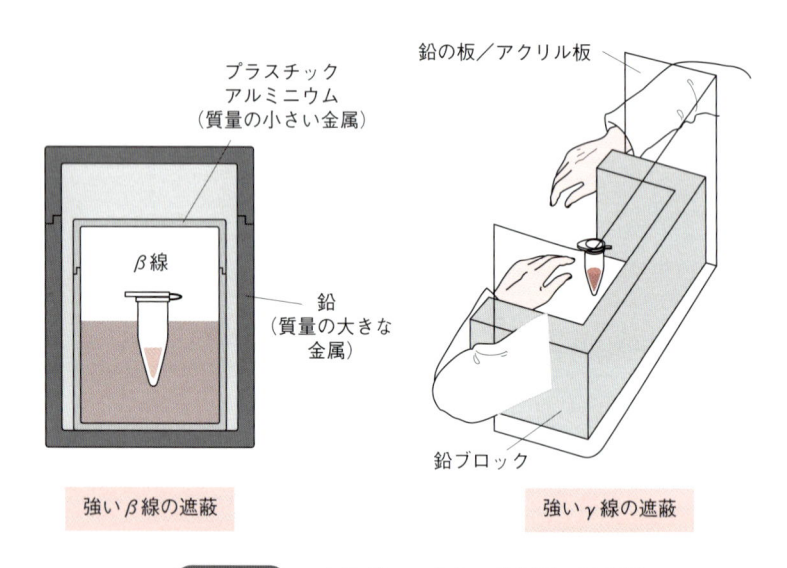

図10-11 エネルギーの大きい放射線の遮蔽法

4-2 人体への影響

受け取る放射線量「吸収線量」はグレイ（Gy）あるいはラッド（rad）という単位で表される．放射線防護の目的で使われる線量当量シーベルト（Sv）は，LET（線エネルギー付与率）の高い重粒子線では大きくなる（100 rem＝1 Sv）[d]．放射線は標的原子をイオン化する力があり，この生じたイオンにより原子の反応性が高まり，フリーラジカルを発生させるなどして，細胞内の分子に作用し，代謝異常や調節異常，ひいては細胞死を引き起こす．遺伝子に変異が起きて癌化につながることもある．同じ被ばく線量であっても，大量の放射線を短時間に受ける方〔時間あたりの線量当量（線量当量率）が大きい方〕が細胞にとってのダメージが大きい．

[d] ヒトが浴びる放射線量：1年間に当たる自然放射能は約1mSvであり，370 MBqの^{60}Co（γ線）を1mの距離で10分間浴びる線量当量は33μSvである．

一定時間（1日，1月など）に使用できる放射線量限度が決められているため，生物学のRI実験を普通に行う限り健康への影響が顕著に出ることはまずない．増殖の盛んな細胞（骨髄，リンパ節，生殖器官など）ほど放射線に感受性がある．軽微な影響があるとはじめに血球数が減少する．法令では放射線業務従事者の実効線量当量限度は50 mSv/年，組織線量当量限度は眼（150 mSv/年），その他の組織（500 mSv/年），女子の腹部（13 mSv/年）となっている．原子炉などで大量の放射線を浴びると急性障害が出るが，参考までに図10-12でデータを示した[e]．

[e] 元素壊変効果：RIが生体分子の一部に取り込まれたあと，その元素は別の元素に変化するために，細胞に対して悪影響が生ずる．

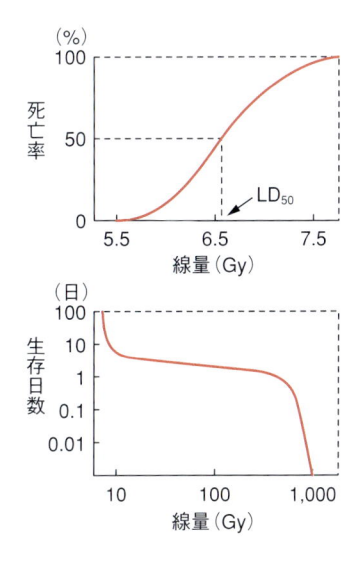

図10-12　放射線被ばくによる急性障害

A) ヒトの急性放射線障害の主症状

	被ばく後1週間の経過
100 rem	無症状
200〜600 rem	全身倦怠感，食欲減退，嘔吐
700〜1,000 rem	嘔吐，下痢，下血
2,000 rem 以上	嘔吐，痙攣，ショック，死亡

B) マウスへの放射線照射

LD_{50} = median lethal dose：50%致死量

5　RI実験の実際

5-1　実験室の整備（図10-13）

　実験台にはポリエチレンろ紙を敷き，作業は必ずその上で行う．多くの研究室では，ポリエチレンろ紙をベンチに貼っている．ポリエチレン面を下にし，シワが出ないようにしてテープで止める．RIを含む試料や容器にRIテープ（RI施設のマークが付いている）を貼ることは，RIの存在を知らせるよい方法である．RI実験で厄介なものの1つにRI廃棄物がある．廃棄物は一般ゴミとは別にして規則通りに処分する．まず，誰もが一見して「RIゴミ入れ」だとわかるような容器を用意し，「可燃物（紙，木など）」「不燃物（プラスチック，金属など）」と分けるが，ガラスと注射針はさらに別にする．液体は「有機廃液（トルエン，フェノールなど）」と「無機廃液（通常の水溶液）」に分け，これらを一時保管する．廃棄物は線種（β線かγ線か）で分別すればよい．^{32}Pなどでは廃棄物による外部被ばくを避けるために部屋の隅に置き，さらにそれをアクリルの箱で覆う．いずれにせよ，これらのゴミ入れは一時的なものなので，早めに所定の場所に移動させる．

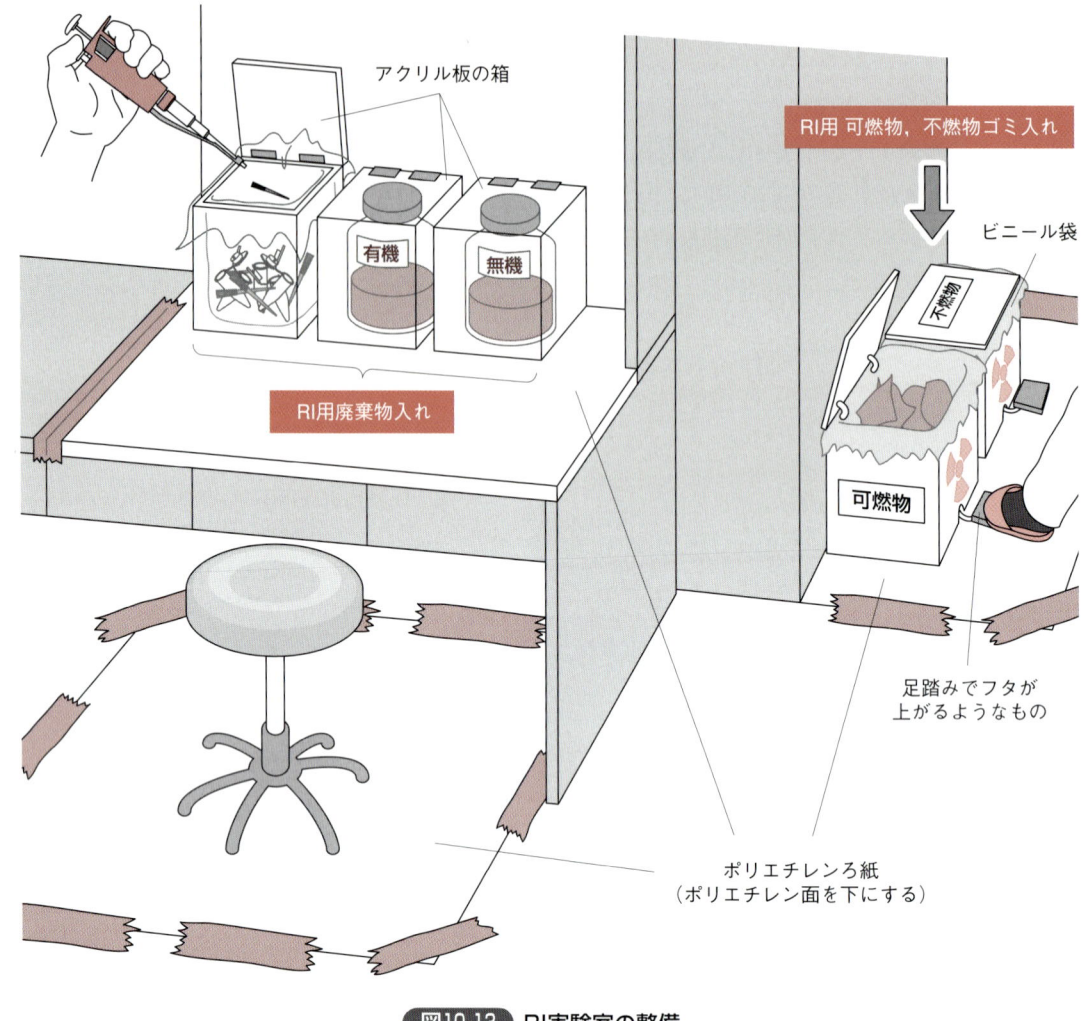

図10-13 RI実験室の整備

5-2 RI実験の一般的注意

　　RIを扱うときには必ずディスポ手袋をする．ただ手袋が汚染し，それがRIのない器具について汚染を広げる恐れがあるため，手袋は左手だけにして，RIでないものを触るときは右手を使うという配慮が必要なこともある．内部被ばく防止のため，ピペットは決して口で吸わず，ピペッターを使用する．ピペット洗浄も管理区域内で行うので，極力ディスポピペットやピペットマンを使う．RI実験に慣れていないと，段取りが悪く，途中で実験が止まったり（半減期の短いものは影響が大きい），RIをこぼす事故を起こしやすい．このようなことを避けるため，初心者は「コールドラン」（同じ操作をRIを使わないでやる模擬実験）を行い実験に慣れておく．

5-3 ^{32}Pを使う実験

　　^{32}Pはヌクレオチドや無機リン酸の形で，DNAやRNAの合成/標識実験，ハイブリダイゼーション，細胞内分子のリン酸化など，分子生物学実験で多用される．エネルギーの大きなβ線が出るため，外部被ばくに注意する．^{32}Pの場合1 cm厚のアクリル板でほぼ遮へいできる．制動放射線が出るので，大量のRIが入っているガラスやプラスチックの容器はさらに厚い金属容器で被う．RI試料のもち運びは，図10-14に示すようなアクリル板の遮蔽板付きキャリングボックスを使うと便利である．濃い線源のフタをあけるときRIを含むエ

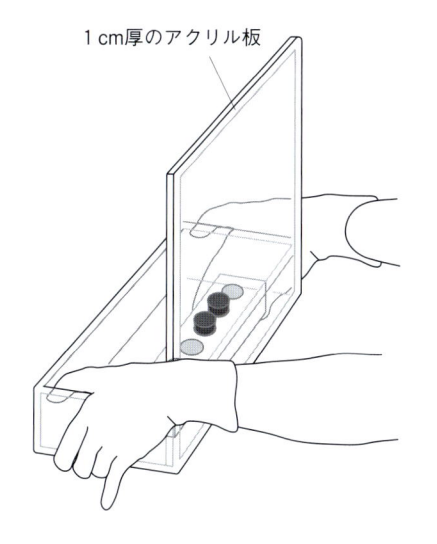

図10-14 ³²P用アクリル板製キャリングボックス

A) ³²Pの存在場所のサーベイ

B) GMサーベイメータ
使用しないときは，キャップをして，RIのない所に保管する

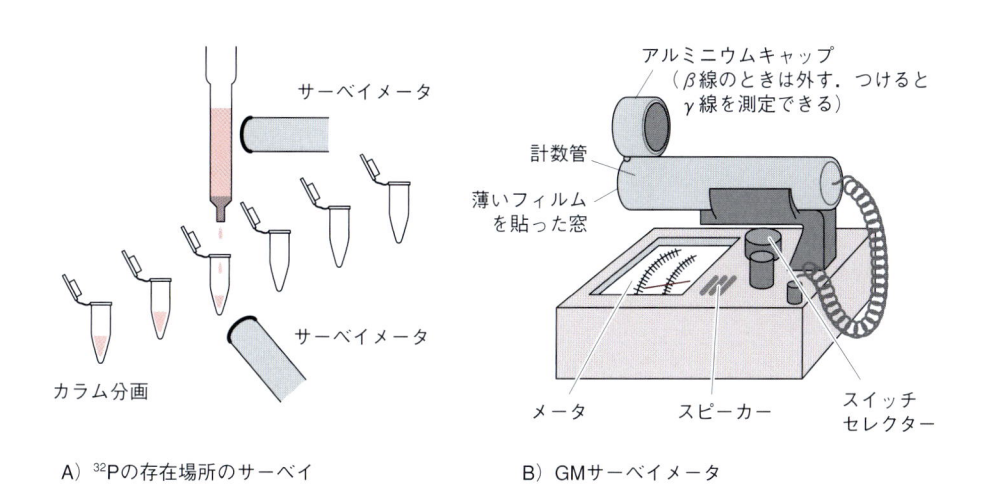

図10-15 GMサーベイメータとそれを用いる³²Pの検出

アロゾルが出る可能性があるので，ドラフトを使用する．強い放射線だが，目的物質がどこにあるかをGMサーベイメータでモニターでき（図10-15），また汚染箇所もすぐにわかるので，扱いやすいとも言える．半減期が短く，半年もたてばほぼなくなるということも使いやすい理由になっている．

5-4　ヨウ素を使う実験

ヨウ素（^{125}I，^{131}I）はアルカリ性のナトリウム塩やカリウム塩の形で入手できる．^{125}Iはγ線を出し，^{131}Iはβ線と一部非常に強いγ線を出す．ヨウ素化合物は酸性にしたり酸化剤を加えるとI_2となって気化するので，内部被ばくの恐れが大きい．濃厚なRIを扱うときはドラフトで作業する．取り込まれたヨウ素は甲状腺に蓄積する．タンパク質（チロシンとヒスチジン）と結合する性質があり，髪や手先の皮膚や爪を汚染しやすい（操作中は手指と頭髪カバーをする）．

6 RIの測定と検出

6-1 液体シンチレーションカウンター（液シン）

放射線は物質に当たると蛍光を発する（シンチレーション）という現象がある．トルエンなどの有機溶媒にPPO（2,5-ジフェニルオキサゾル）をシンチレーターとして加え，そこにβ線を当てるとPPOが発光する．この光を光電子倍増管で電子に変換して増幅し，流れる電気量から線量を測定する機械が液体シンチレーションカウンター（通常「液シン」）である（図10-16）．トリチウムなど，微弱なβ線も測定できる．測定には規格の決まったガラスあるいはポリエチレンバイアルに，RIを付けて乾燥させたフィルターなどを入れて測定する．弱いβ線は係数効率が100％に達しないので，cpm（counts/min）はdpm（decay/min）より低くなる．

6-2 チェレンコフ光

^{32}Pのような強いβ線はチェレンコフ光が出るので，効率は落ちる（〜30％）が，そのまま液体シンチレーションカウンター（トリチウムレンジを使う）で計測できる（図10-16）．

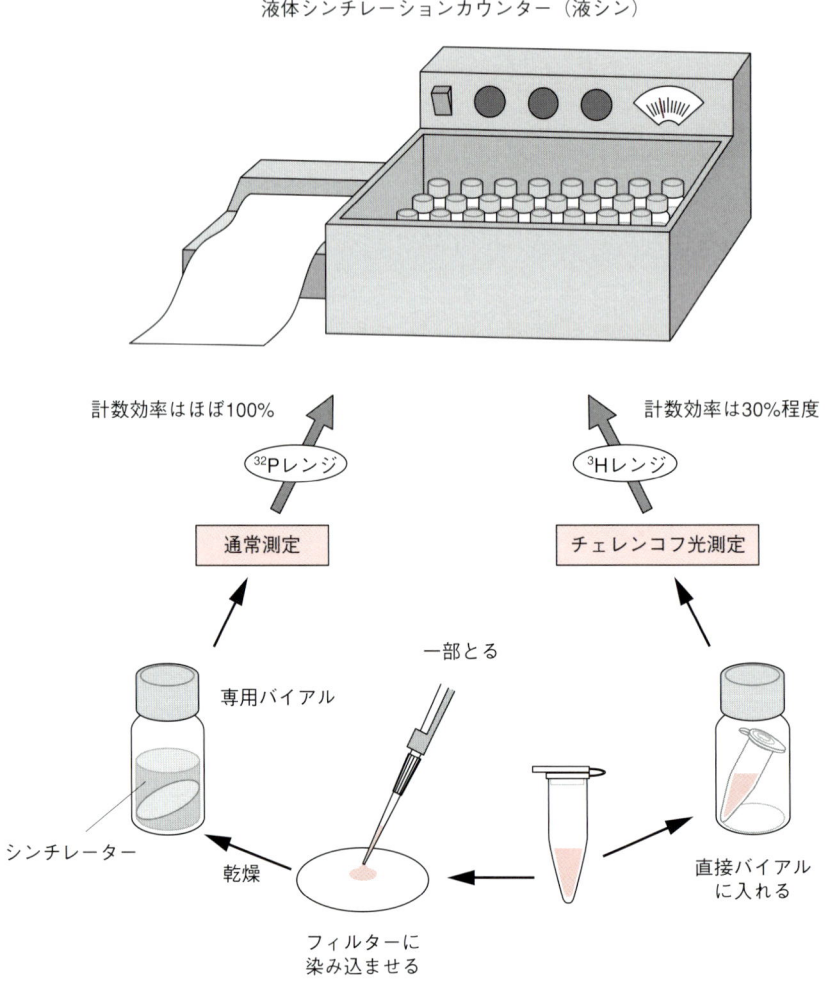

図10-16　^{32}P測定の方法

6-3 GM計数管

汚染チェックに使われることが多いので，GM（ガイガー・ミューラー）サーベイメータともいう（図10-15）．管内にガスが詰まっており，薄い雲母板などの皮膜を通して外部から入ってきた電離放射線がガスをイオン化するので，電流として計測できる．中にガス増幅作用を抑えるクエンチングガスが入っているが，これが使用のたびに消費されるため，計数管には寿命があり，使用しないときは線源から遠ざける．窓部を覆うアルミニウム製のキャップがあり，これを付けるとγ線が測定でき，外せばβ線の計数も可能である．^{14}C や^{35}Sでは感度が悪く，トリチウムは計測できない．

6-4 γカウンター

γ線はタリウムを添加したヨウ化ナトリウム結晶が封入されたNaI（Tl）シンチレーションカウンターで計測されることが多い．β線の検出には向いていない．

6-5 オートラジオグラフィー

RIを二次元的画像として捉える方法．γ線や一定の飛程をもつβ線はX線フィルムを感光させることができる．RIを含む組織切片やゲル電気泳動後のゲル，あるいはブロッティングのメンブレンをX線フィルムに重ね，フィルムを現像してRIの位置を知る．分子生物学で最も重要な解析法の1つ．トリチウムではこの方法が使えないが，RIが含まれているゲルにPPOなどのシンチレーターを有機溶媒とともに染み込ませるとRI部分が発光するので，検出できる（フルオログラフィー）．

7 実験終了後の作業

7-1 廃棄物の処理

RI廃棄物は前述したように分別し（5-1参照），RI管理区域内にある廃棄物倉庫の容器（個体であれば黄色いドラム缶，液体であればカメのようなもの）に入れ，廃棄記録をつける．使用したRI量と廃棄したRI量は一致しなくてはならず，その場合は減衰は考慮しない(f)．

(f) RI施設のアラーム：RI施設貯水槽が満杯になるとアラームが鳴るので，流しの使用を止めて管理者に連絡する．線量を測定してから排水することになる．

7-2 RI汚染とその対策

1）汚染原因と汚染チェック

RIを使えば汚染はある程度は避けられない．重要なことは「汚染は起こる」ことを前提にこまめに汚染をチェックすることである．汚染が拡大する最大の原因は，床にこぼしたRIを知らずにスリッパに付けて広げることである．汚染を見つけたらすぐにその部位に目印を付け，その後速やかに除去/除染する．限局された汚染が出やすい場所（ピペットマンの先端，遠心機のローターやチャンバーなど）もこまめにチェックする（図10-17）．強いβ線やγ線の汚染チェックはGMサーベイメータを用いて行い（口の広い計数管を使用するとよい），トリチウムなどのエネルギーの低い核種の汚染チェックは，目的部分をフィルターで擦り，それを液シンで測定する（スミアチェック図10-18）．冷蔵庫や冷凍庫にトリチウムを長期間入れていると，水との間で交換反応が起こり，庫内の凝結水や氷が汚染する．

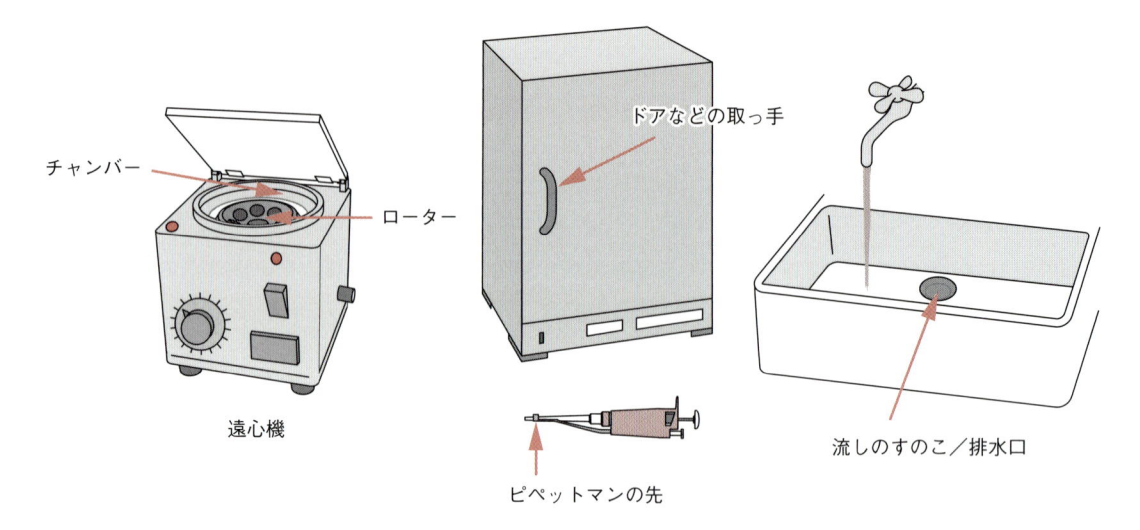

図10-17 RI実験室で汚染が出やすい場所

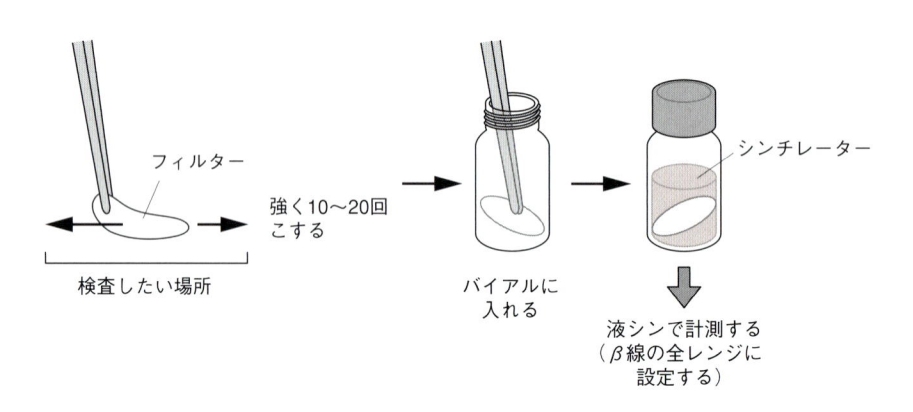

図10-18 スミアチェック法

2）除染

ポリエチレンろ紙が汚染した場合はろ紙の交換だけでよいが，器具や床が汚染した場合は中性洗剤などで掃除する．濃いRIを使用する実験スペースにあらかじめビニールろ紙を敷くという予防措置を講じてもよい．手指や器具についたRIは中性洗剤や石けん水で洗い，ヨウ素の汚染があった場合は酸性にしないようにし，亜硫酸ナトリウム溶液などで除染する．

第11章 実験を安全に行うために

大事故につながることはまれであっても，研究者であれば何度かは実験中にヒヤッとした思いがあるものである．国立大学が法人化され，作業環境の安全性が求められている現状を踏まえ，「実験の安全」を分子生物学研究に焦点を絞って述べる．

1 注意を要する化学物質

1-1 毒物・劇物

実験室で用いられる試薬は程度の差こそあれ有毒だが，法令では毒性が強いものを劇物，特に強いものは毒物として定めている（表11-1）．このなかには硫酸ジメチル，アクリルアミドのような有機化合物，メタノール，クロロホルムのような有機溶媒，そしてフェノール類，強酸，強アルカリが含まれる．無機化合物のなかでもヒ素，鉛，水銀化合物には有毒なものが多く，シアン化物イオンを含む青酸化合物は猛毒である．防腐剤として使われるアジ化ナトリウムは最近毒物に加えられた．銅やカドミウムなどの重金属塩は劇物指定のものが多く，塩素などのハロゲンや硝酸塩，亜硝酸塩も劇物指定されている（表11-2）．これらの試薬を扱うときには手袋，場合によっては目を保護するゴーグルを着用し，粉末，あるいは蒸発する恐れがあるものはドラフトで操作する．

1-2 危険物

危険物とは発火・爆発の恐れのある化学物質で，主には可燃性液体，引火性液体（エチルエーテルは特に注意を要する）が含まれる（表11-3）．実験室では少量を保管し（1 l 以内），大量の場合は危険物貯蔵所に保管する．裸火を避け，換気のよい場所で，こぼさないようにし，ドラフトで扱う．酸化性物質（過酸化水素，過塩素酸など）は加熱や衝撃，可燃性物質との混合などで大量の熱を出す．次亜塩素酸塩に酸を加えると発火の危険性が

表11-1 毒物・劇物の判定基準[*1]〔動物実験（急性毒性）における判断〕

	LD_{50}[*2]（経口）	LD_{50}[*2]（経皮）	LC_{50}[*3]（吸入：4hr）		
			ガス	蒸気	ダスト，ミスト
毒物	50 mg/kg 以下	200 mg/kg 以下	500 ppm 以下	2 mg/l 以下	0.5 mg/l 以下
劇物	50〜300 mg/kg	200〜1,000 mg/kg	500〜2,500 ppm	2〜10 mg/l	0.5〜1.0 mg/l

[*1] 国立医薬品食品衛生研究所化学物質安全対策室のHPより（http://www.nihs.go.jp/law/dokugeki/dokugeki.html）
[*2] LD_{50}（median lethal dose）= 50%致死量
[*3] LC_{50}（median lethal concentration）= 50%致死濃度

表11-2 おもな有毒物質（バイオ実験にかかわりの深いもの）

				(有機化合物)			
亜硝酸カリウム	●	重クロム酸カリウム	●	アクリルアミド	●	ニコチン（とその化合物）	●
亜ヒ酸	●	硝酸	●	アセトニトリル	●	ピクリン酸	●
アジ化ナトリウム	●	硝酸銀	●	エチレンオキサイド	●	ヒドラジン	●
アンモニア（水）	●	水銀	●	クレゾール	●	フェノール	●
塩化水素	●	水酸化カリウム	●	クロロホルム	●	ベンゼン	●
塩化第一水銀	●	水酸化ナトリウム	●	酢酸エチル	●	ホルマリン（ホルムアルデヒド）	●
塩化第二水銀	●	発煙硫酸	●	染料	●	メタノール	●
塩酸	●	ヒ酸	●	トリクロロ酢酸	●	メチル水銀	●
塩素	●	ヒドロキシルアミン	●	トルエン	●	ヨウ化メチル	●
塩素酸カリウム	●	フッ化水素	●	β-ナフトール	●	硫酸ジメチル	●
過酸化水素	●	マンガン（化合物）	●				
カドミウム（化合物）	●	ヨウ素	●	●：毒物			
シアン化カリウム	●	硫化水素	●	●：劇物			
シアン化ナトリウム	●	硫酸	●				
臭素	●	硫酸銅	●				

表11-3 危険物の種類

分類	性質	化合物の種類（例）
自然発火性物質	空気との接触により発熱，発火する	有機金属化合物（アルキルアルミニウム）
禁水性物質	水との接触により発熱，発火する	アルカリ金属（ナトリウム）
爆発性物質	加熱，衝撃，摩擦などにより発火，爆発を起こす	有機過酸化物（ヒドラジン），有機物過塩素酸塩
酸化性物質	可燃性物質との混合により燃焼，爆発性を示す	（酸素，過酸化水素，硝酸，硝酸塩，過マンガン酸塩）
可燃性固体	引火性や可燃性をもつ固形物質	（赤リン，硫黄，活性炭，金属マグネシウム，鉄粉）
引火性液体	引火性や可燃性をもつ有機溶剤	石油類，アルコール類，動植物油脂，特殊引火物（エチルエーテル）
可燃性ガス	空気との混合気が燃焼，爆発性をもつ	（水素，プロパン，メタン）

あり，同時に有毒な塩素が発生する（例：塩素系漂白剤と酸素系漂白剤との混合事故がこれに当たる）．アジ化ナトリウムは自己反応性（衝撃などで爆発的に反応し，発熱する）があり，粉末試薬の取り扱いに注意する．

1-3　環境汚染物質

1）発癌性物質

毒物／劇物で発癌性がある（あるいは疑われている）ものは，取り扱いにはさらなる注意がいる．バイオ実験関連ではヒ素化合物，アクリルアミド，ホルムアルデヒド，硫酸ジメチル，クロロホルム，ヒドラジンなどが含まれる（表11-4）．指定薬品でなくともDNAに強く結合するエチジウムブロマイドなどは要注意である．

2）水質汚染物質

水銀とその化合物，そしてシアンとその化合物が重要である．

表11-4 主な発癌性物質（医薬品等を除く）

第一群（人間に対して発癌性があるもの）
ヒ素化合物，クロム化合物，ベンゼン，スス，タール
第二群A（人間に対して発癌性があると考えられるもの）確度の高いもの
硫酸ジメチル，ニッケル化合物
第二群B（人間に対して発癌性があると考えられるもの）確度の低いもの
クロロホルム，四塩化炭素，ヒドラジン，ホルムアルデヒド，カドミウム化合物，PCB，DDT，（エチジウムブロマイドも注意する）

3）悪臭物質

アンモニア，イソプロパノール，酢酸エチル，トルエン，硫化水素などは特定悪臭物質に指定されており，多くは毒物／劇物や危険物である．これに含まれないものでも，酢酸，メルカプトエタノール，クロロホルム，塩化水素などには強烈な臭いがあり，濃厚溶液の取り扱いはドラフトで行う．（実験中の身なりに関しては1章で，ラジオアイソトープに関しては10章で述べた）

1-4　高圧ガス

1）高圧ガス

ボンベとよばれる鉄製の容器に加圧充填された気体を高圧ガスという．ガスの種類はボンベの色でわかるようになっている（表11-5）．バルブを開いてガスを出すが，その量は圧力調節器（レギュレーター）で調節する（図11-1）．ボンベ全体やバルブ部に対する衝撃は禁物なので，ボンベを回しながら運ぶのはやめ，専用の運搬車を使う．ボンベは風通しのよい涼しい所で使用し，指定された場所で保存する．使用中のボンベはバンドや鎖で固定する．使い終わったらバルブを締め，回収されるまで一時保管する．

2）液化ガス

加圧されて液体になった物質がボンベ内に入っている液化ガスには二酸化炭素，アンモニアなどがある．気体とは違い，液が残ってる限り同じ圧を示すが，なくなると圧が急に下がるので，連続使用の場合には圧が下がりはじめたら早めに交換する．

表11-5　主な高圧ガス容器（ガスボンベ）の色

高圧ガスの種類	容器の色	ガスの名称を示す文字の色
酸素ガス	黒色	白色
水素ガス	赤色	白色
液化炭酸ガス	緑色	白色
窒素ガス	灰色	白色
可燃性ガス	灰色	赤色
その他のガス	灰色	白色

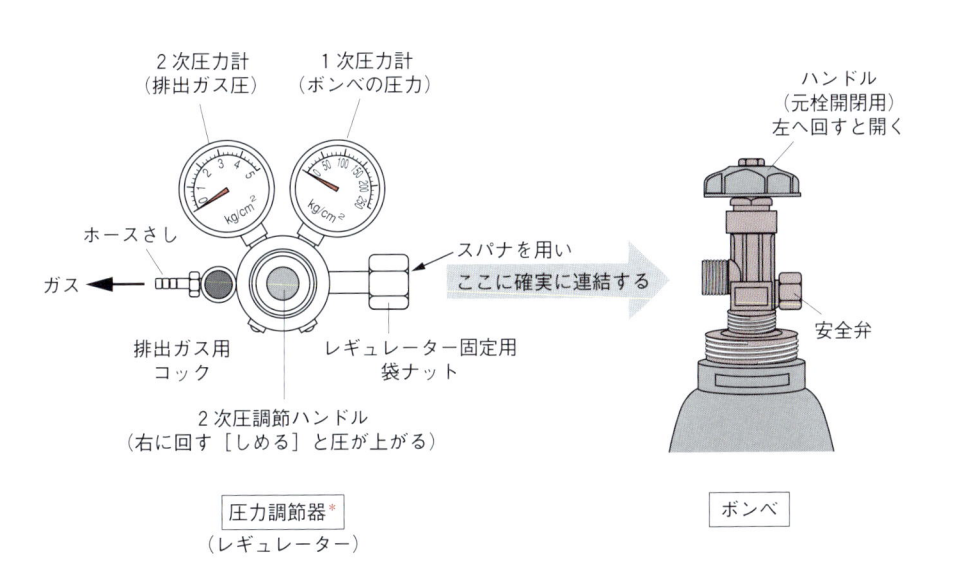

＊液化炭酸ガスなどの低温のガスの場合，加温機能をもつものが用いられることもある

図11-1　圧力調節器の構造とガスボンベからのガスの使用法

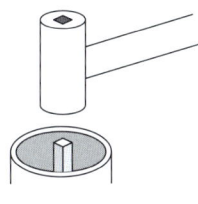

1-5 寒剤

低温液化ガスが常温で貯えられる液体窒素（−196℃）や液体ヘリウム（−269℃）は寒剤として使用されるが，温度が上昇すると大量のガスが出るので高圧ガス保安規則の対象になる．いずれの気体も毒性は少ないが窒息の危険性がある[a]．

[a] 通常21%の酸素濃度が18%切ると酸欠になり，6%以下では一瞬で失神する．

ドライアイス（−78.5℃）もよく使われる寒剤である．炭酸ガスの毒性は窒素より強く，遊び半分で吸わない．寒剤を低温室などの締め切った狭い部屋に大量に置くと危険である．扱う場合には凍傷に注意し，皮手袋などを使用する．寒剤を密封容器に入れるのは禁忌（3章参照）．

1-6　ガス中毒，ガス爆発

高圧ガス等の大部分は無色・無臭であるために事故率が高く，固体や液体以上の注意深い取り扱いが必要である．事故が起こるきっかけは，ボンベや常圧容器内からの「ガス漏れ」である．ガス漏れ事故を起こさないための注意は，①換気を行う，②バルブや接続部からのもれを防ぐ（石けん水をつけるとわかる），③バルブを確実に絞める，である．ガス漏れの影響の1つはガス中毒であるが，バイオ実験ではあまり遭遇しない．問題になるのは酸欠である．なお，酸素が漏れた場所でいったん着火すると激しく燃焼するので注意する．水素やプロパンなどの可燃性ガスは爆発事故につながる恐れがある．

2　取り扱いに注意すべき天然物由来化合物

バイオ実験では動植物由来の「毒」を実験の材料に使うことがある．実験に使われる生物毒/有害物質としては，αアマニチン（転写研究），ωコノトキシンやジョロウグモトキシン（神経伝達研究），ジフテリアトキシン（シグナル伝達研究），テトロドトキシン（ナトリウムチャネル研究），アフラトキシン（カビ毒）（肝障害剤，発癌剤），ヘビ毒（神経科学領域，高分子化合物の分解），などと種類は多い．植物由来物質のなかには，アルカロイドを中心に強い薬理活性をもつものが多い．カフェイン，コカイン，モルヒネなどは神経科学研究に汎用される．いずれの場合も手袋をして操作して取り扱いに注意し，吸い込んだり身体につけたりしない．

3　研究設備と操作に関する注意

3-1　オートクレーブ

構造とメンテナンス，および使用法に関してはすでに述べた（3章，6章参照）．小型高圧容器指定になっており，加圧が原因の事故や高温による火傷の危険性がある．絶対にタンクの3分の1を超えて物（固形物＋液体）を入れてはいけない．試料にかかわる破裂や突沸の危険性にも注意する（6章参照）．

3-2　遠心機

最近の遠心機はローターが停止しなければチャンバーのフタを開けられないようになっ

ているが，旧式のものはいつでもフタが開くため，過って（あるいは故意に）回っているローターに触れてけがをする事故が後を断たない．遠心機は水平な場所で使用し，運転中は外から衝撃を加えないようにし，バケットやチューブはバランスをとる．

3-3　加熱と冷却

乾熱滅菌でオーブンを使用する場合は，中に燃えやすいものを入れない．液体を沸騰させるときは突沸を防ぐため，必ず沸石を入れる．いずれの場合も火傷に注意する．冷却機で注意を要するものは超低温槽（プログラムフリーザーや凍結乾燥機も）である．低温槽の金属部分に皮膚が触れると皮膚が接着する．濡れた手で直に低温の物体に触れるのも危険である．必ず手袋をする．

3-4　電気に関する事柄

最大の注意は感電であり，大きな電流が流れる機械は必ず接地（アースをとる）して，感電事故を未然に防ぐ[b]．

[b] 電気機器からは，大なり小なり微弱な電流が漏れ出ている．

感電事故に合うのはほとんど機械の分解修理中である．修理作業をする場合は，まず機械の電源プラグを抜くかブレーカーを落とす．電気泳動中の感電事故で多いのは，陰極と陽極を同時に触る，あるいはバッファーがなくなっているのを知らずに通電部分に触れるといったときである．ゲルやバッファーをいじる場合は必ず通電を止める．

プラグの差し込み部分にホコリがたまり，火災の原因になることがあるので注意する．プラグやコンセントを修理するとき，導線の固定が不完全でジュール熱が発生し，発火することがあるので，導線は器具に確実に固定し，コードの布やビニール部分が接続器具に触れないように気をつける（図11-2）．タコ足配線は避ける．

> **memo**
> 電気に対する感受性：ヒトの体は絶縁体だが，電圧が高くなるほど電気抵抗が減り，体表面が濡れていると抵抗は数分の1に減る．50ミリアンペアの電流で生命の危険があり，電気が心臓を通過する場合はより少ない電流でも危ない．
> 静電気：空気が乾燥すると身体に静電気が帯電して（通常は3,000～10,000V）放電が起こる．不快なだけでなく引火の恐れがあるので，帯電しにくい衣服を着たり静電気を逃がす工夫をする．

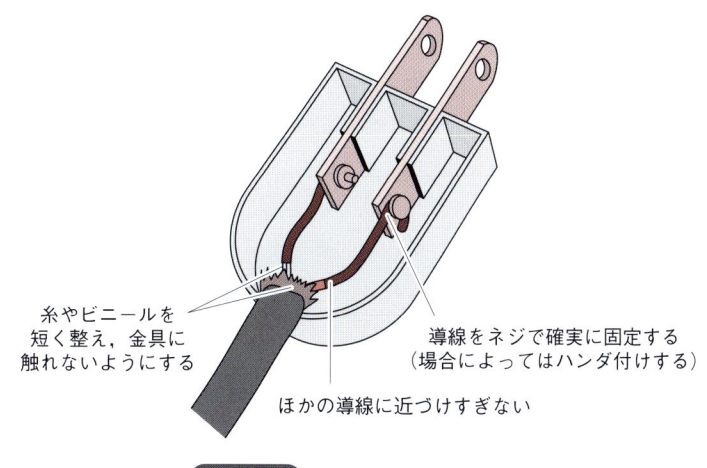

糸やビニールを短く整え，金具に触れないようにする

導線をネジで確実に固定する（場合によってはハンダ付けする）

ほかの導線に近づけすぎない

図11-2 プラグへの導線の接続

3-5　ガラス器具

実験室ではガラス器具による外傷事故が非常に多い．ガラス器具（ビーカー，シリンダー，ピペットなど）の口が欠けていることを知らずに触って出血するといった事故は頻繁に起こる．欠けた器具は廃棄するか，細工を施してカドを落とす（5章参照）．ガラス管を，ゴム栓に開けた穴に差し込むときには相当力をいれて押し込むので，このときにガラスが割れて手指に深く刺さり，深刻な外傷を負うケースがある．手袋で体表を保護し，穴部分に潤滑剤（水，石けん，油など）を付けて危険性を下げる（図11-3）．ガラスアンプルを切る場合もけがに注意する．

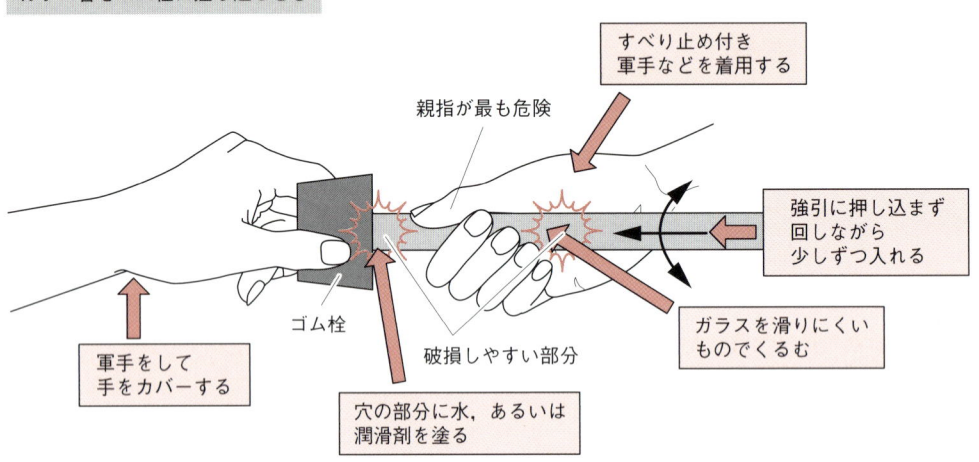

図11-3 ガラスでケガをする典型的な例とその防護策

4　廃棄物処理

大学が独立行政法人化されたことにより，大学内での研究活動（労働とみなされるため）が，厳密に労働基準法や労働安全衛生法の適応を受けることになったが，これにより，これまで以上に「試薬の管理／使用／廃棄」「器具の安全な使用」「実験室の安全確保」などに関し，量の多少や規模の如何にかかわらず，法令の遵守が求められるようになっている．

4-1　薬品

実験をすると必ずといってよいほど液体の廃棄物（廃液）が出る．毒性がほとんどないものであればそのまま捨てることができるが，有害物質，あるいは有害性が想定される物質の場合，基本的には無毒化し，希釈してから廃棄する．研究機関が実験廃棄物の集約処理を行うのが一般的なので，施設の規準に従って廃液を分類し，処理に出す．有機廃液はハロゲン（クロロホルムなど），非極性溶媒（トルエンなど），極性溶媒（エタノールなど）に分けているところが多く，種類別に消却処分される．無機廃液は水銀系廃液，シアン系廃液，六価クロム系廃液，一般の重金属廃液に分類して一時貯蔵し，処理施設に処理を委託する．フェノールなどは施設で処理できない場合があり，専門の業者に処理を依頼する．酸やアルカリは中和して希釈すれば流しに流せる．廃液同士を混合すると化学反応を起こす場合があるので，なるべく個別に蓄え，実験を行った本人の責任で無毒化してから出す．

有機廃固体は基本的に有機廃液と同様に処理される．無機廃固体のうち，重金属類は内

容を明示して処理業者に引き渡す．ただ，業者は単にコンクリート詰めやドラム缶梱包したものを土中に埋めるだけなので，実験者本人が前もって無毒化する必要がある．

4-2 生物廃棄物

死んだ実験動物（マウス，ラットなど）をゴミとして捨てることはできない．いったん冷凍保存し，適当な量になってから専門の処理業者に引き渡す．大腸菌はオートクレーブ処理，あるいは大腸菌専用の洗剤や殺菌剤（ブリーチ，逆性石けんなど）で殺してから流しに流す．大腸菌の生えているシャーレはオートクレーブ処理する．ウイルスやDNAも基本的にはオートクレーブすれば問題ない．

4-3 危険な廃棄物

一般ゴミであっても電池，注射針，蛍光灯は別個に集める．電池は鉛や電解液を含む．蛍光灯には水銀が入っているのでガラスとして廃棄してはいけない．注射針は刺す事故が起こりやすいので，必ずキャップをし，それを金属缶に入れて回収業者に引き取ってもらう．病原体などが付着している可能性がある場合はオートクレーブする．

5 安全対策

5-1 地震

転倒防止策を中心に地震対策を行う（仙台地震や阪神淡路大地震では実験室の被害が多数報告された）．メスシリンダーなどの倒れやすいものはプラスチック製のリングをつけておく．試薬ビンや溶液ビンは深めのケースに入れるとよい．戸のついていないベンチ上の試薬棚はずり落ち防止のストッパー（金属の横棒など）をつける．ボンベ類は壁に固定する．保管庫や冷蔵庫などの箱物のうち重いものは金属製の専用止め具でボルトを使って壁に固定し，軽いものは"突っ張り棒"のようなもので固定する（図11-4）．強い地震によって運転中の超遠心機が停止することがあるが，その場合はメーカーに機械のチェックを依頼する．

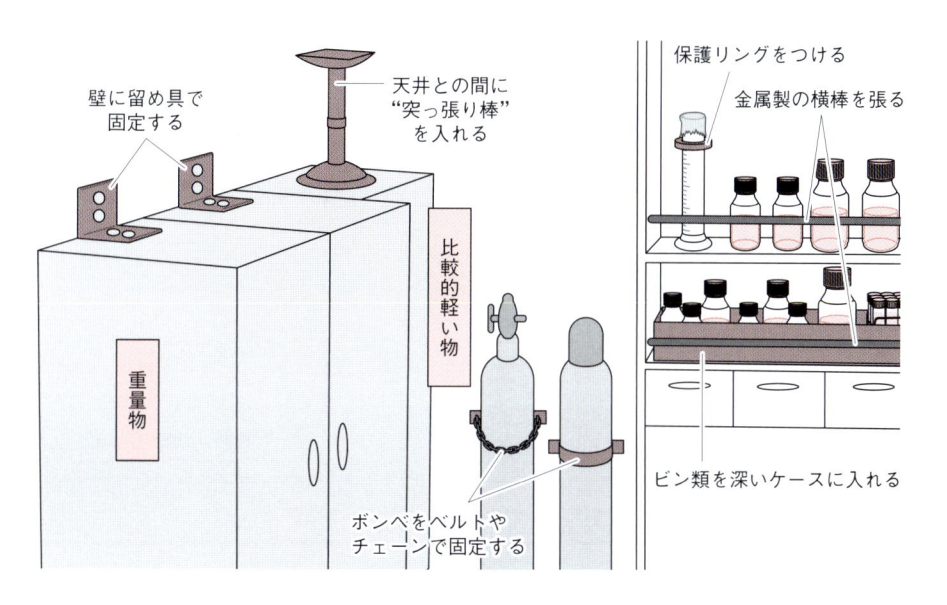

図11-4 実験室内の地震対策

5-2 火災

バイオ関連の実験室で火災が起こる原因は，①化学反応や化学操作による発熱，②ガスの火，③電気器具，からである．ガスコンロやバーナーを使っているそばにエタノールやエーテルなどの危険物を置かないとか，乾熱滅菌器に易燃物を入れないなどに留意する．火がつきにくい服装を心掛け，消化器を常備するなど，普段からの防備が必要である．火災の初期消火ができなかった場合，火事が近くで発生した場合，あるいは警報機が火事を報じた場合は，すぐ実験室から退避する．備えとして，普段から退路の確認をしておく．1つの部屋に複数の出口を設けることを基本とし，ドアの周囲や通路には物を置かない（図11-5）．

> **memo**
> 密室になるエレベーター：エレベーターが停電すると換気扇が停止して密室となり，液体窒素，ドライアイス，栓をしていない揮発性の有害薬品を運んでいる場合は危険である．前もって空気を出入させる手段を調べておく．
> 都市ガス臭がしたら：ガス爆発に注意する．漏れているガスのラインがわかったら急いで栓を止め，窓を開ける．換気できない場合はそこから退去しガス臭が消えるまで待つ．漏れの原因がわからない場合は現場から離れ，施設の緊急連絡網に情報を流す．

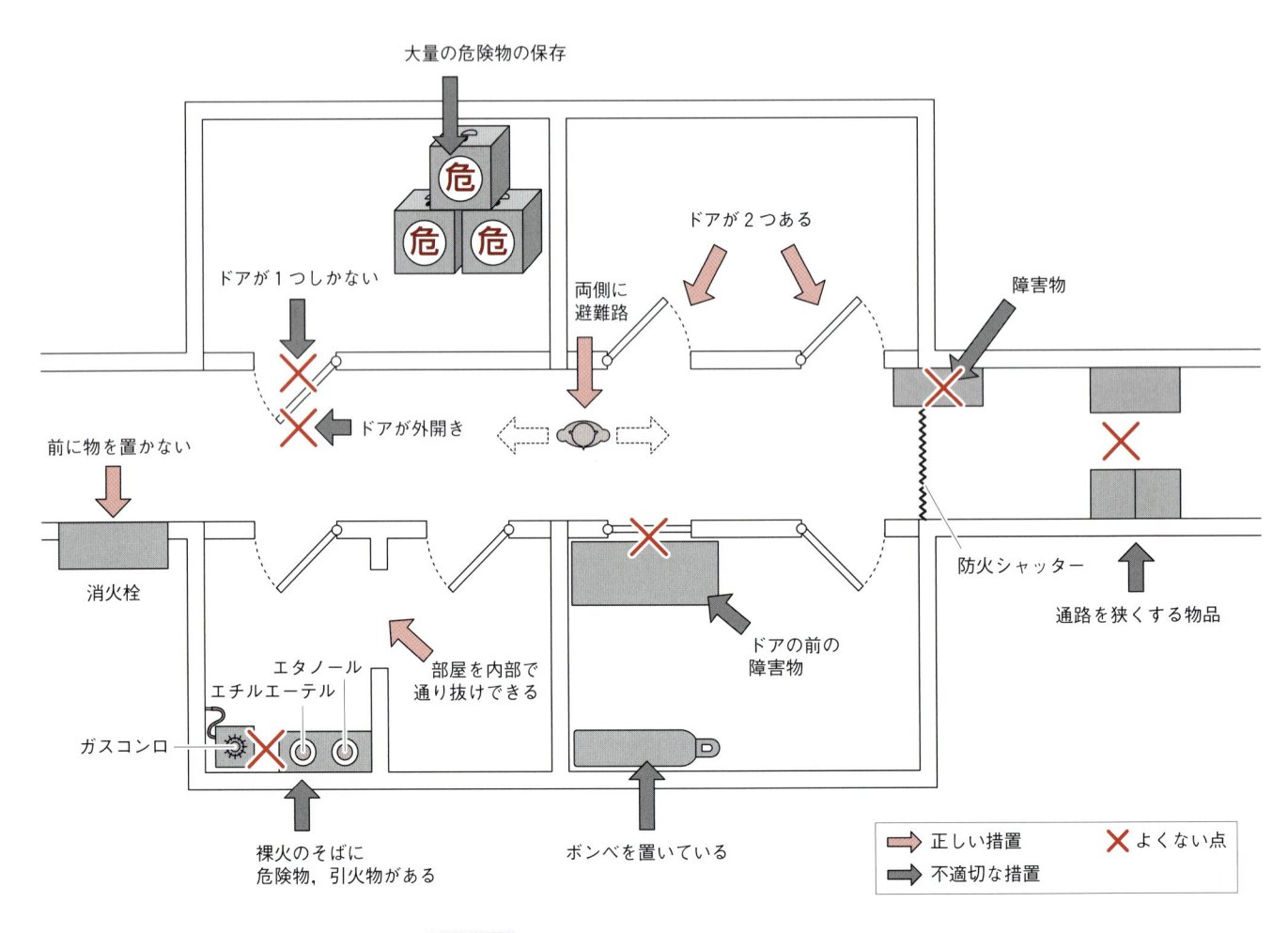

図11-5 実験室の火災（予防・安全）対策

5-3 換気

実験室には多くの危険物や揮発性の毒性物質があり，部屋の換気は必須である．実験室の換気扇は24時間運転しておく．窒素や二酸化炭素が少しずつ漏れて閉め切った部屋に充満し，朝部屋に入ったときに事故にあうということがまれに起こる．換気装置のない小型の低温室や薬品貯蔵室は特に危険である．不完全燃焼のときに出る一酸化炭素は猛毒であり，ガス湯沸かし器を使う場合は換気を十分に行う（図11-6）．

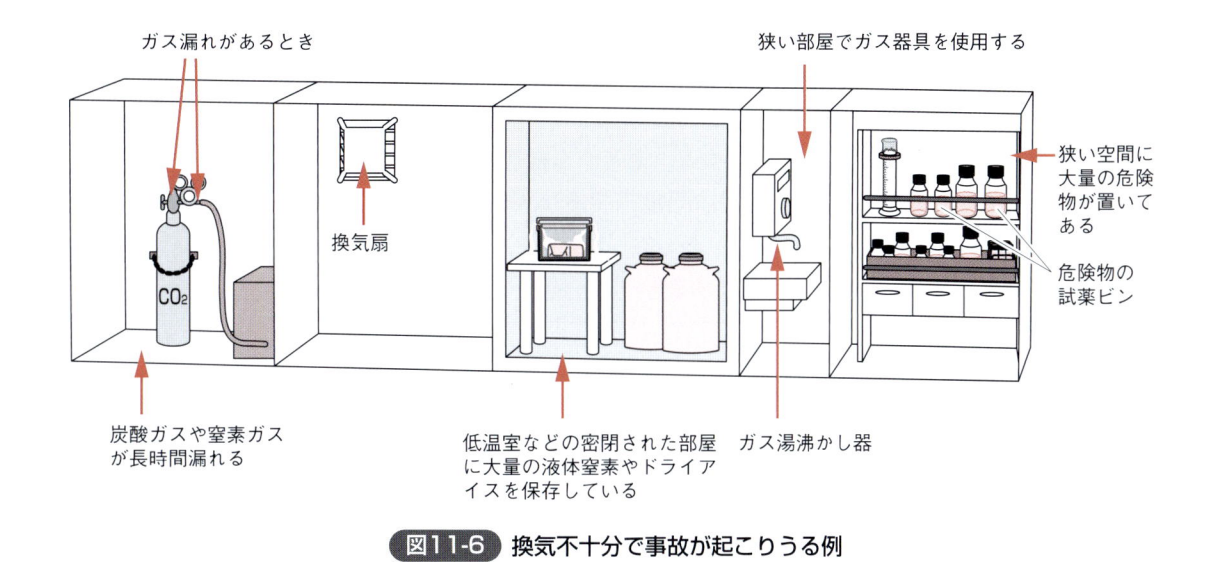

図11-6 換気不十分で事故が起こりうる例

5-4 水のトラブル

水があふれて床が洪水になる事故はまれではない．ピペット洗浄器や水栓直結型の水流ポンプは，人がいなくなる夜間は使用しない．また短い時間でも急に流しが詰まる場合があり[c]，紙などが流しにないように普段から注意する（水冷式超遠心機についても同様）．

[c] 加熱溶解した寒天培地を流すとパイプの中で冷えて固まるので，排水管の奥が詰まる．

6 バイオハザード対応

6-1 遺伝子組換え実験

遺伝子組換え実験ではDNAを異種生物内で増やす．カルタヘナ法の第二種使用に準拠した遺伝子組換え実験の実施は機関の承認が必要で，手続き，遺伝子組換え生物の拡散防止基準，実験室の仕様，ベクターなどが細かく決められている．研究責任者が機関に申請書を提出し，許可された後で初めて実験を行うことができるが，実験は危険度や宿主－ベクター系などにより物理的封じ込めのレベルが決められている（P1～P3．P：physical）．実験は人体への危険性がないと考えられるP1実験やそれより注意深い操作が必要なP2実験が中心であるが，ヒトへの危険性が想定されるP3実験（例：ヒトに感染するウイルスベクターに感染性・病原性の強い病原体の遺伝子を組み込む）もある頻度で行われる．封じ込めレベルの定められていない実験などは大臣確認が必要となる．

P1実験は通常実験室でよいが，P2以上の実験は専用の実験室が必要で，外に出す試料を

オートクレーブしたり，安全キャビネットを使って操作し（P3では前室で実験着を着替える），DNAが自身に感染することと同時に，外部に拡散しないようなより確実な対策がとられる．植物固体の実験では花粉が飛散しない措置を，動物実験ではそれらが逃亡しないような措置をとらなくてはならない．DNA試料を郵送するときにはチューブが割れないように注意する．

6-2　病原微生物やその他の生物材料

天然の病原微生物やウイルスを扱う場合は，遺伝子組換え実験に準じた注意を払う．病原体の扱いに関しては，定められたBSL基準に則って実験しなくてはならないが，ヒトや動物から分離したばかりの材料では最大級の注意が必要である．手袋やマスクの着用はもちろんのこと，消毒と手洗いを励行する．業者から動物を購入する場合，それらがSPF（specific pathogen free）やクリーンという規準であれば，動物が原因で感染症が起こることはまれだが，そうでない場合は注意する．噛まれないように注意し，場合によっては手袋をする．病院から出たヒトの材料を扱う場合にも細心の注意が必要である．

7　応急措置

7-1　化学物質による中毒

試薬が皮膚についたら大量の水で洗い，かぶったら廊下に設置している緊急用シャワーを使う．フェノールの場合ははじめ石けん水で洗う（中和のため）．目に入った場合は流水中でまぶたをパチパチしながら洗う（図11-7）．吸入した場合は，ともかく新鮮な空気のあるところに移動する．酸やアルカリを飲み込んだ場合は牛乳や水を飲んで希釈させる方法がある．その他の毒性物質に関しては「吐かせる」という一般的処置があるが，試薬ごとに異なるので，成書を参照されたい（表11-6）．一酸化炭素中毒の疑いがある場合は

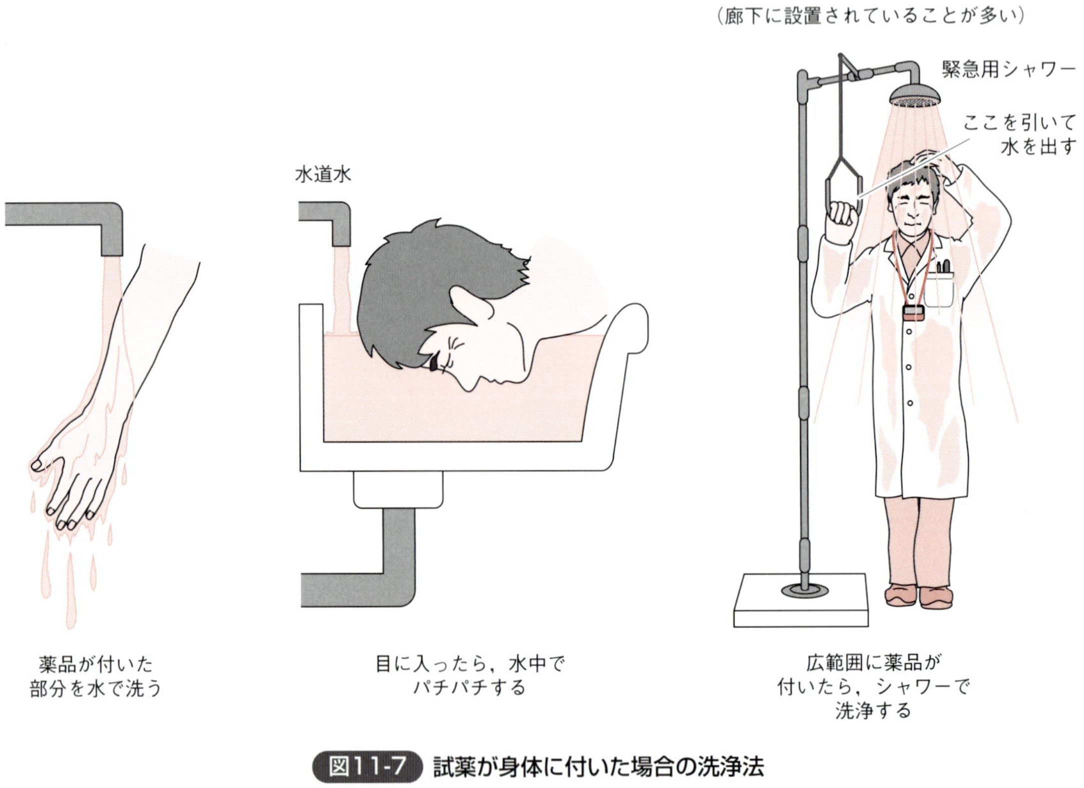

図11-7　試薬が身体に付いた場合の洗浄法

表11-6 主な毒性物質の致死量

強酸	1 ml	メタノール	30～60 ml
強アルカリ	1 ml	エタノール	300 ml
青酸（シアン）	0.05 g	フェノール	2 g
ヒ素	0.1 g	アセトン	5 g
水銀	70 mg	アセトアルデヒド	5 g
カドミウム	10 mg	ホルムアルデヒド	60 ml
脂肪族炭化水素	10～50 ml	一酸化炭素	1 g

新鮮な空気の場所に寝かせ，気道を確保したうえで酸素を吸入させる．いずれの場合も，症状が重い場合は救急車をよぶ．

7-2　やけど，出血，蘇生法

やけどした場合は水道水でしばらくの時間冷やす．衣服の上から熱湯を浴びたらすぐ脱がせるが，脱げない場合にはハサミで切る．やけど部分が広い場合は病院に搬送する．凍傷があったら患部を体温程度の温かい水に浸けるか，体を使って温める．出血した場合は傷害部を圧迫して止血する．仮死状態になった事故者には，口呼吸や心臓マッサージなどの蘇生法を施すが，詳しくは救急マニュアルを参照してほしい．

付　録

ここまでの章で，分子生物学実験に必要な注意や基本操作，そして情報やデータなどをさまざまな角度から解説した．しかし有用なデータや情報はそれにとどまるものではなく，前章までで盛り込めなかった事項も少なくない．そこで本章では，分子生物学実験にとって利用価値の高いと思われる情報を抜粋し，主に表の形式で記した（ラジオアイソトープ関連データは10章を参照）．

1　物理化学データ

❶ 元素周期表と原子量

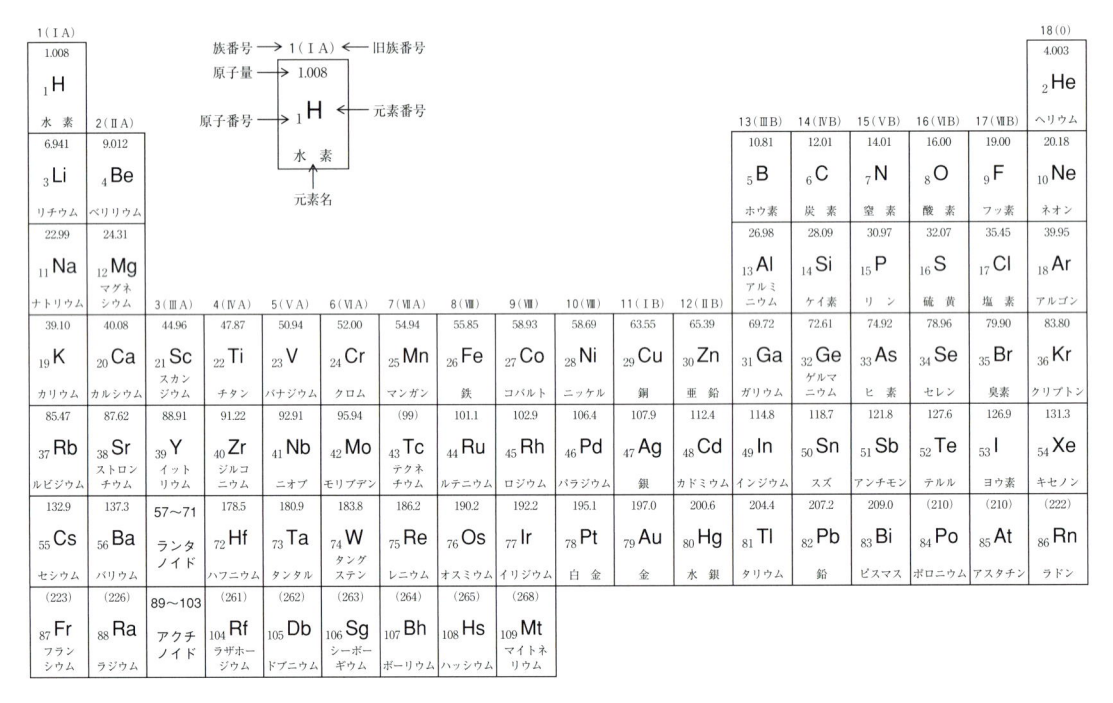

1(ⅠA)																	18(0)
1.008 ₁H 水素	2(ⅡA)											13(ⅢB)	14(ⅣB)	15(ⅤB)	16(ⅥB)	17(ⅦB)	4.003 ₂He ヘリウム
6.941 ₃Li リチウム	9.012 ₄Be ベリリウム											10.81 ₅B ホウ素	12.01 ₆C 炭素	14.01 ₇N 窒素	16.00 ₈O 酸素	19.00 ₉F フッ素	20.18 ₁₀Ne ネオン
22.99 ₁₁Na ナトリウム	24.31 ₁₂Mg マグネシウム	3(ⅢA)	4(ⅣA)	5(ⅤA)	6(ⅥA)	7(ⅦA)	8(Ⅷ)	9(Ⅷ)	10(Ⅷ)	11(ⅠB)	12(ⅡB)	26.98 ₁₃Al アルミニウム	28.09 ₁₄Si ケイ素	30.97 ₁₅P リン	32.07 ₁₆S 硫黄	35.45 ₁₇Cl 塩素	39.95 ₁₈Ar アルゴン
39.10 ₁₉K カリウム	40.08 ₂₀Ca カルシウム	44.96 ₂₁Sc スカンジウム	47.87 ₂₂Ti チタン	50.94 ₂₃V バナジウム	52.00 ₂₄Cr クロム	54.94 ₂₅Mn マンガン	55.85 ₂₆Fe 鉄	58.93 ₂₇Co コバルト	58.69 ₂₈Ni ニッケル	63.55 ₂₉Cu 銅	65.39 ₃₀Zn 亜鉛	69.72 ₃₁Ga ガリウム	72.61 ₃₂Ge ゲルマニウム	74.92 ₃₃As ヒ素	78.96 ₃₄Se セレン	79.90 ₃₅Br 臭素	83.80 ₃₆Kr クリプトン
85.47 ₃₇Rb ルビジウム	87.62 ₃₈Sr ストロンチウム	88.91 ₃₉Y イットリウム	91.22 ₄₀Zr ジルコニウム	92.91 ₄₁Nb ニオブ	95.94 ₄₂Mo モリブデン	(99) ₄₃Tc テクネチウム	101.1 ₄₄Ru ルテニウム	102.9 ₄₅Rh ロジウム	106.4 ₄₆Pd パラジウム	107.9 ₄₇Ag 銀	112.4 ₄₈Cd カドミウム	114.8 ₄₉In インジウム	118.7 ₅₀Sn スズ	121.8 ₅₁Sb アンチモン	127.6 ₅₂Te テルル	126.9 ₅₃I ヨウ素	131.3 ₅₄Xe キセノン
132.9 ₅₅Cs セシウム	137.3 ₅₆Ba バリウム	57〜71 ランタノイド	178.5 ₇₂Hf ハフニウム	180.9 ₇₃Ta タンタル	183.8 ₇₄W タングステン	186.2 ₇₅Re レニウム	190.2 ₇₆Os オスミウム	192.2 ₇₇Ir イリジウム	195.1 ₇₈Pt 白金	197.0 ₇₉Au 金	200.6 ₈₀Hg 水銀	204.4 ₈₁Tl タリウム	207.2 ₈₂Pb 鉛	209.0 ₈₃Bi ビスマス	(210) ₈₄Po ポロニウム	(210) ₈₅At アスタチン	(222) ₈₆Rn ラドン
(223) ₈₇Fr フランシウム	(226) ₈₈Ra ラジウム	89〜103 アクチノイド	(261) ₁₀₄Rf ラザホージウム	(262) ₁₀₅Db ドブニウム	(263) ₁₀₆Sg シーボーギウム	(264) ₁₀₇Bh ボーリウム	(265) ₁₀₈Hs ハッシウム	(268) ₁₀₉Mt マイトネリウム									

ランタノイド	138.9 ₅₇La ランタン	140.1 ₅₈Ce セリウム	140.9 ₅₉Pr プラセオジム	144.2 ₆₀Nd ネオジム	(145) ₆₁Pm プロメチウム	150.4 ₆₂Sm サマリウム	152.0 ₆₃Eu ユウロビウム	157.3 ₆₄Gd ガドリニウム	158.9 ₆₅Tb テルビウム	162.5 ₆₆Dy ジスプロシウム	164.9 ₆₇Ho ホルミウム	167.3 ₆₈Er エルビウム	168.9 ₆₉Tm ツリウム	173.0 ₇₀Yb イッテルビウム	175.0 ₇₁Lu ルテチウム
アクチノイド	(227) ₈₉Ac アクチニウム	232.0 ₉₀Th トリウム	231.0 ₉₁Pa プロトアクチニウム	238.0 ₉₂U ウラン	(237) ₉₃Np ネプツニウム	(239) ₉₄Pu プロトニウム	(243) ₉₅Am アメリシウム	(247) ₉₆Cm キュリウム	(247) ₉₇Bk バークリウム	(252) ₉₈Cf カリホルニウム	(252) ₉₉Es アインスタイニウム	(257) ₁₀₀Fm フェルミウム	(258) ₁₀₁Md メンデレビウム	(259) ₁₀₂No ノーベリウム	(262) ₁₀₃Lr ローレンシウム

❷ SI単位と基本物理定数

① SI 基本単位

物理量	SI単位の名称	単位記号
長さ	メートル	m
質量	キログラム	kg
時間	秒	s
電流	アンペア	A
熱力学温度	ケルビン	K
物質量	モル	mol

② SI 組立単位

組立てられる量	SI 組立単位 名称	記号
面積	平方メートル	m^2
体積	立方メートル	m^3
速度	メートル毎秒	m/s
加速度	メートル毎平方秒	m/s^2
密度	キログラム毎平方メートル	kg/m^3
濃度（物質の）	モル毎立方メートル	mol/m^3

③ SI 接頭語

大きさ	接頭語	記号	大きさ	接頭語	記号
10^{-1}	デシ	d	10	デカ	da
10^{-2}	センチ	c	10^2	ヘクト	h
10^{-3}	ミリ	m	10^3	キロ	k
10^{-6}	マイクロ	μ	10^6	メガ	M
10^{-9}	ナノ	n	10^9	ギガ	G
10^{-12}	ピコ	p	10^{12}	テラ	T
10^{-15}	フェムト	f	10^{15}	ペタ	P
10^{-18}	アト	a	10^{18}	エクサ	E

④ 基本物理定数

量	記号	数値と単位
アボガドロ定数	N_A または L	$6.022 \times 10^{23} mol^{-1}$
気体定数	R	$8.314\ J \cdot K^{-1} \cdot mol^{-1}$
重力定数	G	$6.672 \times 10^{-11} m^3 \cdot kg^{-1} \cdot s^{-2}$

❸ 主な水溶性試薬の分子量

物質名	分子式	分子量
水	H_2O	18.016
塩酸	HCl	36.46
酢酸	CH_3COOH	60.05
水酸化ナトリウム	NaOH	40.00
水酸化カリウム	KOH	56.11
塩化ナトリウム	NaCl	58.44
塩化カリウム	KCl	74.55
塩化マグネシウム	$MgCl_2$	95.21
酢酸ナトリウム	CH_3COONa	82.03
酢酸カリウム	CH_3COOK	98.14
塩化カルシウム	$CaCl_2$	110.98
酢酸アンモニウム	CH_3COONH_4	77.08
硫酸マグネシウム	$MgSO_4$	120.37
トリス（Tris）塩基	—	121.2

物質名	分子式	分子量
HEPES	—	238.3
リン酸一ナトリウム	NaH_2PO_4	119.98
リン酸二ナトリウム	Na_2HPO_4	141.96
リン酸一カリウム	KH_2PO_4	136.09
リン酸二カリウム	K_2HPO_4	174.18
クエン酸ナトリウム（2水和物）	$C_6H_5Na_3O_7 \cdot 2H_2O$	294.1
EDTA（2Na・2水和物）	$C_{10}H_{14}N_2O_8Na \cdot 2H_2O$	372.24
SDS	$CH_3(CH_2)_{11}OSO_3Na$	288.38
ショ糖	$C_{12}H_{22}O_{11}$	342.3
グリセロール	$HOCH_2CHOHCH_2OH$	92.09
硫酸アンモニウム	$(NH_4)_2SO_4$	132.14
ジチオスライトール	—	154.25
グルコース	$C_6H_{12}O_6$	180.16

❹ 主な水溶性試薬（市販品）のモル濃度

分類	試薬名	分子量	純度（重量%）	およその モル濃度	比重（g/cc）	1M溶液（ml/l）
＜酸＞	酢酸	60.05	99.6	17.4	1.05	57.5
	塩酸	34.46	36	11.6	1.18	85.9
	硝酸	63.01	70	15.7	1.42	63.7
	過塩素酸	100.46	60	9.2	1.54	108.8
			72	12.2	1.70	82.1
	リン酸	98.00	85	14.7	1.70	67.8
	硫酸	98.07	98	18.3	1.835	54.5

＜塩基＞	水酸化アンモニウム（アンモニア水）	35.0	28	14.8	0.90	67.6
＜溶媒系＞	ホルムアミド	45.04	99	25.0	1.136	40
	ジメチルスルフォキシド（DMSO）	78.14	99	13.95	1.101	71.7
	N,N-ジメチルホルムアミド	73.09	99.5	12.9	0.95	77.5
	アセトニトリル	41.04	99.5	19.05	0.786	52.5
	酢酸エチル	88.11	99.5	10.16	0.900	98.43
＜その他の有機試薬＞	2-メルカプトエタノール	78.14	95	13.6	1.119	73.5
	グリセロール	92.09	99	13.55	1.26	73.8
	ホルムアルデヒド（ホルマリン）	30.03	37	17.0	1.38	58.8

2 試薬と溶液

❶ バッファー

①おもなバッファーの適用pH範囲

バッファー名	使用pH範囲
グリシン-HCl	2.2〜3.6
クエン酸-クエン酸Na（NaOH）	3.0〜6.2
酢酸-酢酸Na（NaOH）	3.7〜5.6
コハク酸Na-NaOH	3.8〜6.0
カコジル酸Na-HCl	5.0〜7.4
リンゴ酸Na-NaOH	5.2〜6.8
Tris-リンゴ酸	5.4〜8.4
MES-NaOH	5.4〜6.8
PIPES-NaOH	6.2〜7.3
MOPS-NaOH	6.4〜7.8
イミダゾール-HCl	6.2〜7.8
リン酸	5.8〜8.0
TES-NaOH	6.8〜8.2
HEPES-NaOH	7.2〜8.2
Tricine-HCl	7.4〜8.8
Tris-HCl	7.1〜8.9
EPPS-NaOH	7.3〜8.7
Bicine-NaOH	7.7〜8.9
グリシルグリシン-NaOH	7.3〜9.3
TAPS-NaOH	7.7〜9.1
ホウ酸-NaOH	9.3〜10.7
グリシン-NaOH	8.6〜10.6
炭酸Na-炭酸水素Na	9.2〜10.8
炭酸Na-NaOH	9.7〜10.9

② 1M Tris-HCl バッファー 1 l

濃塩酸（ml）	pH（25℃）
8.6	9.0
14	8.8
21	8.6
28.5	8.4
38	8.2
46	8.0
56	7.8
66	7.6
71.3	7.4
76	7.2

Tris塩基121.2 gを約0.9 lの水に溶かし濃塩酸（11.6 N）を加え、水で1 lにする

③ 50 mM Tris-HCl バッファー 100 ml

0.1 N 塩酸（ml）	pH（25℃）
45.7	7.10
44.7	7.20
43.4	7.30
42.0	7.40
40.3	7.50
38.5	7.60
36.6	7.70
34.5	7.80
32.0	7.90
29.2	8.00
26.2	8.10
22.9	8.20
19.9	8.30
17.2	8.40
14.7	8.50
12.4	8.60
10.3	8.70
8.5	8.80
7.0	8.90

50 mlの0.1 M Tris塩基と上記の0.1 N塩酸を混合し、水で100 mlとする

④ 0.2 M 酢酸ナトリウムバッファー 100ml

pH（18℃）	0.2M-NaOAc（ml）	0.2M-HOAc（ml）
3.7	10.0	90.0
3.8	12.0	88.0
4.0	18.0	82.0
4.2	26.5	73.5
4.4	37.0	63.0
4.6	49.0	51.0
4.8	59.0	41.0
5.0	70.0	30.0
5.2	79.0	21.0
5.4	86.0	14.0
5.6	91.0	9.0

0.2 Mの酢酸ナトリウムと酢酸溶液を用意し、表のように混合する

⑤ 0.1 M リン酸カリウムバッファー 1 l

pH (20℃)	1M K$_2$HPO$_4$ (ml)	1M KH$_2$PO$_4$ (ml)
5.8	8.5	91.5
6.0	13.2	86.8
6.2	19.2	80.8
6.4	27.8	72.2
6.6	38.1	61.9
6.8	49.7	50.3
7.0	61.5	38.5
7.2	71.7	28.3
7.4	80.2	19.8
7.6	86.6	13.4
7.8	90.8	9.2
8.0	94.0	6.0

1 Mのリン酸一カリウムとリン酸二カリウム溶液を用意し,表のように混合し,水で 1 l にする

⑥ 0.1 M リン酸ナトリウムバッファー 1 l

pH (25℃)	1M Na$_2$HPO$_4$ (ml)	1M NaH$_2$PO$_4$ (ml)
5.8	7.9	92.1
6.0	12.0	88.0
6.2	17.8	82.2
6.4	25.5	74.5
6.6	35.2	64.8
6.8	46.3	53.7
7.0	57.7	42.3
7.2	68.4	31.6
7.4	77.4	22.6
7.6	84.5	15.5
7.8	89.6	10.4
8.0	93.2	6.8

1 Mのリン酸一ナトリウムとリン酸二ナトリウム溶液を用意し,表のように混合し,水で 1 l にする

❷ 硫安(硫酸アンモニウム)溶液

①各温度における飽和硫安溶液

	温度(℃)				
	0	10	20	25	30
溶液1,000 g中のモル数	5.35	5.35	5.73	5.82	5.91
パーセント濃度(w/w)	41.42	42.22	43.09	43.47	43.85
1 l の水に対する必要量(g)	706.8	730.5	755.8	766.8	777.5
溶液 1 l 中の硫安量(g)	514.7	525.1	536.1	541.2	545.9
モル濃度 [M]	3.90	3.97	4.06	4.10	4.13
比重 (g/cm^3)	1.2428	1.2436	1.2447	1.2450	1.2449

②0℃における種々の濃度の硫安溶液の作製

硫安の初濃度(%)	硫安の最終濃度(%)															
	20	25	30	35	40	45	50	55	60	65	70	75	80	85	90	95	100
	100 gに加える固体硫安の量(g)																
0	10.7	13.6	16.6	19.7	22.9	26.2	29.5	33.1	36.6	40.4	44.2	48.3	52.3	56.7	61.1	65.9	70.7
5	8.0	10.9	13.9	16.8	20.0	23.2	26.6	30.0	33.6	37.3	41.1	45.0	49.1	53.3	57.8	62.4	67.1
10	5.4	8.2	11.1	14.1	17.1	20.3	23.6	27.0	30.5	34.2	37.9	41.8	45.8	50.0	54.4	58.9	63.6
15	2.6	5.5	8.3	11.3	14.3	17.4	20.7	24.0	27.5	31.0	34.8	38.6	42.6	46.6	51.0	55.5	60.0
20	0	2.7	5.6	8.4	11.5	14.5	17.7	21.0	24.4	28.0	31.6	35.4	39.2	43.3	47.6	51.9	56.5
25		0	2.7	5.7	8.5	11.7	14.8	18.2	21.4	24.8	28.4	32.1	36.0	40.1	44.2	48.5	52.9
30			0	2.8	5.7	8.7	11.9	15.0	18.4	21.7	25.3	28.9	32.8	36.7	40.8	45.1	49.5
35				0	2.8	5.8	8.8	12.0	15.3	18.7	22.1	25.8	29.5	33.4	37.4	41.6	45.9
40					0	2.9	5.9	9.0	12.2	15.5	19.0	22.5	26.2	30.0	34.0	38.1	42.4
45						0	2.9	6.0	9.1	12.5	15.8	19.3	22.9	26.7	30.6	34.7	38.8
50							0	3.0	6.1	9.3	12.7	16.1	19.7	23.3	27.2	31.2	35.3
55								0	3.0	6.2	9.4	12.9	16.3	20.0	23.8	27.7	31.7
60									0	3.1	6.3	9.6	13.1	16.6	20.4	24.2	28.3
65										0	3.1	6.4	9.8	13.4	17.0	20.8	24.7
70											0	3.2	6.6	10.0	13.6	17.3	21.2
75												0	3.2	6.7	10.2	13.9	17.6
80													0	3.3	6.8	10.4	14.1
85														0	3.4	6.9	10.6
90															0	3.4	7.1
95																0	3.5
100																	0

0 ℃における値を示す.濃度は 0 ℃における飽和濃度を100%としたときの値を示す

❸ ショ糖（スクロース）溶液の各種パラメーター

分子量：342.30

濃度			密度 (g/ml)		屈折率	粘度	
%(w/w)	20℃における濃度(g/l)	モル濃度(M)	0℃	20℃	20℃	0℃	20℃
0	–	–	1.000	0.998	1.3330	1.78	1.00
1	10.02	0.029	1.004	1.002	1.3344	1.83	1.03
2	20.12	0.059	1.008	1.006	1.3359	1.88	1.06
4	40.55	0.119	1.016	1.014	1.3388	2.00	1.12
6	61.31	0.179	1.024	1.022	1.3418	2.13	1.18
8	82.40	0.241	1.033	1.030	1.3448	2.29	1.25
10	103.81	0.303	1.041	1.038	1.3478	2.46	1.34
12	125.6	0.367	1.050	1.046	1.3509	2.65	1.43
14	147.7	0.431	1.058	1.055	1.3541	2.88	1.53
16	170.2	0.497	1.067	1.063	1.3573	3.13	1.65
18	193.0	0.564	1.076	1.072	1.3605	3.43	1.79
20	216.2	0.632	1.085	1.081	1.3638	3.81	1.96
22	239.8	0.701	1.094	1.090	1.3672	4.21	2.14
24	263.8	0.771	1.104	1.099	1.3706	4.69	2.35
26	288.1	0.842	1.113	1.108	1.3740	5.26	2.59
28	312.9	0.914	1.123	1.118	1.3775	5.93	2.87
30	338.1	0.988	1.133	1.127	1.3811	6.74	3.21
32	363.7	1.063	1.143	1.137	1.3847	7.70	3.61
34	389.8	1.139	1.153	1.146	1.3883	8.90	4.08
36	416.2	1.216	1.163	1.156	1.3920	10.38	4.65
38	443.2	1.295	1.173	1.166	1.3958	12.25	5.35
40	470.6	1.375	1.184	1.176	1.3997	14.65	6.21
42	498.4	1.456	1.194	1.187	1.4036	17.8	7.28
44	526.8	1.539	1.205	1.197	1.4076	21.9	8.64
46	555.6	1.623	1.216	1.208	1.4117	27.4	10.37
48	584.9	1.709	1.227	1.219	1.4158	34.8	12.60
50	614.8	1.796	1.238	1.230	1.4200	45.1	15.54
52	645.1	1.885	1.249	1.241	1.4242	59.5	19.5
54	676.0	1.975	1.261	1.252	1.4285	80.5	24.9
56	707.4	2.067	1.272	1.263	1.4329	112	32.4
58	739.4	2.160	1.284	1.275	1.4373	160	43.1
60	771.9	2.255	1.296	1.286	1.4418	237	58.9
62	804.9	2.351	1.308	1.298	1.4464	367	83.0
64	838.6	2.450	1.320	1.310	1.4509	596	121
66	872.8	2.550	1.332	1.322	1.4555	1020	183

❹ 塩化セシウム溶液の各種パラメーター

分子量：168.37

CsCl 濃度			密度 (g/ml)		屈折率	CsCl 濃度			密度 (g/ml)		屈折率
%(w/w)	25℃における濃度(g/l)	モル濃度(M)	0℃	25℃	25℃	%(w/w)	25℃における濃度(g/l)	モル濃度(M)	0℃	25℃	25℃
0	–	–	1.000	0.997	1.3326	15	168.7	1.002		1.124	1.3450
1	10.05	0.056	1.008	1.005	1.3333	16	181.4	1.077	1.140	1.134	1.3459
2	20.25	0.119	1.016	1.013	1.3340	17	194.4	1.155		1.144	1.3469
3	30.61	0.182		1.020	1.3348	18	207.6	1.233	1.160	1.154	1.3478
4	41.14	0.244	1.032	1.028	1.3356	19	221.1	1.313		1.164	1.3488
5	51.83	0.308		1.037	1.3364	20	234.8	1.395	1.181	1.174	1.3498
6	62.68	0.373	1.049	1.045	1.3372	21	248.7	1.477		1.184	1.3508
7	73.72	0.438		1.053	1.3380	22	262.9	1.561	1.203	1.195	1.3518
8	84.92	0.504	1.066	1.062	1.3388	23	277.3	1.647		1.205	1.3529
9	96.30	0.572		1.070	1.3397	24	291.9	1.734	1.225	1.216	1.3539
10	107.88	0.641	1.084	1.079	1.3405	25	306.9	1.823		1.227	1.3550
11	119.6	0.710		1.088	1.3414	26	322.1	1.913	1.247	1.239	1.3561
12	131.6	0.782	1.102	1.097	1.3423	27	337.6	2.005		1.250	1.3572
13	143.8	0.854		1.106	1.3431	28	353.3	2.098	1.271	1.262	1.3584
14	156.1	0.927	1.121	1.115	1.3441	29	369.4	2.194		1.274	1.3595

☞ 次ページへ続く

%(w/w)	CsCl濃度 25℃における濃度(g/l)	モル濃度(M)	密度(g/ml) 0℃	25℃	屈折率 25℃
30	385.7	2.291	1.296	1.286	1.3607
31	402.4	2.390		1.298	1.3619
32	419.5	2.492		1.311	1.3632
33	436.9	2.595		1.323	1.3644
34	454.2	2.698	1.361	1.336	1.3657
35	472.4	2.806		1.350	1.3670
36	490.7	2.914		1.363	1.3683
37	509.5	3.026		1.377	1.3696
38	528.6	3.140		1.391	1.3709
39	548.3	3.257	1.432	1.405	1.3722
40	567.8	3.372		1.420	1.3736
41	588.4	3.495		1.434	1.3749
42	609.0	3.617		1.450	1.3763
43	630.0	3.742		1.465	1.3777
44	651.6	3.870	1.511	1.481	1.3792
45	673.6	4.001		1.497	1.3807
46	696.0	4.134		1.513	1.3822
47	718.6	4.268		1.530	1.3837
48	742.1	4.408		1.547	1.3853
49	766.4	4.552		1.565	1.3869
50	791.3	4.700	1.598	1.582	1.3886
51	816.5	4.849		1.601	1.3902
52	841.9	5.000		1.619	1.3920
53	868.1	5.156		1.638	1.3937
54	895.3	5.317		1.658	1.3955
55	922.8	5.481	1.695	1.678	1.3973
56	951.4	5.651		1.698	1.3992
57	980.4	5.823		1.719	1.4011
58	1009.8	5.998		1.740	1.4031
59	1040.2	6.178		1.762	1.4051
60	1070.8	6.360	1.804	1.785	1.4072
61	1102.9	6.550		1.808	1.4093
62	1135.8	6.746		1.831	1.4115
63	1167.3	6.945		1.855	1.4137
64	1203.2	7.146		1.880	1.4160
65	1238.4	7.355		1.905	1.4183

3 反応

❶ 酵素反応液

① 制限酵素

1. Lowバッファー
- トリス塩酸バッファー（pH=7.5）　10 mM
- 塩化マグネシウム　10 mM
- DTT　1 mM

2. Mediumバッファー
- トリス塩酸バッファー（pH=7.5）　10 mM
- 塩化マグネシウム　10 mM
- DTT　1 mM
- 塩化ナトリウム　50 mM

3. Highバッファー
- トリス塩酸バッファー（pH=7.5）　50 mM
- 塩化マグネシウム　10 mM
- DTT　1 mM
- 塩化ナトリウム　100 mM

4. KClバッファー
- トリス塩酸バッファー（pH=8.5）　20 mM
- 塩化マグネシウム　10 mM
- DTT　1 mM
- 塩化カリウム　100 mM

5. Sal Iバッファー
- トリス塩酸バッファー（pH=7.5）　10 mM
- 塩化マグネシウム　10 mM
- DTT　1 mM
- 塩化ナトリウム　175 mM

6. Tバッファー
- トリス酢酸バッファー（pH=7.9）　33 mM
- 酢酸マグネシウム　10 mM
- DTT　1 mM
- 酢酸カリウム　66 mM
- BSA　0.01 %

② その他の分解酵素

1. DNase I
- トリス塩酸バッファー（pH=7.5）　50 mM
- 硫酸マグネシウム　10 mM
- DTT　1 mM

2. S1ヌクレアーゼ
- 酢酸ナトリウムバッファー（pH=4.6）　30 mM
- 塩化ナトリウム　280 mM
- 硫酸亜鉛　1 mM

3. RNase A
- 塩化ナトリウム　300 mM
- トリス塩酸バッファー（pH=7.5）　10 mM
- EDTA　5 mM

4. Bal31ヌクレアーゼ
- 塩化ナトリウム　60 mM
- トリス塩酸バッファー（pH=8.0）　20 mM
- 塩化カルシウム　12 mM
- 塩化マグネシウム　12 mM
- EDTA　0.2 mM

5. Mung beanヌクレアーゼ
- 酢酸ナトリウムバッファー（pH=4.5）　30 mM
- 塩化ナトリウム　50 mM
- 塩化亜鉛　1 mM
- グリセロール　5 %

6. エキソヌクレアーゼⅢ
- トリス塩酸バッファー（pH=8.0）　50 mM
- 塩化マグネシウム　5 mM
- 2-メルカプトエタノール　10 mM

7. マイクロコッカルヌクレアーゼ
- トリス塩酸バッファー（pH=8.0）　20 mM
- 塩化ナトリウム　5 mM
- 塩化カルシウム　2.5 mM

8. RNase H
- トリス塩酸バッファー（pH=7.8）　20 mM
- 塩化カリウム　50 mM
- 塩化マグネシウム　10 mM
- DTT　1 mM

③ 修飾酵素

1. T4 ポリヌクレオチドキナーゼ
- トリス塩酸バッファー (pH=7.5) 50 mM
- 塩化マグネシウム 10 mM
- DTT 5 mM

2. アルカリホスファターゼ
- トリス塩酸バッファー 50 mM
  (pH=8.3,BAP) (pH=9.0,CIP)
- 塩化マグネシウム 1 mM

3. T4 DNAリガーゼ
- トリス塩酸バッファー (pH=7.5) 50 mM
- 塩化マグネシウム 6.6 mM
- DTT 10 mM
- ATP 1 mM

4. クレノーフラグメント
- トリス塩酸バッファー (pH=7.5) 10 mM
- 塩化マグネシウム 7 mM
- DTT 0.1 mM
- 基質ヌクレオチド 25〜50 μM

5. CpGメチラーゼ
- トリス塩酸バッファー (pH=7.9) 10 mM
- 塩化ナトリウム 50 mM
- 塩化マグネシウム 10 mM
- DTT 1 mM
- S-アデノシルメチオニン 0.16 mM

6. 大腸菌DNAポリメラーゼⅠ
- トリス塩酸バッファー (pH=7.8) 50 mM
- 塩化マグネシウム 10 mM
- DTT 0.1 mM
- 基質ヌクレオチド 25〜50 μM

7. T4 DNAポリメラーゼ
- トリス塩酸バッファー (pH=7.9) 10 mM
- 塩化ナトリウム 50 mM
- 塩化マグネシウム 10 mM
- DTT 1 mM
- BSA 0.1 mg/ml
- 基質ヌクレオチド 25〜50 μM

8. T7 DNAポリメラーゼ
- トリス塩酸バッファー (pH=7.5) 20 mM
- 塩化マグネシウム 10 mM
- DTT 1 mM
- BSA 50 μg/ml
- 基質ヌクレオチド 0.15〜0.3 mM

9. TdT (ターミナルトランスフェラーゼ)
- トリス酢酸バッファー (pH=7.9) 20 mM
- 酢酸カリウム 50 mM
- 酢酸マグネシウム 10 mM
- DTT 1 mM
- BSA 0.1 mg/ml
- 基質ヌクレオチド 0.2〜0.5 mM

10. Taqポリメラーゼ
- トリス塩酸バッファー (pH=8.3) 10 mM
- 塩化カリウム 50 mM
- 塩化マグネシウム 1.5 mM
- 基質ヌクレオチド 0.2〜0.3 mM

11. SP6 RNAポリメラーゼ
- トリス塩酸バッファー (pH=7.9) 40 mM
- 塩化マグネシウム 6 mM
- スペルミジン 2 mM
- DTT 10 mM
- (RNaseインヒビター 適宜)
- 基質ヌクレオチド 0.5 mM

12. T7 RNAポリメラーゼ
- トリス塩酸バッファー (pH=7.9) 40 mM
- 塩化マグネシウム 6 mM
- スペルミジン 2 mM
- DTT 10 mM
- (RNaseインヒビター 適宜)
- 基質ヌクレオチド 0.5 mM

❷ 代表的制限酵素の反応に使用されるユニバーサルバッファー（反応液）

L	M	H	K	T
Alu I	*Acc* I	*Bgl* Ⅱ	*Bam*H I	*Aat* Ⅱ
Apa I	*Acc* Ⅱ	*Bst*P I	*Ban* Ⅱ	*Acc* I
*Apa*L I	*Alu* I	*Bst*X I	*Bcn* I	*Acc* Ⅱ
Ava Ⅱ	*Ava* I	*Cla* I	*Bln* I	*Alu* I
*Bss*H Ⅱ	*Ava* Ⅱ	*Cpo* I	*Cla* I	*Apa*L I
Dra I	*Cfr*13 I	*Dra* I	*Cpo* I	*Ava* I
Eae I	*Cla* I	*Eco*R I	*Dra* I	*Ava* Ⅱ
Hae Ⅱ	*Dra* I	*Eco*R Ⅴ	*Hae* Ⅱ	*Bcn* I
Hae Ⅲ	*Eae* I	*Hae* Ⅲ	*Hae* Ⅲ	*Cla* I
Hap Ⅱ	*Fse* I	*Hha* I	*Hha* I	*Dra* I
Hha I	*Hae* Ⅱ	*Hinf* I	*Hind* Ⅲ	*Eae* I
Hinf I	*Hae* Ⅲ	*Mbo* I	*Hinf* I	*Hae* Ⅱ
Kpn I	*Hap* Ⅱ	*Mlu* I	*Hpa* I	*Hae* Ⅲ
Mbo Ⅱ	*Hha* I	*Mva* I	*Mbo* I	*Hap* Ⅱ
Mfl I	*Hinc* Ⅱ	*Nde* I	*Msp* I	*Hha* I
Mlu I	*Hind* Ⅲ	*Not* I	*Mva* I	*Hinc* Ⅱ
Msp I	*Hinf* I	*Pst* I	*Nco* I	*Hinf* I
Nae I	*Kpn* I	*Sal* I *	*Nde* I	*Hin*1 I
Sac I	*Mbo* Ⅱ	*Sau*3A I	*Psh*A I	*Mbo* Ⅱ
Stu I	*Mfl* I	*Sca* I	*Pst* I	*Mfl* I
	Mlu I	*Spe* I	*Pvu* I	*Mlu* I
	Msp I	*Sph* I	*Spe* I	*Msp* I
	Nhe I	*Stu* I	*Sph* I	*Nae* I
	Pvu Ⅱ	*Taq* I	*Stu* I	*Nde* I
	Sac I	*Xho* I	*Taq* I	*Sac* I
	*Sau*3A I		*Tth*111 I	*Sac* Ⅱ
	Spe I		*Xho* I	*Sma* I
	Stu I		*Xsp* I	*Stu* I
	Taq I			*Taq* I
	*Tth*111 I			*Xba* I
	Xba I			*Xho* I
	Xho I			*Xsp* I

＊：*Sal* I 反応液に比べ活性が半分以下になる

❸ 認識配列による制限酵素の分類

	****	A**T** / **T**A** (A**T)	C**G** / **G**C** (C**G)	**N**	A****T	C****G	G****C	T****A	A**N**T	C**N**G	G**N**C	T**N**A
AATT	TspE I				Apo I	Mun I	Apo I / EcoR I					
ACGT	Mae II			Tsp4C I	Psp1406 I	BsaA I / PmaC I	Aat II / Hin1 I	BsaA I / SnaB I				
AGCT	Alu I / CviJ I				Hind III	NspB II / Pvu II	Ban II / Bsp1286 I / HgiA I / Sac I					
ATAT					Ssp I	Nde I	EcoR V					
CATG	Nla III				Afl III / BspLU11 I / Nsp I	Dsa I / EcoT14 I / Nco I	Nsp I / Sph I	BspH I				
CCGG	Hap II / Msp I	Mva I	Bcn I	ScrF I	Age I / Bet I / Cfr10 I	Ava I / Sma I	Cfr10 I / Nae I / Tau I	Acc III / Aor13H I / Bet I				Pfo I
CGCG	Acc II	Hpy99 I			Afl III / Mlu I	Dsa I / NspB II / Sac II	BssH II / Tau I	Nru I				
CTAG	Mae I / Xsp I		BseM II	Dde I	Spe I	Bln I / EcoT14 I	Nhe I	Xba I		Eco81 I	Bpu1102 I	
GATC	Dpn I / Mbo I / Sau3A I	Tfi I		Hinf I	Bgl II / Mfl I	Mcr I / Pvu I	BamH I / Mfl I	Fba I				
GCGC	Hha I	Tse I		Fnu4H I	Aor51H I / Hae II		Bbe I / BspT107 I / Hae II / HgiC I / Hin1 I	Nsb I				
GGCC	CviJ I / Hae III	Ava II / VpaK11B I		Cfr13 I	Hae I / Stu I	Eae I / Eco52 I / Mcr I	Apa I / Ban II / Bsp1286 I	Bal I / Eae I / Hae I	Eco0109 I		Eco0109 I	
GTAC	Afa I		Tsp45 I	Mae III	Sca I / Tat I	Spl I	BspT107 I / HgiC I / Kpn I	Bsp1407 I / Tat I			BstP I / Eco065 I	
TATA						Sfe I	Acc I / Bst1107 I	Psi I				
TCGA	Taq I				Cla I	Ava I / Sml I / Xho I	Acc I / Hinc II / Sal I	Nsp V / BspT104 I				
TGCA	CviR I				EcoT22 I	Pst I / Sfe I	ApaL I / Bsp1286 I / HgiA I					
TTAA	Mse I				PshB I	Afl II / Sml I	Hinc II / Hpa I	Dra I				

❹ 安定化剤

試薬名	分子量	コメント
BSA（bovine serum albumin）	67,000	PI＝4.7，0.01〜1％で使用
DTT（1, 4-dithiothreitol） HSCH₂-C(H,OH)-C(OH,H)-CH₂SH	154.3	－S－S－ を －SHに還元する
2-mercapto ethanol（2-ME，β-ME） HS-CH₂-CH₂-OH	78.1	多くの酵素等の不活化防止に用いられる
polyethylenglycol（PEG）	PEG400：340〜420 PEG4000：3,500〜4,500	

❺ 界面活性剤

分類	試薬名	分子量	CMC※ (g/100ml)	ミセルサイズ (MW)
陰イオン性	sodium dodecylsulfate（SDS）	288	0.24	18,000
	sodium dodecyl-N-sarcosinate（サルコシル）	293	—	24.7
	sodium cholate	431	0.57	1,800
	sodium deoxycholate（DOC）	433	0.2	4,200
陽イオン性	CTAB	364	0.033	62,000
両性	CHAPS	651	0.5	—
	Zwittergent3-12	305	0.12	—
非イオン性	Brij 56	683	0.00014	130,000
	Brij 58	1,120	0.008	82,000
	Brij 35	1,200	0.58	49,000
	Triton X-100	625	0.016	90,000
	NonidetP-40（NP-40）	603	0.017	90,000
	Tween20	1,230	0.006	16.7
	Tween40	1,280	0.003	5.6
	Tween80	1,310	0.0013	15.0
	Dodecyl-β-D-maltoside	606	0.011	—

※CMC：critical micelle concentration

❻ プロテアーゼインヒビター

インヒビター	標的プロテアーゼ	使用濃度	保存溶液	コメント
Antipain	パパイン トリプシン	50μg/ml	1 mg/ml	キモトリプシン,ペプシン,プラスミンには効かない
APMSF	トリプシン様 セリンプロテアーゼ	10-40μg/ml あるいは10-20μM	100 mM	PMSFより毒性が少ない キモトリプシンには効かない
Aprotinin	セリンプロテアーゼ	0.06-2μg/ml	10 mg/ml（PBS）	繰り返しの凍結をさける
Bestatin	アミノペプチダーゼ	40μg/ml	10 mg/ml（メタノール）	カルボキシペプチダーゼには効かない
Calpain inhibitor Ⅰ/Ⅱ	カルパイン	Ⅰ:17μg/ml Ⅱ:7μg/ml	10 mg/ml（エタノール）	
Chymostatin	キモトリプシン	6-60μg/ml	10 mg/ml（DMSO）	
EDTA	メタロプロテアーゼ	0.2-0.5 mg/ml あるいは0.5-1.3μM	500 mM（ph=8.0）	
Leupeptin	セリンプロテアーゼとチオールプロテアーゼ	0.5-2μg/ml	10 mg/ml	
a2-Macroglobulin	さまざまなプロテアーゼ	1単位/ml	100単位/ml（PBS）	還元剤はさける
Pefabloc SC	セリンプロテアーゼ	0.1-1mg/ml あるいは0.4-4 mM	100 mM	
Pepstatin	酸性プロテアーゼ	0.7μg/ml	1 mg/ml（メタノール）	
PMSF	セリンプロテアーゼ	17-170μg/ml	10 mg/ml（イソプロパノール）	その都度加える
TLCK	トリプシン	37-50μg/ml	1 mg/ml（50 mM酢酸バッファー,pH=5.0）	キモトリプシンには効かない
TPCK	キモトリプシン	70-100μg/ml	3 mg/ml（エタノール）	トリプシンには効かない

4 タンパク質と核酸

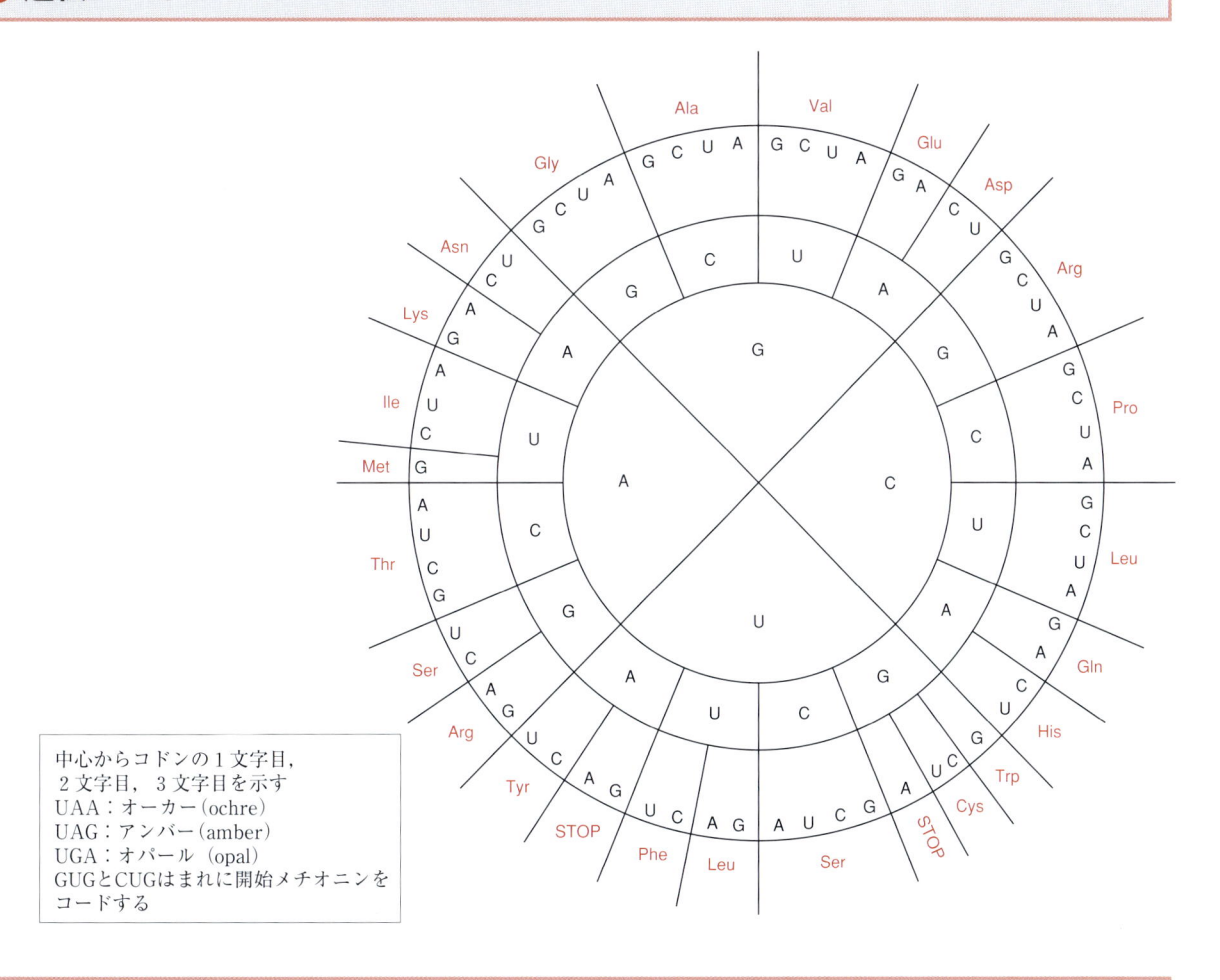

❶ 遺伝コード

中心からコドンの1文字目，2文字目，3文字目を示す
UAA：オーカー（ochre）
UAG：アンバー（amber）
UGA：オパール（opal）
GUGとCUGはまれに開始メチオニンをコードする

❷ タンパク質をつくるアミノ酸の名称と性質

性 質		名 称	3文字表記	1文字表記	分子量	側鎖イオン化のpK値
親水性	中 性	グリシン	Gly	G	75.07	
	正電荷をもつ	ヒスチジン	His	H	155.16	6.0
		リシン	Lys	K	149.16	10.53
		アルギニン	Arg	R	174.2	12.48
	負電荷をもつ	アスパラギン酸	Asp	D	133.1	3.86
		グルタミン酸	Glu	E	147.13	4.25
	アミドを含む	アスパラギン	Asn	N	132.1	
		グルタミン	Gln	Q	146.15	
	ヒドロキシ基を含む	セリン	Ser	S	105.09	
		トレオニン	Thr	T	119.12	
疎水性	芳香環をもつ	フェニルアラニン	Phe	F	165.19	
		チロシン	Tyr	Y	181.19	10.07
		トリプトファン	Trp	W	204.22	
	硫黄を含む	メチオニン	Met	M	149.21	
		システイン	Cys	C	121.12	8.33
	脂肪族の性質をもつ	アラニン	Ala	A	89.09	
		ロイシン	Leu	L	131.17	
		イソロイシン	Ile	I	131.17	
		バリン	Val	V	117.15	
		プロリン	Pro	P	115.13	

③ 紫外線吸収とタンパク質濃度

①紫外部吸収値からタンパク質濃度を求める
- タンパク質濃度（mg/ml）＝ A_{280} × Factor

あるいは
- タンパク質濃度（mg/ml）＝ $1.55 A_{280} - 0.76 A_{260}$

②混在する核酸の量を推定する

A_{280}/A_{260}	核酸（％）*	Factor	A_{280}/A_{260}	核酸（％）*	Factor
1.75	0	1.118	1.60	0.30	1.078
1.50	0.56	1.047	1.40	0.87	1.011
1.30	1.26	0.969	1.25	1.49	0.946
1.20	1.75	0.921	1.15	2.05	0.893
1.10	2.4	0.863	1.05	2.8	0.831
1.00	3.3	0.794	0.96	3.7	0.763
0.92	4.3	0.728	0.90	4.6	0.710
0.88	4.9	0.691	0.86	5.2	0.671
0.84	5.6	0.650	0.82	6.1	0.628
0.80	6.6	0.605	0.78	7.1	0.581
0.76	7.8	0.555	0.74	8.5	0.528
0.72	9.3	0.500	0.70	10.3	0.470
0.68	11.4	0.438	0.66	12.8	0.404
0.64	14.5	0.368	0.62	16.6	0.330
0.60	19.2	0.289			

＊混在する核酸の割合

④ 核酸とタンパク質の換算式

① 吸光度／DNA濃度変換
- 1 A_{260}ユニット［二本鎖DNA］＝ 50 μg/ml
- 1 A_{260}ユニット［一本鎖DNA］＝ 33 μg/ml
- 1 A_{260}ユニット［一本鎖RNA］＝ 40 μg/ml

② DNA重量／mol数変換
- 1,000 bp DNA 1 μg ＝ 1.52 pmol（末端濃度：3.03 pmol）
- 1,000 bp DNA 1 pmol ＝ 0.66 μg

③ タンパク質のmol数／重量変換
- 100 kDaタンパク質 100 pmol ＝ 10 μg
- 10 kDaタンパク質 100 pmol ＝ 1 μg
- 1 kDaタンパク質 100 pmol ＝ 100 ng

④ タンパク質分子量／DNA長変換
- 1 kb DNA ＝ 333個のアミノ酸がコードできる
  ＝ 37 kDaタンパク質
- 270 bp DNA ＝ 10 kDaタンパク質
- 2.7 kb DNA ＝ 100 kDaタンパク質
- アミノ酸の平均分子量 ＝ 110 Da

⑤ DNA重量／mol数換算式

二本鎖DNA
- pmol→μg：

$$\text{pmol} \times N \times \frac{660 \text{ pg}}{\text{pmol}} \times \frac{1 \text{ μg}}{10^6 \text{ pg}} = \text{μg}$$

- μg→pmol：

$$\text{μg} \times \frac{10^6 \text{ pg}}{1 \text{ μg}} \times \frac{\text{pmol}}{660 \text{ pg}} \times \frac{1}{N} = \text{pmol}$$

$\left(\begin{array}{l}N：塩基長（bp）\\660 \text{ pg/pmol}：1塩基対の平均分子量\end{array}\right)$

一本鎖DNA
- pmol→μg：

$$\text{pmol} \times N \times \frac{330 \text{ pg}}{\text{pmol}} \times \frac{1 \text{ μg}}{10^6 \text{ pg}} = \text{μg}$$

- μg→pmol：

$$\text{μg} \times \frac{10^6 \text{ pg}}{1 \text{ μg}} \times \frac{\text{pmol}}{330 \text{ pg}} \times \frac{1}{N} = \text{pmol}$$

$\left(\begin{array}{l}N：塩基長（base）\\330 \text{ pg/pmol}：1ヌクレオチドの平均分子量\end{array}\right)$

⑤ ヌクレオチドデータ

	分子量	λ_{max} (nm)	ε_{max} (×10^{-3})
アデニン	135.1	260.5	13.4
アデノシン	267.2	260	14.9
アデノシン5′-リン酸（5′-AMP）	347.2	259	15.4
アデノシン5′-二リン酸（5′-ADP）	427.2	259	15.4
アデノシン5′-三リン酸（5′-ATP）	507.2	259	14.5
2′-デオキシアデノシン5′-三リン酸（dATP）	491.2	259	15.4
シトシン	111.1	267	6.1
シチジン	243.2	271	8.3
シチジン5′-リン酸（5′-CMP）	323.2	271	9.1
シチジン5′-二リン酸（5′-CDP）	403.2	271	9.1
シチジン5′-三リン酸（5′-CTP）	483.2	271	9.0
2′-デオキシシチジン5′-三リン酸（dCTP）	467.2	272	9.1

グアニン	151.1	276	8.15	
グアノシン	283.2	253	13.6	
グアノシン5′-リン酸(5′-GMP)	363.2	252	13.7	
グアノシン5′-二リン酸(5′-GDP)	443.2	253	13.7	
グアノシン5′-三リン酸(5′-GTP)	523.2	253	13.7	
2′-デオキシグアノシン5′-三リン酸(dGTP)	507.2	253	13.7	(グアニン)
チミン	126.1	264.5	7.9	
2′-デオキシチミジン	242.2	267	9.7	
2′-デオキシチミジン5′-リン酸(TMP)	322.2	267	9.6	
2′-デオキシチミジン5′-三リン酸(dTTP)	482.2	267	9.6	(チミン)
ウラシル	112.1	259	8.2	
ウリジン	244.2	262	10.1	
ウリジン5′-リン酸(5′-UMP)	324.2	260	10.0	
ウリジン5′-三リン酸(UTP)	484.2	260	10.0	(ウラシル)
2′,3′-ジデオキシアデノシン5′-三リン酸(ddATP)	475.2	—	—	
2′,3′-ジデオキシシチジン5′-三リン酸(ddCTP)	451.2	—	—	
2′,3′-ジデオキシグアノシン5′-三リン酸(ddGTP)	491.2	—	—	
2′,3′-ジデオキシチミジン5′-三リン酸(ddTTP)	466.2	—	—	

5 実験操作に関するデータ

❶ 遠心力（重力加速度）を求める

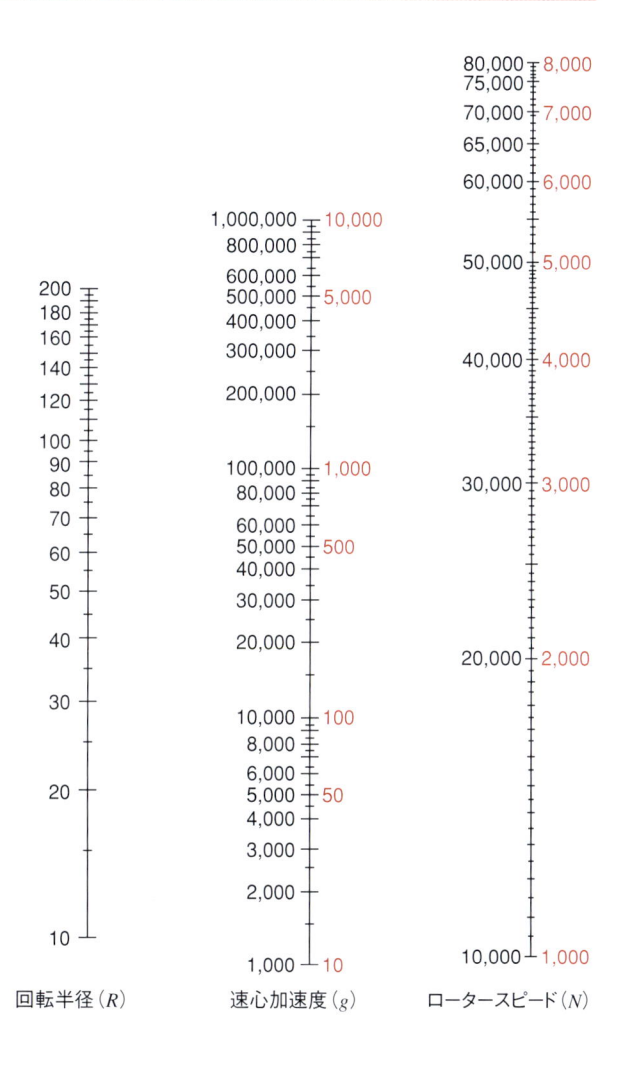

遠心力と回転数の換算表

遠心加速度 (g) は以下の式で算出されるが、概算値は右図で求められる。

$$g = 1.118 \times 10^{-8} \times R \text{ (mm)} \times N^2 \text{ (rpm)}$$

回転半径 (R)　　遠心加速度 (g)　　ロータースピード (N)

❷ オートクレーブの圧力と温度

圧力（気圧）	kPa（パスカル）	温度（℃）	圧力（気圧）	kPa（パスカル）	温度（℃）
0	0	100.0	1.09	110.32	122.0
0.068	6.89	101.9	1.16	117.21	123.0
0.14	13.79	103.6	1.23	124.11	124.1
0.25	20.68	105.3	1.30	131.00	125.0
0.27	27.58	106.9	1.37	137.90	126.0
0.34	34.47	108.4	1.71	172.37	130.4
0.41	41.37	109.8	2.05	206.84	134.5
0.48	48.26	111.3	2.39	241.32	138.1
0.55	55.16	112.6	2.73	275.79	141.5
0.61	62.05	113.9	3.07	310.26	144.6
0.68	68.95	115.2	3.41	344.74	147.6
0.75	75.84	116.4	4.10	413.69	153.0
0.82	82.74	117.6	4.78	482.63	157.8
0.89	89.63	118.8	5.46	551.58	162.1
0.96	96.53	119.9	6.14	620.53	166.2
1.02	103.42	121.0	6.82	689.48	169.9

❸ ゲルろ過担体の性能 （GEヘルスケアバイオサイエンス社製品の場合）

分画範囲〔ダルトン〕（球状分子の場合）*

10^2　10^3　10^4　10^5　10^6　10^7　10^8　10^9

セファデックス
- G-10
- G-25
- G-50
- G-75
- G-100
- G-150
- G-200
- LH-20
- LH-60

スーパーデックス
- 30
- 75
- 200

スーパーロース
- 6
- 12

セファアクリル
- S-100HR
- S-200HR
- S-300HR
- S-400HR
- S-500HR
- S-1,000SF

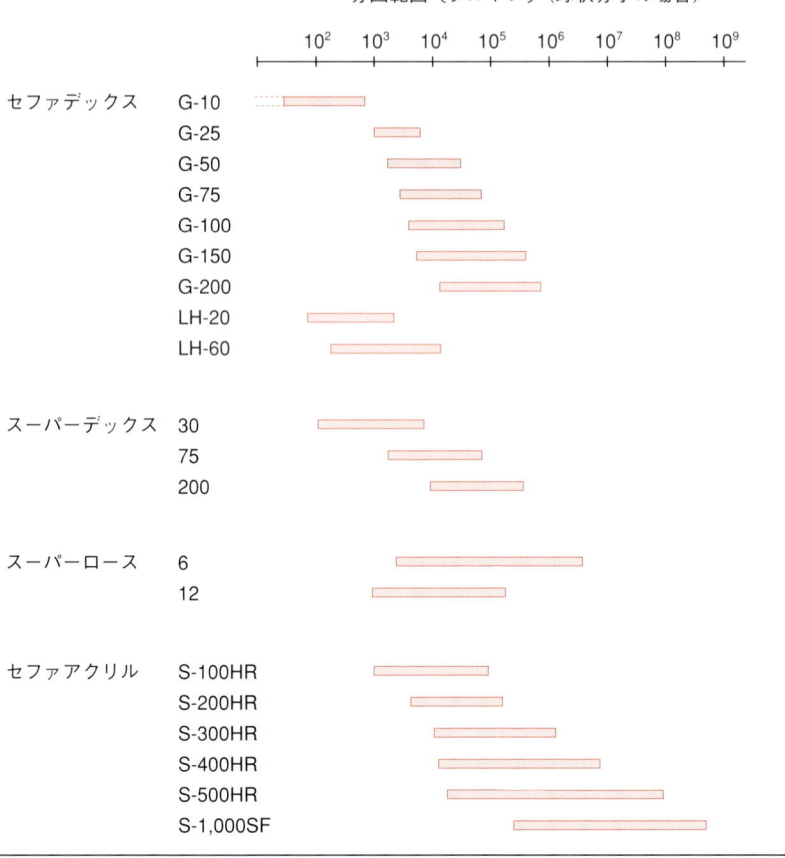

＊線状分子の場合は，およそこの30%の値になる

❹ プラスミド調製用アルカリ溶解法

溶液 I	
D-グルコース	50 mM
トリス塩酸バッファー (pH=8.0)	25 mM
EDTA (pH=8.0)	10 mM
リゾチーム	1 mg/ml
0.2 ml, 室温5〜10分	

溶液 II	
水酸化ナトリウム	0.2N
SDS	1%
0.4 ml 氷中, 10分	

溶液 III	
酢酸カリウム	3M
酢酸	2M
0.3 ml 氷中, 5分	

6 電気泳動

❶ アガロースゲルによるDNAの分離

①分離できるDNAの長さ

アガロースゲルの濃度 (%[W/V])	分離できる線状DNAの長さ (kb)
0.3	5–60
0.6	1–20
0.7	0.8–10
0.9	0.5–7
1.2	0.4–6
1.5	0.2–3
2.0	0.1–2

②DNA分子量マーカーの泳動パターン

λ-HindIII 分解物	λ-EcoT14I 分解物	λ-BstPI 分解物	pHY マーカー	ϕX174-HaeIII 分解物	ϕX174-HincII 分解物
A 23,130	A 19,329	A 8,453	A 4,870	A 1,353	A 1,057 (bp)
B 9,416	B 7,743	B 7,242	B 2,016	B 1,078	B 770
C 6,557	C 6,223	C 6,369	C 1,360	C 872	C 612
D 4,361	D 4,254	D 5,687	D 1,107	D 603	D 495
E 2,322	E 3,472	E 4,822	E 926	E 310	E 392
F 2,027	F 2,690	F 4,324	F 658	F 281	F 345
G 564	G 1,882	G 3,675	G 489	G 271	G 341
H 125	H 1,489	H 2,323	H 267	H 234	H 335
	I 925	I 1,929	I 80	I 194	I 297
	J 421	J 1,371		J 118	J 291
	K 74	K 1,264		K 72	K 210
		L 702			L 162
		M 224			M 79
		N 117			

λ：ラムダファージDNA．pHYマーカー：pHY300PLKプラスミドのHindIII分解物とHaeIII分解物，およびpHY300PLKダイマープラスミドのHaeIII分解物を混合したもの．ϕX174：ϕX174ファージ複製中間体DNA．検出しようとするDNA断片のサイズがわかるようなマーカーを選択して用いる

❷ ポリアクリルアミドゲルによるDNAの分離

①分離できるDNAの長さ

アクリルアミド濃度 （％[W/V]）	分離できる 線状DNAの長さ（bp）	キシレンシアノールFF （XC）	ブロモフェノールブルー （BPB）
3.5	1,000–2,000	460	100
5.0	80–500	260	65
8.0	60–400	160	45
12.0	40–200	70	20
15.0	25–150	60	15
20.0	6–100	45	12

②DNA分子量マーカーの泳動パターン

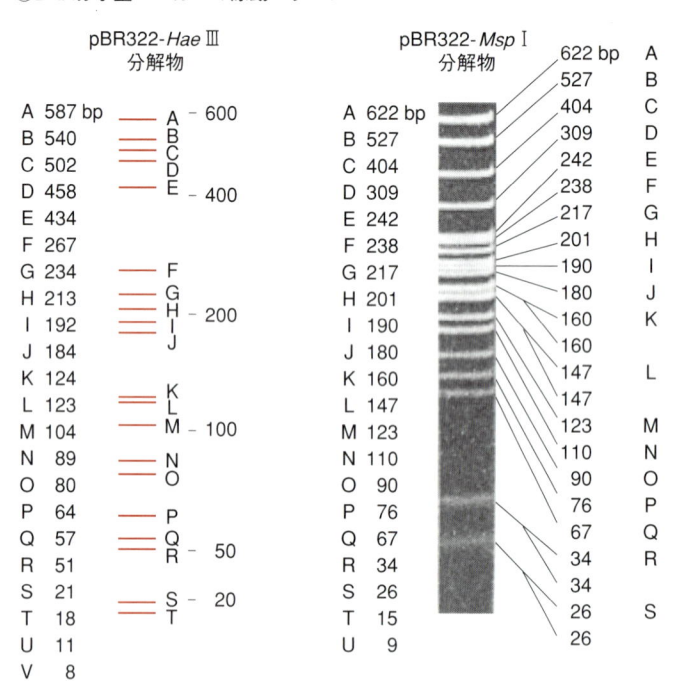

pBR322-*Hae*III 分解物

	bp
A	587
B	540
C	502
D	458
E	434
F	267
G	234
H	213
I	192
J	184
K	124
L	123
M	104
N	89
O	80
P	64
Q	57
R	51
S	21
T	18
U	11
V	8

pBR322-*Msp*I 分解物

	bp
A	622
B	527
C	404
D	309
E	242
F	238
G	217
H	201
I	190
J	180
K	160
L	147
M	123
N	110
O	90
P	76
Q	67
R	34
S	26
T	15
U	9

❸ SDS-PAGEによるタンパク質の分離

①SDS-PAGEによる分離範囲

アクリルアミド濃度*（％）	直線的に分離できる範囲（kD）
15	12–43
10	16–68
7.5	36–94
5.0	57–212

＊：アクリルアミドモノマーとbisアクリルアミドの比は29：1

②SDS-PAGE中でのマーカータンパク質の移動パターン

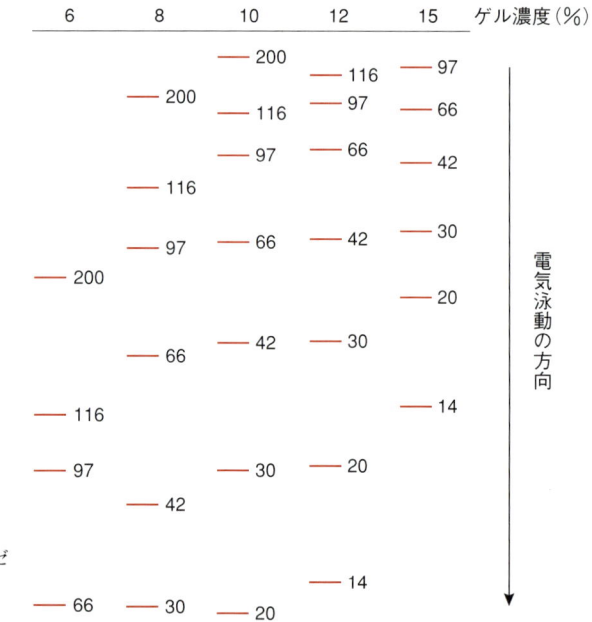

数字はタンパク質の大きさ（kDa）を表す．
各タンパク質は，
- 200（kDa） ミオシン
- 116 β-ガラクトシダーゼ
- 97 ホスホリラーゼb
- 66 BSA
- 42 アルドラーゼ
- 30 カーボニックアンヒドラーゼ
- 20 トリプシンインヒビター
- 14 リゾチーム

7 大腸菌実験

❶ よく使われる大腸菌株

菌名*	組換え	EcoK	mcrA	mcrB	F´	sup	Tns	lac	遺伝子型	特徴, 用途
BL21 (DE3)	$recA^+$	r^-m^-	+	+	−	sup^+	−	lac^+	$F^-ompT\ hsdSB(r_B^-m_B^-;an\ E.coli$ B strain) with a λ prophage carrying the T7 RNA polymerase gene	タンパク質分解酵素が少なく,タンパク質生産に適している
DH5α	$recA^-$	r^-m^+	−	+	−	supE44	−	ΔlacU169	$F^-endA1\ hsdR17(r_k^-m_k^+)supE44$ thi1 recA1 gyrA (Nalr)relA1Δ (lacZYA-argF)U169(φ80lacZΔM15)	形質転換効率が高い,カラーセレクションも行える
JM109	$recA^-$	r^-m^+	−	+	+	supE44	−	Δ(lac-proAB)	[F´traD36 laclq lacZΔM15 proA+B+] e14−(McrA−)Δ(lac-pro AB)thi gyrA96(Nalr)endA1 hsdR17(rk−mk−) relA1 supE44 recA1	pBluescript系,pUC系プラスミドを用いるカラーセレクションに適している
XL-1 Blue	$recA^-$	r^-m^+	−	+	+	supE44	Tn10	lac− [F´lacq, lacZΔM15, Tn10]	[F´::Tn10 proA+B+ laclq lacZ ΔM15] recA1 endA1 gyrA96(Nalr)thi hsdR17(rk−mk+)supE44 relA1 lac	カラーセレクションに使用される
HB101	$recA^-$	r^-m^-	+	−	−	supE44	−	lacY1	$F^-Δ(gpt-proA)62\ leu\ supE44\ ara14$ galK2 lacY1Δ(mcrC-mrr)rpsL20 (Strr)xyl-5 mtl-1 recA13	一般的形質転換に用いる

*すべて大腸菌K12株に属する.ただしBL21はB株

❷ 主な大腸菌のクローニングプラスミド

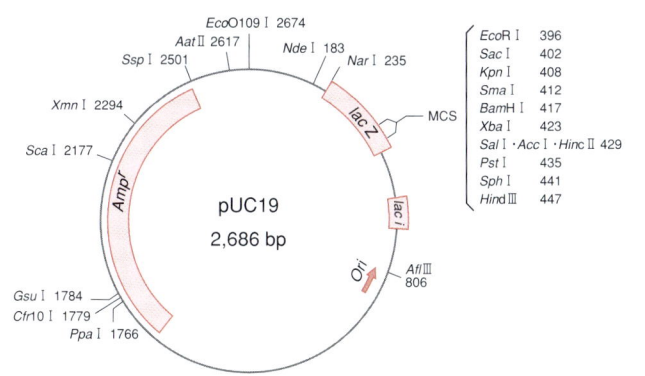

pUC19 DNAを1カ所切断する制限酵素

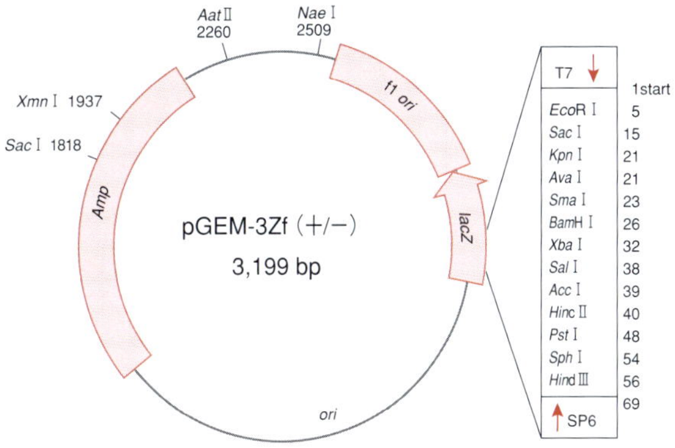

pGEM-3Zf(＋/−)の制限酵素地図およびMCS（マルチクローニングサイト）

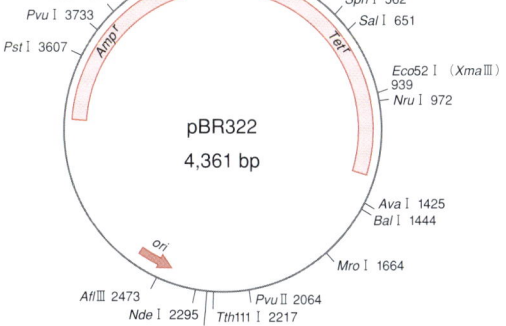

pBR322 DNAを1カ所切断する制限酵素

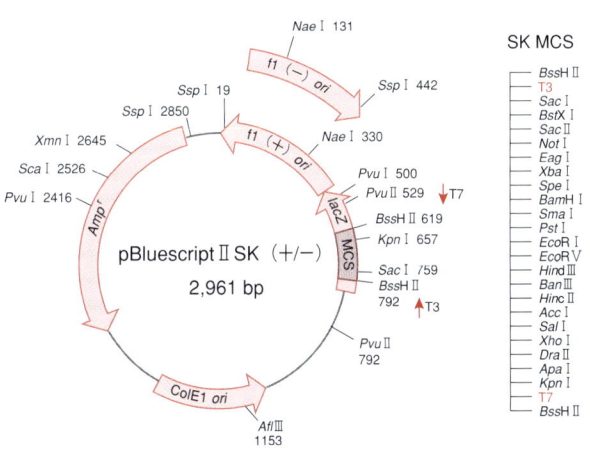

pBluescript II の制限酵素地図およびMCS（マルチクローニングサイト）

❸ 抗生物質

抗生物質	保存溶液 (mg/ml)	溶媒	使用濃度 (μg/ml)	使用範囲 (μg/ml)
アンピシリン（Amp）	100	水	100	20〜200
カナマイシン（Km）	20	水	20	10〜50
ストレプトマイシン（Sm/Str）	10	水	10	10〜50
クロラムフェニコール（Cm） （クロロマイセチン）	30	エタノール	30	30〜170
テトラサイクリン（Tc）	20	エタノール	20	10〜50

❹ マスタープレート用台紙

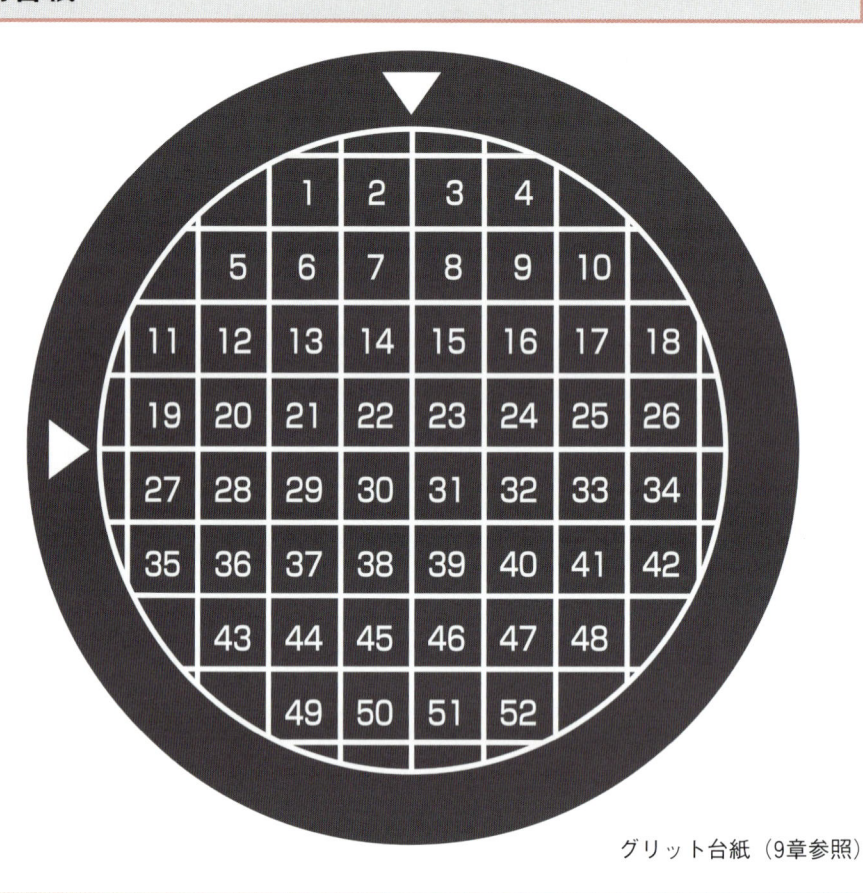

グリット台紙（9章参照）

❺ 大腸菌培地の組成 （1 l 分の組成を示す．pHは7.0）

M9培地

リン酸水素二ナトリウム七水和物	12.8 g
リン酸二水素カリウム	3.0 g
塩化アンモニウム	1.0 g
塩化ナトリウム	0.5 g
D-グルコース（40%〔W/v〕）*	10 ml
塩化カルシウム（1M）*#	0.1 ml
硫酸マグネシウム（1M）*#	1 ml

#加えない場合もある

LB（Luria-Bertani）培地

トリプトン	10 g
酵母エキス	5 g
塩化ナトリウム	10 g

NZCYM培地

NZアミン	10 g
塩化ナトリウム	5 g
酵母エキス	5 g
カザミノ酸	1 g
硫酸マグネシウム（1M）*	8 ml

テリフィック（Terrific）培地

トリプトン	12 g
酵母エキス	24 g
グリセロール	4 ml
リン酸二水素カリウム（0.17M）*	100 ml
リン酸水素二カリウム（0.72M）*	100 ml

スーパー（Super）培地		SOB	
トリプトン	25 g	トリプトン	20 g
酵母エキス	15 g	酵母エキス	5 g
塩化ナトリウム	5 g	塩化ナトリウム	0.585 g
		塩化カリウム	0.186 g
		硫酸マグネシウム（1M）*	20 ml
2×YT		SOC	
トリプトン	16 g	SOB	1 l
酵母エキス	10 g	ログルコース（2M）*	10 ml
塩化ナトリウム	5 g		

*印のものはオートクレーブ後に加える

8 その他

❶ 生物に関するデータ

①各種生物のゲノムサイズ

生物種	塩基数	生物種	塩基数
SV40	5,243	カイコ	$5×10^8$
φX174	5,386	キイロショウジョウバエ	$1.6×10^8$
ヒトアデノウイルス2型	35,937	ホヤ	$1.5×10^8$
λファージ	48,502	フグ	$4.8×10^8$
大腸菌	$4.6×10^6$	ゼブラフィッシュ	$1.7×10^9$
ピロリ菌	$1.64×10^6$	アフリカツメガエル	$1.7×10^9$
結核菌	$4.4×10^6$	ニワトリ	$1.2×10^9$
出芽酵母	$1.3×10^7$	マウス	$2.5×10^9$
線虫	$0.97×10^8$	ヒト	$2.9×10^9$
		シロイヌナズナ	$1.3×10^8$
		イネ	$4.3×10^8$

②各種細胞器官や細胞の大きさ

	長さ	体積
出芽酵母	$5 \mu m$	$66 \mu m^3$
分裂酵母	$2×7 \mu m$	$22 \mu m^3$
哺乳類細胞	$10〜20 \mu m$	$500〜4,000 \mu m^3$
大腸菌	$1×3 \mu m$	$2 \mu m^3$
哺乳類ミトコンドリア	$1 \mu m$	$0.5 \mu m^3$
哺乳類核	$5〜10 \mu m$	$66〜500 \mu m^3$
葉緑体	$1×4 \mu m$	$3 \mu m^3$
λファージ	50 nm（頭部）	$6.6×10^{-5} \mu m^3$
リボソーム	30 nm	$1.4×10^{-5} \mu m^3$
球状タンパク質	5 nm	$6.6×10^{-8} \mu m^3$

❷ 各種プラスチックの性質

	ポリエチレン(PE)	ポリプロピレン(PP)	ポリカーボネート(PC)	ポリスチレン(PS)	アクリル樹脂	フッ素樹脂
外観	白色	乳白色半透明	透明	透明	透明	透明（かすかに黄）
用途	チューブ ビーカー 試薬ビン 遠心管	チューブ ビーカー 試薬ビン 遠心管	遠心管	シャーレ チューブ	水槽 電気泳動槽	ビーカー
力学的強度	強	強	強*1	弱	強*2	強
<耐熱性>						
オートクレーブ	×〜△	○	△	××	××	○
100℃, 10分間	△	○	○	△	×	○
90℃, 10分間	○	○	○	○	△	○
<耐薬品性>						
濃塩酸	○	○	×	△	△	○
30%水酸化ナトリウム	○	○	×	○	×	○
クロロホルム	△	△	××	××	××	○
フェノール	△	○	○	×	×	○
エタノール	△	○	○	△	×	○

○：影響なし．△：使用できるが，長期使用で変質・変形する．使わない方がよい．×：比較的短時間で変質・変形する．
××：禁忌．瞬時に変質・変形する
*1 オートクレーブや凍結により強度が低下する． *2 ただし弾性がなく，曲げる力に対しては弱い

❸ 有用URL

バイオ関連メーカー	
www.cosmobio.co.jp	コスモバイオ
www.funakoshi.co.jp/	フナコシ
www.invitrogen.co.jp/	インビトロジェン
www.promega.co.jp	プロメガ
www.wako-chem.co.jp	和光純薬
www.rochediagnostics.jp/	ロシュ・ダイアグノスティックス
www.takara-bio.co.jp/	タカラバイオ
www.bdj.co.jp	ベクトン・ディッキンソン
www.jp.amershambiosciences.com	アマシャムバイオサイエンス
www.nacalai.co.jp	ナカライテスク
www.dainippon-pharm.co.jp/labopro/	大日本製薬
www.toyobo.co.jp	東洋紡
www.stratagene.com	ストラタジーン
www.sigma-aldrich.com/japan	シグマアルドリッチジャパン
www.merck.co.jp	メルクジャパン
www.calbiochem.com	カルビオケム
www.neb.com	ニューイングランドバイオラブス
www.shiyaku-daiichi.jp/daiichi-p/	第一化学薬品
研究材料	
www.atcc.org/	ATCCホームページ
www.brc.riken.jp	理研バイオリソースセンター
cellbank.nihs.go.jp/	JCRB細胞バンク
データベースなど	
www.genome.ad.jp/Japanese/	ゲノムネット
www.embl-heidelberg.de/	EMBLホームページ
arabidopsis.org	アラビドプシスインフォメーションリソース
elegans.swmed.edu	C.elegans wwwサーバー
rebase.neb.com/rebase/	NEB社制限酵素データ
www.nhgri.nih.gov	NHGRIホームページ
www.ddbj.nig.ac.jp/	日本DNAデータバンク
www.ncbi.nlm.nih.gov/Enterz/index.html	NIHデータベース
文献検索	
www.ncbi.nlm.nih.gov/	NCBIホームページ
www.ncbi.nlm.nih.gov/PubMed	PubMed文献検索サイト

注意：http://は共通なので略している

索引

和文

あ行

アイソトープ手帳 ………… 143
アジ化ナトリウム …… 88, 154
アスピレーター ………… 63, 76
圧力調節器 ………………… 155
油回転ポンプ ……………… 62
油拡散ポンプ ……………… 56
アボガドロ数 ……………… 99
洗い込み …………………… 102
アングルローター ………… 52
安全ピペッター …………… 68
安定同位体 ………………… 137
イオン交換水 ……………… 22
イソプロパノール ………… 115
一酸化炭素 ………………… 161
インキュベーター ………… 80
インターネット …………… 123
インバランス ……………… 54
上皿天秤 …………………… 46
エーテル抽出 ……………… 118
エアレーション …………… 132
液化ガス …………………… 155
液シン ……………………… 150
液体シンチレーションカウンター
 ……………………………… 150
液体窒素 ………………… 34, 79
液体窒素コンテナ ………… 34
液体廃棄物 ………………… 158
液体培養 …………………… 132
エス35 ……………………… 141
エタノール沈殿 …………… 114
エタノールリンス ………… 114
エチジウムブロマイド …… 113
エチブロ …………………… 113
エッペン …………………… 18
エッペンチューブ ……… 18, 67
遠心機 ……………………… 156
遠心分離機 ………………… 51
塩析 ………………………… 121
オートクレーブ … 37, 93, 156
オートクレーブバッグ …… 39
オートラジオグラフィー … 151
オーバースピードディスク … 57
オスバン …………………… 97
汚染検査室 ………………… 144
汚染チェック ……………… 151
オリゴヌクレオチド ……… 119
温度補償 …………………… 47

か行

回転エバポレーター ……… 82
外部被ばく ………………… 146
火炎滅菌 …………………… 92
核種 ………………………… 137
画線培養 …………………… 133
火災 ………………………… 160
火災対策 …………………… 160
ガスバーナー ……………… 65
ガスボンベ ………………… 155
ガス漏れ事故 ……………… 156
カラーセレクション ……… 130
ガラス細工 ………………… 87
ガラスバイアル …………… 129
ガラスピペット …………… 27
換気 ………………………… 161
乾固 ………………………… 82
寒剤 …………………… 79, 156
鉗子 ………………………… 69
緩衝液 ……………………… 109
乾燥 ………………………… 82
乾燥機 ……………………… 30
乾燥剤 ……………………… 63
寒天 ………………………… 125
感電事故 …………………… 157
寒天培地 …………………… 127
寒天培地の準備 …………… 96
乾熱滅菌 …………………… 92
感量 ………………………… 44
危険物 ……………………… 153
キノリノール ……………… 108
キムタオル ………………… 18
キムワイプ ………………… 18
逆性石けん ………………… 97
キャピラリー ……………… 86
キャリア …………………… 114
キューリー ………………… 138
吸光度 ……………………… 49
吸湿性試薬 ………………… 105
吸収線量 …………………… 146
急性放射線障害 …………… 147
急速凍結法 ………………… 79
キュベット ………………… 49
極大波長 …………………… 48
緊急用シャワー …………… 162
クッション ………………… 52
遺伝子組換え実験 ………… 161
グラム濃度 ………………… 99
クリーンベンチ …………… 98
クリーンルーム …………… 14
グリセロールストック …… 135
グレイ ……………………… 146
計量器 ……………………… 100
劇物 ………………………… 153
ゲルろ過 …………………… 117
限外ろ過膜 ………………… 121
研究室の環境 ……………… 12
原子核 ……………………… 137

現像液 …………… 40	実験の精度 …………… 102	スタブ …………… 125
元素壊変効果 …………… 147	実験用手袋 …………… 84	ストーン（石）テーブル …… 45
コールドラン …………… 148	湿度管理 …………… 41	ストック溶液 …………… 107
高圧ガス …………… 155	霜取り …………… 33	スピンダウン …… 72, 73, 76
高圧蒸気滅菌器 …………… 93	試薬の保管 …………… 111	スプレッダー …………… 133
恒温水槽 …………… 36	試薬を破棄する …………… 111	スポイト …………… 68
硬質ガラス …………… 86	ジャッキ …………… 85	スミアチェック …………… 152
抗生物質 …………… 129	煮沸 …………… 80, 97	精製水 …………… 21, 126
高速遠心機 …………… 52	集菌 …………… 135	制動X線 …………… 146
酵素反応 …………… 122	重力加速度 …………… 51	生物毒 …………… 156
誤差 …………… 101	純水 …………… 21	生物廃棄物 …………… 159
誤差の限界 …………… 103	純水製造装置 …………… 23	接地 …………… 43
コッフェル …………… 69	ジョイント …………… 85	洗剤 …………… 25
コニカルチューブ …………… 18	使用中溶液 …………… 107	洗浄ビン …………… 23
駒込ピペット …………… 70	消毒 …………… 97	掃除 …………… 41
ゴミの分別 …………… 38	消毒薬 …………… 97	ソニケーター …………… 64
ゴムキャップ …………… 68	蒸発 …………… 82	
ゴム製アダプター …………… 77	蒸留装置 …………… 23	**た・な行**
コロニー …………… 125	除染 …………… 152	ターンテーブル …………… 133
コンタミ …………… 125	シリカゲル …………… 37	耐圧ビン …………… 95
コンラージ棒 …… 86, 133	シリコングリース …………… 56	大腸菌 …………… 124
	試料の管理 …………… 87	大量培養 …………… 132
さ行	真空グリース …………… 57	卓上超遠心機 …………… 58
酢酸バッファー …………… 110	真空ポンプ …………… 62	脱イオン水 …………… 22
殺菌 …………… 97	シンチレーター …………… 150	ダッグローター …………… 74
殺菌灯 …………… 97	振盪器 …………… 74	タッピング …………… 73
サンプリングチューブ …… 67	水準器 …………… 84	タンパク質 …………… 121
三方コック …………… 64, 83	水素イオン濃度 …………… 46	チェレンコフ光 …… 139, 150
シー14 …………… 140	垂直とり …………… 84	チップ …………… 19, 71
シート類 …………… 17	垂直のとり方 …………… 85	注射針の捨て方 …………… 39
シーベルト …………… 146	水平とり …………… 84	超遠心機 …………… 55
シェーカー …………… 74	水流ポンプ …………… 62	超遠心機用ローター …………… 57
紫外線 …………… 97	スイングローター …………… 52	超遠心用チューブ …………… 58
地震対策 …………… 159	すすぎ …………… 25, 27	超音波洗浄機 …………… 26
ジチオスライトール …… 121	スターター …………… 132	超音波発振（生）機 …………… 64
実験着 …………… 12	スターラー …………… 73	超純水 …………… 21
実験台 …………… 15	スターラーバー …………… 73	超低温槽 …………… 33

索引

データベース …………… 123
低温室 …………………… 14
ディスペンサー ………… 78
定着液 …………………… 40
停電 ……………………… 41
デカンテーション ……… 75
デシケーター …………… 37
電気泳動 ………………… 60
電気泳動用電源 ………… 60
電子天秤 ………………… 44
電動ピペッター ………… 68
天秤 ………………… 44, 100
同位体 …………………… 137
透過率 …………………… 49
凍結 ……………………… 79
凍結乾燥 ………………… 82
凍結乾燥機 ……………… 63
透析 ……………………… 117
透析チューブ …………… 118
動物実験室 ……………… 14
毒性物質 ………………… 163
毒物 ……………………… 153
突沸 ……………………… 95
共洗い …………………… 102
ドライアイス …… 35, 42, 88
ドライアイスの保存法 … 36
トラップ ………………… 63
ドラフトチャンバー …… 66
トランスイルミネーター … 61
トリス–塩酸 …………… 110
トリス–フェノール … 108, 116
トリチウム ……………… 140
トレーサー実験 ………… 139
内部被ばく ……………… 145
軟寒天培地 ……………… 135
軟質ガラス ……………… 86
二方コック ……………… 64

ヌクレオチド …………… 112
塗り広げ培養 …………… 133
粘度の高い試薬 ………… 105
濃縮 ……………………… 82

は行

バイオハザード ………… 98
培地 ……………………… 125
培地の滅菌 ……………… 96
培養 ……………………… 125
培養用シェーカー ……… 133
はかり …………………… 46
白衣 ……………………… 13
パスツールピペット …… 70
パソコン ………………… 19
発癌性物質 ……………… 154
白金耳 …………………… 130
白金線 …………………… 130
発電機 …………………… 42
発熱する試薬 …………… 105
バッファー ……………… 109
パラフィルム …………… 18
パルス・チェイス実験 … 139
パワーサプライ ………… 60
半減期 …………………… 138
ハンド・フット・クロスモニター … 145
ピー32 …………………… 141
ヒートブロック ………… 75
光吸収スペクトル ……… 48
非常電源 ………………… 41
飛程 ……………………… 138
比抵抗 …………………… 22
ピペット缶 ……………… 31
ピペット洗浄器 ………… 27
ピペットマン …………… 71
比放射能 ………………… 142
病原微生物 ……………… 162

標識法 …………………… 141
秤量 ………………… 44, 100
微量遠心機 ……………… 52
ピンセット ……………… 69
ピンチコック …………… 85
ファージ ………………… 136
フィルター滅菌 …… 91, 128
フィルムバッジ ………… 145
封じ込めのレベル ……… 161
風袋 ……………………… 45
フェデックス …………… 88
フェノール・クロロホルム … 116
フェノール抽出 ………… 116
プッシュロック式チューブ
 ……………………… 18, 67
沸石 ………………… 23, 80, 86
ブフナーロート ………… 77
プラスミド ……………… 124
ブラッシング …………… 26
フルオログラフィー …… 151
プレート ………………… 125
プレート保存 …………… 136
ブレンダー ……………… 74
プロテアーゼインヒビター … 121
分光光度計 ……………… 48
分子吸光係数 …………… 48
噴水ビン ………………… 23
ブンゼンバーナー ……… 65
分注器 …………………… 78
分離培養 ………………… 133
ベクレル ………………… 138
変性剤 …………………… 112
ベンチ …………………… 15
ホースバンド …………… 85
ホールピペット ………… 70
ポアサイズ …………… 78, 91
崩壊 ……………………… 137

放射活性 …………… 138	溶液作製法 ………… 104	IPTG …………… 130
放射性同位元素 …… 137	溶質 ………………… 99	LB培地 ………… 126, 180
放射線 ………… 137, 138	溶媒 ………………… 99	M9培地 …………… 180
放射線防護三原則 … 145	ラジオアイソトープ … 137	NZCYM培地 ……… 180
放射能 ……………… 138	ラッド ……………… 146	OD ………………… 49
防腐剤 ……………… 88	ラベル ……………… 87	on-ice …………… 79
ポストラベル ……… 141	ラベルする ………… 141	PCR ……………… 119
保存容器 …………… 107	硫安 ………………… 121	PEG ……………… 115
ホット ……………… 139	硫酸アンモニウム … 121	pH ………………… 46
ホモジェナイザー … 74	リン酸バッファー …… 110	pH電極 …………… 47
ホモロジー検索 …… 123	冷却トラップ ……… 83	pH標準液 ………… 46
ポリエチレンろ紙 … 147	冷蔵庫 ……………… 32	pHメーター ……… 47
ポリトロン ………… 74	冷蔵品 ……………… 88	RI ………………… 137
ボルテックスミキサー … 73	冷凍庫 ……………… 33	RI実験室 ………… 143
	冷凍品 ……………… 88	RI取り扱い主任者 … 143
ま～ら行	レギュレーター …… 155	RNA ……………… 120
マイクロテストチューブ … 67	ローター …………… 52	RNA実験 ……… 28, 120
マイクロピペッター … 71	ロート ……………… 77	RNase除去 ……… 91
マスタープレート … 131	ろ過 ………………… 77	RNase阻害剤 …… 120
無菌 ………………… 90	ろ紙 ………………… 77	SDS ……………… 108
無菌操作 …………… 90		SH試薬 …………… 121
無菌チェック ……… 98	**欧　文**	SOB ……………… 181
メートルグラス …… 70		SOC ……………… 181
メスシリンダー …… 70	ATP ……………… 142	SPF ……………… 162
メスピペット ……… 69	DEAEセルロース …… 118	TE ………………… 108
滅菌 ………………… 90	DMF ……………… 130	Tm ………………… 119
滅菌法 ……………… 90	DNA ……………… 112	
綿栓 ………… 31, 70, 71	DNAの熱変性 …… 113	**数字・その他**
メンブレンフィルター … 78, 91	DNAの変性 ……… 112	2-メルカプトエタノール … 121
モル吸光係数 ……… 48	DNA溶液の濃縮 … 115	2×YT …………… 181
モル濃度 …………… 99	DNAを取り扱う …… 112	^{125}I ………………… 149
やけど ……………… 163	DTT ……………… 121	^{131}I ………………… 149
やけどの対処 ……… 80	EDTA ………… 108, 112	α線 ………………… 138
融解 ………………… 81	GM計数管 ………… 151	β線 ………………… 138
有効数字 …………… 102	GMサーベイメータ … 149	γカウンター ……… 151
湯煎 ………………… 80	HEPAフィルター …… 98	γ線 ………………… 138
溶液 ………………… 99	HEPES-KOH …… 110	%濃度 ……………… 99

■ 著者プロフィール

田村　隆明（たむら　たかあき）

1974年北里大学衛生学部卒業，'76年香川大学大学院農学研究科修了．'77年慶応義塾大学医学部助手（微生物学 高野利也教授），'81年基礎生物学研究所助手（御子柴克彦教授），'91年埼玉医科大学助教授（第二生化学 村松正實教授）を経て，'93年千葉大学理学部生物学科教授（2007年より現職，千葉大学大学院理学研究科教授）．この間博士研究員として '84～'86年にストラスブール第一大学 生化学研究所（P. シャンボン所長）に留学．転写制御機構，転写制御因子，遺伝子発現機構に関する研究を行っている．また大学では，遺伝子組換え実験安全委員会，病原体等安全管理委員会，生命倫理審査委員会，遺伝子組換え実験講習会講師などの遺伝子工学関連業務にも従事している．

主な著書・編集書籍（羊土社発行分）
- 改訂第3版 分子生物学イラストレイテッド（田村隆明，山本　雅／編）
- ライフサイエンス試薬活用ハンドブック（田村隆明／編）
- バイオ実験法＆必須データポケットマニュアル（田村隆明／著）
- 改訂 バイオ試薬調製ポケットマニュアル（田村隆明／著）
- 改訂第3版 遺伝子工学実験ノート 上・下巻（田村隆明／編）
- 重要ワードで一気にわかる 分子生物学超図解ノート 改訂版（田村隆明／著）
- 基礎から学ぶ遺伝子工学（田村隆明／著）

※ 本書発行後の更新・追加情報，正誤表を，弊社ホームページにてご覧いただけます．
羊土社ホームページ　www.yodosha.co.jp/

無敵のバイオテクニカルシリーズ

イラストでみる 超基本バイオ実験ノート
ぜひ覚えておきたい分子生物学実験の準備と基本操作

2005年3月10日第1刷発行
2022年6月10日第9刷発行

著　者	田村 隆明
発行人	一戸 裕子
発行所	株式会社　羊　土　社
	〒101-0052
	東京都千代田区神田小川町2-5-1
	TEL 03(5282)1211
	FAX 03(5282)1212
	E-mail：eigyo@yodosha.co.jp
	URL：www.yodosha.co.jp/
印刷所	株式会社　平河工業社

© Takaaki Tamura 2005, Printed in Japan
ISBN978-4-89706-920-3

本書の複写にかかる複製，上映，譲渡，公衆送信（送信可能化を含む）の各権利は（株）羊土社が管理の委託を受けています．
本書を無断で複製する行為（コピー，スキャン，デジタルデータ化など）は，著作権法上での限られた例外（「私的使用のための複製」など）を除き禁じられています．研究活動，診療を含み業務上使用する目的で上記の行為を行うことは大学，病院，企業などにおける内部的な利用であっても，私的使用には該当せず，違法です．また私的使用のためであっても，代行業者等の第三者に依頼して上記の行為を行うことは違法となります．

JCOPY ＜(社) 出版者著作権管理機構 委託出版物＞
本書の無断複写は著作権法上での例外を除き禁じられています．複写される場合は，そのつど事前に，（社）出版者著作権管理機構（TEL 03-5244-5088, FAX 03-5244-5089, e-mail：info@jcopy.or.jp）の許諾を得てください．

乱丁，落丁，印刷の不具合はお取り替えいたします．小社までご連絡ください．

memo

無敵のバイオテクニカルシリーズ

改訂第4版
タンパク質実験ノート

上　タンパク質をとり出そう（抽出・精製・発現編）

岡田雅人，宮崎　香／編
215頁　定価4,400円（本体4,000円＋税10％）　ISBN 978-4-89706-943-2

幅広い読者の方々に支持されてきた，ロングセラーの実験入門書が装いも新たに7年ぶりの大改訂！イラスト付きの丁寧なプロトコールで実験の基本と流れがよくわかる！実験がうまくいかない時のトラブル対処法も充実！

下　タンパク質をしらべよう（機能解析編）

岡田雅人，三木裕明，宮崎　香／編
222頁　定価4,400円（本体4,000円＋税10％）　ISBN 978-4-89706-944-9

タンパク研究の現状に合わせて内容を全面的に改訂．タンパク質の機能解析に重点を置き，相互作用解析の章を新たに追加したほか最新の解析方法を初心者にもわかりやすく解説．機器・試薬なども最新の情報に更新！

好評シリーズ既刊！

改訂第3版
顕微鏡の使い方ノート
はじめての観察からイメージングの応用まで

野島　博／編　247頁
定価6,270円（本体5,700円＋税10％）
ISBN 978-4-89706-930-2

マウス・ラット実験ノート
はじめての取り扱い，飼育法から投与，解剖，分子生物学的手法まで

中釜　斉，北田一博，庫本高志／編　169頁
定価4,290円（本体3,900円＋税10％）
ISBN 978-4-89706-926-5

改訂
細胞培養入門ノート

井出利憲，田原栄俊／著　171頁
定価4,620円（本体4,200円＋税10％）
ISBN 978-4-89706-929-6

改訂第3版
バイオ実験の進めかた

佐々木博己／編　200頁
定価4,620円（本体4,200円＋税10％）
ISBN 978-4-89706-923-4

改訂第3版
遺伝子工学実験ノート

田村隆明／編

- 上　DNA実験の基本をマスターする
  232頁　定価4,180円（本体3,800円＋税10％）
  ISBN 978-4-89706-927-2
- 下　遺伝子の発現・機能を解析する
  216頁　定価4,290円（本体3,900円＋税10％）
  ISBN 978-4-89706-928-9

イラストでみる
超基本バイオ実験ノート
ぜひ覚えておきたい分子生物学実験の準備と基本操作

田村隆明／著　187頁
定価3,960円（本体3,600円＋税10％）
ISBN 978-4-89706-920-3

発行　羊土社 YODOSHA
〒101-0052　東京都千代田区神田小川町2-5-1　TEL 03(5282)1211　FAX 03(5282)1212
E-mail：eigyo@yodosha.co.jp
URL：www.yodosha.co.jp/

ご注文は最寄りの書店，または小社営業部まで

実験医学別冊 最強のステップUPシリーズ

ロングリード WET&DRY解析ガイド
シークエンスをもっと自由に！

リピート配列から構造変異、ダイレクトRNA、de novoアセンブリまで、研究の可能性をグンと広げる応用自在な最新技術

荒川和晴，宮本真理／編
- 定価 6,930円（本体 6,300円＋税10%）
- B5判 ■ 230頁 ■ ISBN 978-4-7581-2253-5

精度が向上し，導入のしやすさや応用性の高さで新たな強みを示すロングリード技術を活用して新発見を掴むための実践プロトコール集．実例に裏打ちされたWET・DRY双方のノウハウが満載．

エピゲノムをもっと見るための クロマチン解析 実践プロトコール

ChIP-seq、ATAC-seq、Hi-C、smFISH、空間オミクス…クロマチンの修飾から構造まで、絶対使える18選！

大川恭行，宮成悠介／編
- 定価 7,590円（本体 6,900円＋税10%）
- B5判 ■ 270頁 ■ ISBN 978-4-7581-2248-1

エキスパートらによる，エピゲノムによる遺伝子発現制御をさらに一歩深く見るための最先端プロトコール集．シングルセルレベルの解像度や，空間情報も求められる時代に，本当に使える実験法はこれだ！

決定版 エクソソーム実験ガイド
世界に通用するプロトコールで高精度なデータを得る！

吉岡祐亮，落谷孝広／編
- 定価 6,820円（本体 6,200円＋税10%）
- B5判 ■ 199頁 ■ ISBN 978-4-7581-2246-7

論文に求められる回収・同定・解析の基本手技を軸に，サンプル・目的に応じたキットの活用や発展的なプロトコールまで一挙紹介！エクソソーム研究を牽引する著者による実験のコツが満載です．手技のweb動画も付録

発光イメージング実験ガイド

機能イメージングから細胞・組織・個体まで 蛍光で観えないものを観る！

永井健治，小澤岳昌／編
- 定価 6,380円（本体 5,800円＋税10%）
- B5判 ■ 223頁 ■ ISBN 978-4-7581-2240-5

より明るく，細胞レベルの観察も可能になった発光イメージング．励起光が必要ない発光を使いこなせば，生体深部まで，定量的なイメージングが実現！蛍光観察でお悩みの方，発光観察を始めてみたい方におすすめ！

シングルセル 解析プロトコール
わかる！使える！
1細胞特有の実験のコツから最新の応用まで

菅野純夫／編
- 定価 8,800円（本体 8,000円＋税10%）
- B5判 ■ 345頁 ■ ISBN 978-4-7581-2234-4

1細胞ごとの遺伝子発現をみる「シングルセル解析」があなたのラボでもできる！1細胞の調製法や微量サンプルのハンドリングなど実験のコツから，最新の応用例までを凝縮した1冊．

初めてでもできる！ 超解像イメージング

STED、PALM、STORM、SIM、顕微鏡システムの選定から撮影のコツと撮像例まで

岡田康志／編
- 定価 8,360円（本体 7,600円＋税10%）
- B5判 ■ 308頁 ■ ISBN 978-4-7581-0195-0

これまでの光学顕微鏡の限界200nm以下の分解能での観察を可能にする夢の技術「超解像イメージング」，現場のプロトコール・原理・関連技術をまとめた実験書がついに誕生！撮像例のフォトグラビアとWEB動画付き．

発行 羊土社 YODOSHA
〒101-0052 東京都千代田区神田小川町2-5-1 TEL 03(5282)1211 FAX 03(5282)1212
E-mail：eigyo@yodosha.co.jp
URL：www.yodosha.co.jp/

ご注文は最寄りの書店，または小社営業部まで

実験医学をご存知ですか!?

実験医学ってどんな雑誌？

ライフサイエンス研究者が知りたい情報をたっぷりと掲載！

「なるほど！こんな研究が進んでいるのか！」「こんな便利な実験法があったんだ」「こうすれば研究がうまく行くんだ」「みんなもこんなことで悩んでいるんだ！」などあなたの研究生活に役立つ有用な情報、面白い記事を毎月掲載しています！ぜひ一度、書店や図書館でお手にとってご覧になってみてください。

生命科学研究の最先端をご紹介！

今すぐ研究に役立つ情報が満載！

特集では → がん免疫、腸内細菌叢など、今一番Hotな研究分野の最新レビューを掲載

連載では → 最新トピックスから実験法、読み物まで毎月多数の記事を掲載

こんな連載があります

News & Hot Paper DIGEST　トピックス
世界中の最新トピックスや注目のニュースをわかりやすく、どこよりも早く紹介いたします。

クローズアップ実験法　マニュアル
ゲノム編集、次世代シークエンス解析、イメージングなど有意義な最新の実験法、新たに改良された方法をいち早く紹介いたします。

ラボレポート　読みもの
海外で活躍されている日本人研究者により、海外ラボの生きた情報をご紹介しています。これから海外に留学しようと考えている研究者は必見です！

その他、話題の人のインタビューや、研究の心を奮い立たせるエピソード、ユニークな研究、キャリア紹介、研究現場の声、科研費のニュース、ラボ内のコミュニケーションのコツなどさまざまなテーマを扱った連載を掲載しています！

Experimental Medicine　実験医学　B5判
生命を科学する　明日の医療を切り拓く

- 月刊　毎月1日発行　定価2,200円（本体2,000円+税10%）
- 増刊　年8冊発行　定価5,940円（本体5,400円+税10%）

詳細はWEBで!!　実験医学　検索

お申し込みは最寄りの書店，または小社営業部まで！

TEL 03 (5282) 1211　MAIL eigyo@yodosha.co.jp
FAX 03 (5282) 1212　WEB www.yodosha.co.jp/

発行　羊土社

羊土社のオススメ書籍

決定版
阻害剤・活性化剤ハンドブック
作用点、生理機能を理解して目的の薬剤が選べる実践的データ集

秋山 徹, 河府和義／編

ラボにあれば頼れる1冊！あらゆる実験の基本となる阻害剤・活性化剤を500+種類、厳選して紹介．ウェブには無い，実際の使用経験豊富な達人たちのノウハウやTipsも散りばめられています．

- 定価7,590円（本体6,900円＋税10%）
- A5判
- 647頁
- ISBN 978-4-7581-2099-9

実験医学別冊
あなたのタンパク質精製、大丈夫ですか？
貴重なサンプルをロスしないための達人の技

胡桃坂仁志, 有村泰宏／編

生命科学の研究者なら 避けて通れないタンパク質実験．取り扱いの基本から発現・精製まで，実験の成功のノウハウを余さずに解説します．初心者にも，すでにタンパク質実験に取り組んでいる方にも役立つ一冊です．

- 定価4,400円（本体4,000円＋税10%）
- A5判
- 186頁
- ISBN 978-4-7581-2238-2

改訂
バイオ試薬調製ポケットマニュアル
欲しい試薬がすぐにつくれる基本操作と注意・ポイント

田村隆明／著

実用性バツグン！10年以上にわたって実験室で利用され続けているベストセラーがついに改訂!!溶液・試薬の調製法や実験の基本操作はこの1冊にお任せ．デスクとベンチの往復にとっても便利なポケットサイズ！

- 定価3,190円（本体2,900円＋税10%）
- B6変型判
- 275頁
- ISBN 978-4-7581-2049-4

あなたの細胞培養、大丈夫ですか？！
ラボの事例から学ぶ結果を出せる「培養力」

中村幸夫／監
西條 薫, 小原有弘／編

医学・生命科学・創薬研究に必須とも言える「細胞培養」．でも，コンタミ，取り違え，知財侵害…など熟練者でも陥りがちな落とし穴がいっぱい．こうしたトラブルを未然に防ぐ知識が身につく「読む」実験解説書です．

- 定価3,850円（本体3,500円＋税10%）
- A5判
- 246頁
- ISBN 978-4-7581-2061-6

発行 羊土社 YODOSHA
〒101-0052 東京都千代田区神田小川町2-5-1　TEL 03(5282)1211　FAX 03(5282)1212
E-mail：eigyo@yodosha.co.jp
URL：www.yodosha.co.jp/

ご注文は最寄りの書店，または小社営業部まで

検体管理用ラベリングシステム

テストチューブ・スライド・マイクロプレート・ストロー等の識別に

フリーザー(-70℃)・液体窒素(-196℃)・オートクレーブ(121℃)にも

凍結面に貼れるラベル

超低温等の広い温度帯に対応する特殊ラベル

液体窒素内などの過酷な環境に耐え、確実な識別・管理ができるラベルです。専用に開発された素材の為、チューブなどに巻き付けても剥がれ落ちません。印字直後にも文字が滲まず、DMSOなどの薬剤にも強く、印字が長期間保てます。

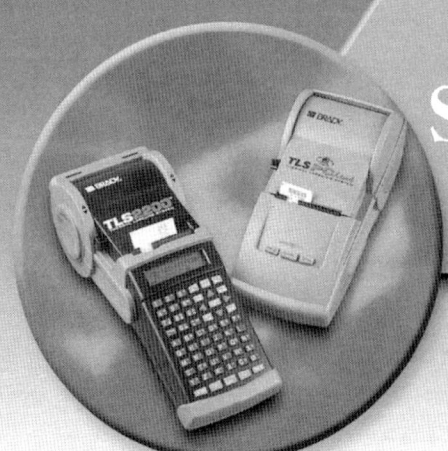

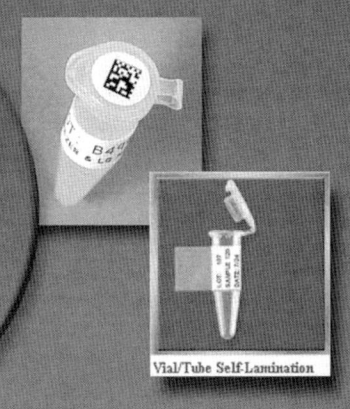

Total Solution

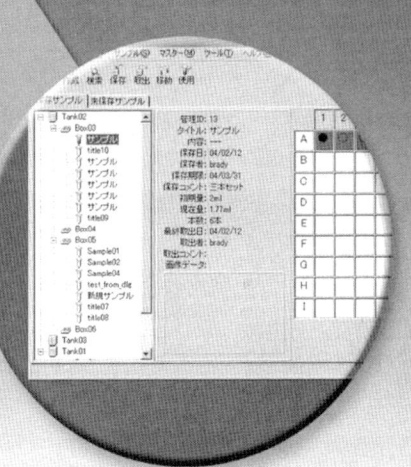

ラベルプリンタ

TLS2200・TLS PCLink

TLS2200は単体で手軽に使用できるプリンタ。TLS PCLinkは、PC上のデータをダイレクトに印字できるプリンタです。英数字や日本語は勿論、バーコードやロゴなどの画像も印字可。操作や消耗品の取り替えも自動設定で簡単です。

サンプル管理ソフト

フリーザーマネージャーV2

2次元バーコードを使って、フリーザー内の検体管理をバーチャルに行えるソフトです。ビジュアル的にも分かりやすく、管理が簡単になります。
- 検体ロケーションの管理
- フリーザー・ボックス内容の管理
- 検体の移動・取り出し履歴の管理

**各種1・2次元バーコード生成可。
各WIN OS対応**

BRADY
日本ブレイディ株式会社

〒221-0022　横浜市神奈川区守屋町3-9-13 TVPビル3F
TEL: 045-461-3605　FAX: 045-450-2380
E-mail : marketing@bradycorp.com
URL : www.brady.co.jp

BIO-LABO 高度な培養ニーズに最新の技術と使いやすさを実現

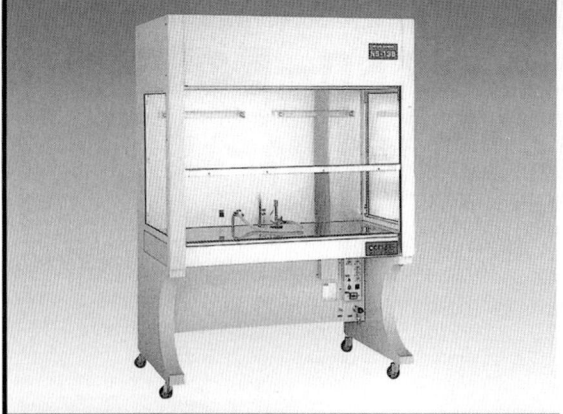

BIO-LABO クリーンベンチ

本器は産業及び医学関係の分野で広い範囲に使用されております。特に医学関係では細胞培養等の研究に利用いただいており、高性能フィルターから吹出される清浄な気流で作業面はいつも0.3μ粒子99.99%以上の無菌装置です。それぞれの設置場所により要求されるサイズにも製作いたします。吹出または循環方式、片面または両面作業タイプ、800〜2000mm幅のサイズ、全21タイプを用意しております。

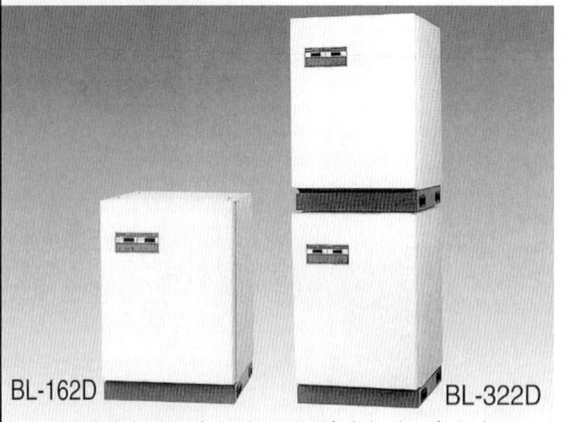

BIO-LABO CO_2インキュベーター マルチガスインキュベーター

BIO-LABO CO_2インキュベーターは、培養機器の専門メーカーである弊社の永年にわたる経験と実績から生まれた画期的なCO_2インキュベーターです。
細胞工学、微生物学で要求される数々のニーズに、最新の技術とアイデアでお応えします。
安定した培養条件をBIO-LABO CO_2インキュベーターでお求め下さい。

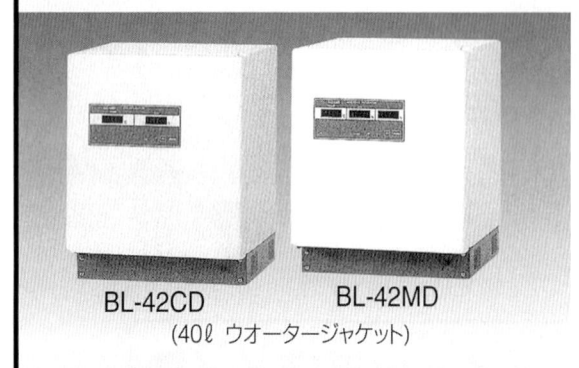

BL-162D (160ℓ ウオータージャケット)
BL-322D (320ℓ ウオータージャケット)

BIO-LABO ミニCO_2インキュベーター ミニマルチガスインキュベーター

パーソナルユースに最適な小型機をウオータージャケットで実現し、ご好評の"BLシリーズ"の高性能・操作性はそのままコストパフォーマンスを追求しました。ミニCO_2インキュベーターとミニマリチガスインキュベーターを用意致しました。

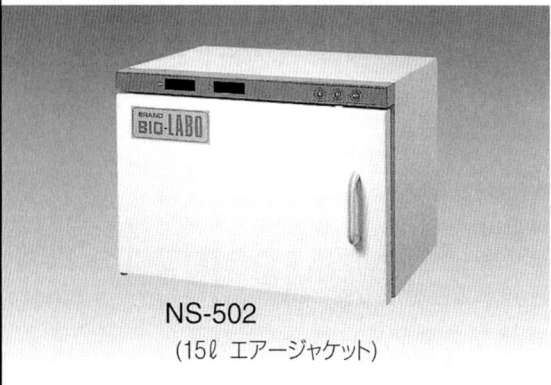

BL-42CD BL-42MD
(40ℓ ウオータージャケット)

BIO-LABO ミニCO_2インキュベーター

いままでのCO_2インキュベーターは内容積150ℓ以上のものが大半で、多くの研究者が小型CO_2インキュベーターを待ち望んでいました。ミニCO_2インキュベーター502型は、そのような要望に応えるべく開発されたニュータイプのCO_2インキュベーターです。温度・CO_2のコントロールは、最新のマイクロコンピューター制御方式を用いています。
(CO_2コントロールは特許出願中)

NS-502 (15ℓ エアージャケット)

◆上記製品の資料請求は下記までご連絡下さい。

十慈フィールド株式会社

本　　社：東京都港区西新橋2-23-1 第三東洋海事ビル8F
TEL.(03)5401-3035(代)／FAX.(03)5401-3020 〒105-0003
大阪営業所：大阪市北区天満4-13-11（岩田ビル）
TEL.(06)6352-8868／FAX.(06)6352-7447 〒530-0043

愛される製品
信頼される技術

BIOLABO

細胞凍結保存液
セルバンカー シリーズ

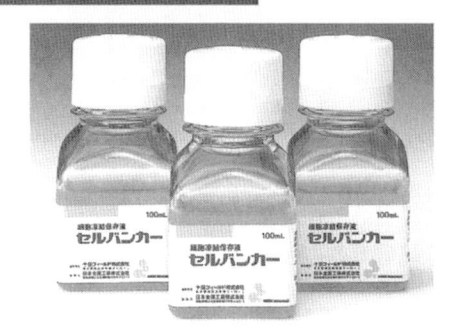

細胞凍結保存液(血清タイプ)
セルバンカー (BLC-1)

- ほとんどの細胞の凍結保存が可能です。
- 長期凍結保存試験により、その性能が実証されております。(3〜7年)
- ウイルス及びマイコプラズマ否定試験に合格しております。

《価格》 ￥12,800 (100ml×1本)

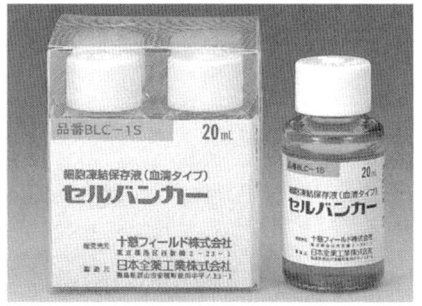

細胞凍結保存液(血清タイプ)
セルバンカー (BLC-1S)

- お客様からのご意見に答えて、少容量タイプ登場。
- 4本入りなので、使い分けが可能です。
- 性能・使用法に関しては、従来のセルバンカーと同じです。

《価格》 ￥12,000 (20ml×4本)

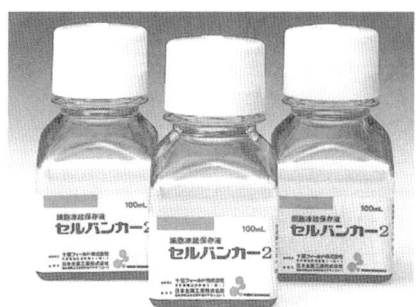

細胞凍結保存液(無血清タイプ)
セルバンカー2 (BLC-2)

- 血清成分を全く含みません。
- タンパク成分を含んでおりません。
- 無血清培養細胞の保存に最適です。
- 血清タンパク(アルブミン、グロブリン等)の影響の心配がありません。

《価格》 ￥12,800 (100ml×1本)

特　長

- 試薬の調整及びプログラムフリーザーが不要ですので、細胞の保存が短時間で、安価にできます。
- 細胞を長時間凍結保存できますので、凍結操作を頻繁に行う必要がありません。
- 融解後の細胞の生存率が良好です。
- ディープフリーザーで急速に凍結保存できます。(長期保存可能)

※サンプルを用意しておりますので下記までご連絡下さい。

使用方法

- 本保存液は通常4℃以下で保管し、長時間(3ヶ月以上)使用しない場合は、凍結し保存して下さい。
- 使用時には遠心で集めた細胞 $5×10^5$〜$5×10^6$ 個に本保存液1.0mlを加えて懸濁し、2.0mlのクライオチューブにいれます。
- −80℃で充分に凍結させた後、−80℃あるいは−196℃で保存して下さい。
- 凍結していた細胞を融解し培養する場合は、クライオチューブを微温湯(30〜37℃)中で振りながら迅速に融解し、直ちに培養に使用する培地(10ml)で1回洗浄した後、常法により培養して下さい。

総発売元

BIOLABO 十慈フィールド株式会社

本　　　社／〒105-0003　東京都港区西新橋2-23-1　第三東洋海事ビル8F
　　　　　　TEL 03-5401-3035(代)　FAX 03-5401-3020
大阪営業所／〒530-0043　大阪市北区天満4-13-11　岩田ビル2F
　　　　　　TEL 06-6352-8868(代)　FAX 06-6352-7447
URL.http://www.juji-field.co.jp　E-mail:info@juji-field.co.jp

製造元

日本全薬工業株式会社
ZENOAQ

ZENOAQ(ゼノアック)は日本全薬工業の企業ブランドです。
URL : www.zenoaq.jp

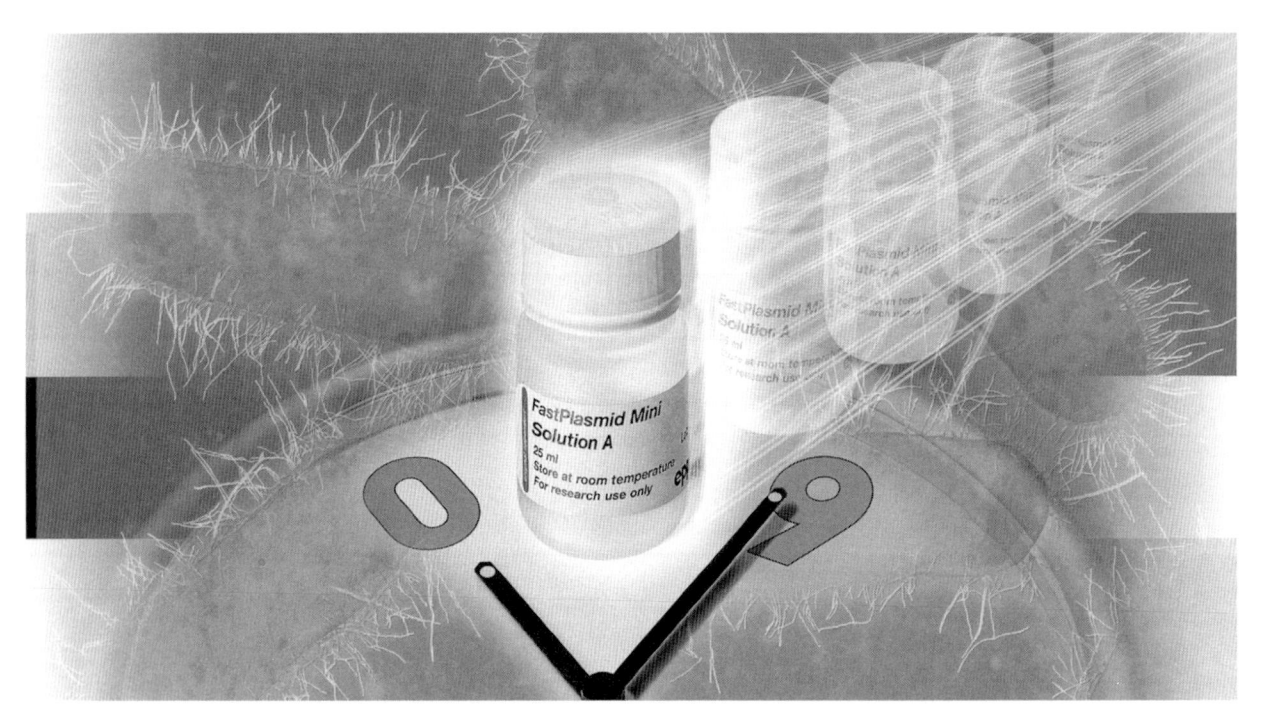

FastPlasmid Mini Kit
High Quality Plasmid in only 9 Minutes!

FastPlasmid Mini Kitは簡単・迅速に高純度のプラスミドDNAを抽出できるキットです。再懸濁溶解までわずかワンステップの簡単操作で、手間も時間も試薬も節約できます。抽出にかかる時間はわずか9分です。

1.5mlのバクテリア培養から、ハイコピー数のプラスミドで＜20μg、ローコピー数のプラスミドで＜10μgを抽出できます。LB培地からハイコピー数のプラスミドを抽出した場合の平均収量は10μgです。

抽出には特別な器具、操作は必要としません。
エッペンドルフの培養用チューブ LidBacと組み合わせると、理想的なシステムが構築できます。

Product Feature
- 迅速(操作時間9分)
- 簡単
- 抽出したプラスミドは様々な用途にご利用できます。
- 再現性良く高収量が得られます。
  (1.5mlのバクテリア培養液から20μgのプラスミドDNAが得られます。)

Application
1.5〜3mlの培養液から抽出ができます。
抽出プラスミドは以下の用途にご利用いただけます。
- シークエンシング
- 形質転換
- ライゲーション・クローニング
- PCR
- 制限酵素解析
- In vitro 転写

FastPlasmid Mini Procedure vs. traditional methods

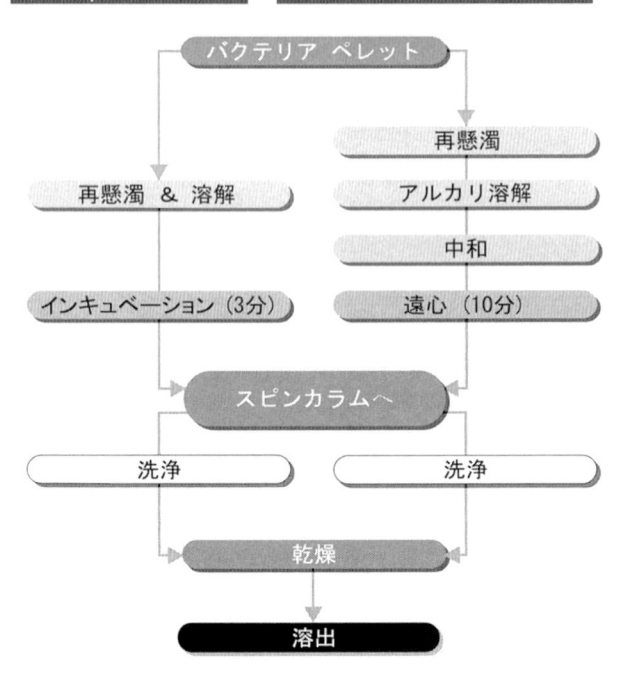

Fast plasmid 9分	従来方法(アルカリ法)20分
バクテリア ペレット	バクテリア ペレット
再懸濁 & 溶解	再懸濁
	アルカリ溶解
	中和
インキュベーション (3分)	遠心 (10分)
スピンカラムへ	スピンカラムへ
洗浄	洗浄
乾燥	乾燥
溶出	溶出

---

eppendorf Japan　エッペンドルフ株式会社
Tel: 03-5825-2361, Fax: 03-5825-2365
大阪：06-6990-4821, http://www.eppendorf.jp

◇Wako

遺伝子工学研究用 緩衝液・調製試薬 etc.

早い！ 安心！ 便利！

もう調液に時間を費やすのはやめにしませんか？

DNase, RNase活性阻害に

Proteinase K Solution	5ml

核酸抽出に

TE飽和フェノール	50ml, 250ml
フェノール/クロロホルム/イソアミルアルコール(25：24：1)	250ml
塩化セシウム溶液	50ml

DNAの染色に

EtBr Solution(エチジウムブロミド溶液)	10ml

RNAの分解に

RNase Solution(DNase free)	1ml

電気泳動、ハイブリダイゼーション、DNA調製etcに

*10M Ammonium Acetate	100ml	*20×SSC	500ml
50×Denhardt Solution	50ml	20×SSC粉末	1ℓ用×4
*DEPC treated Water	500ml	20×SSPE粉末	1ℓ用×4
*Distilled Water(脱イオン処理済)	500ml	50×TAE	500ml
*0.5M EDTA(pH8.0)	500ml	25×TAE粉末	1ℓ用×4
Formamide(脱イオン処理済)	200ml	5×TBE	1000ml
Loading Buffer	10ml	5×TBE粉末	1ℓ用×4
1M MOPS Buffer Solution	100ml	10×TBE粉末	1ℓ用×4
10×MESA粉末	1ℓ用×4	*10×TBS Buffer(pH7.4)	500ml
*10×PBS Buffer Solution(pH7.4)	500ml	20×TBS粉末	1ℓ用×4
10×PBS(−)	1ℓ用×20	*TE(pH8.0)	500ml
SDS PAGE 5×Running Buffer	1000ml	10×TE粉末(pH8.0)	1ℓ用×10
*3M Sodium Acetate	100ml	*1M Tris-HCl(pH7.5)	500ml
		*1M Tris-HCl(pH8.0)	500ml

*印はオートクレーブ済です。

和光純薬工業株式会社

本　　社：〒540-8605　大阪市中央区道修町三丁目1番2号
東京支店：〒103-0023　東京都中央区日本橋本町四丁目5番13号
営　業　所：北海道・東北・筑波・横浜・東海・中国・九州

問い合わせ先
フリーダイヤル：0120-052-099　フリーファックス：0120-052-806
URL：http://www.wako-chem.co.jp
E-mail：labchem-tec@wako-chem.co.jp

高品質　信頼性　心地よさ

MICROFLEX®
THE MOST TRUSTED NAME IN GLOVES®

マイクロフレックスは
アメリカ国内の実験室における
No.1ブランドです

ダイヤモンド グリップ プラス
ラテックス製　パウダーフリー
- 柔らかいプレミアム天然ゴムによるはめ心地よさ
- エンボス加工によるすぐれた手の感覚、操作性
- すぐれた耐薬性、耐生物学的危険性
- 総合的ポリマー技術によりパウダーフリーらしからぬはめやすさ
- 安定した品質

長さ	239mm	カフの厚み	0.13mm
手のひらの厚み	0.16mm	指の厚み	0.18mm

ラテックスフリー

スプリーノ
ニトリル製　パウダーフリー
最も進んだニトリル製グローブ

長さ	240mm	カフの厚み	0.13mm
手のひらの厚み	0.15mm	指の厚み	0.18mm

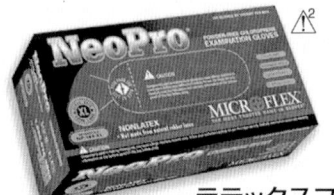

- 研究者の方々のために研究開発されました
- 品質と安全の確保に最新の検査室を設備
- 一級の研究室、大学に選ばれるブランドです

ラテックスフリー

ネオプロ
クロロプレン製　パウダーフリー
ラテックスのフィット感とフィーリング

長さ	253mm	カフの厚み	0.1mm
手のひらの厚み	0.12mm	指の厚み	0.15mm

[1] アレルギー症状を発する可能性のある天然ゴムが使用されています。アレルギー体質の方々がこの種のグローブを安全に着用する方法は確立されていません。

[2] このグローブの製造過程で使用されている薬品により一部の方にアレルギー症状を引き起こすことがあります。ご使用にあたってはおのおの使用規制に従って下さい。

日本総代理店
株式会社 TOHO

〒132-0025　東京都江戸川区松江1-1-13
TEL.03-3654-6611　FAX.03-3654-0294
E-mail：sales@j-toho-kk.co.jp
URL　：www.j-toho-kk.co.jp

ADVANCE　　　　　　　　　　　　　　　　　　　　TaKaRa

核酸電気泳動装置のスタンダード

Mupid®-2plus & Mupid®-ex

電気泳動装置のスタンダードとして高い評価を受けているMupidシリーズ。
Mupid®-2plusとMupid®-exは、これまで以上に利便性を追求した新しいスタンダードです。

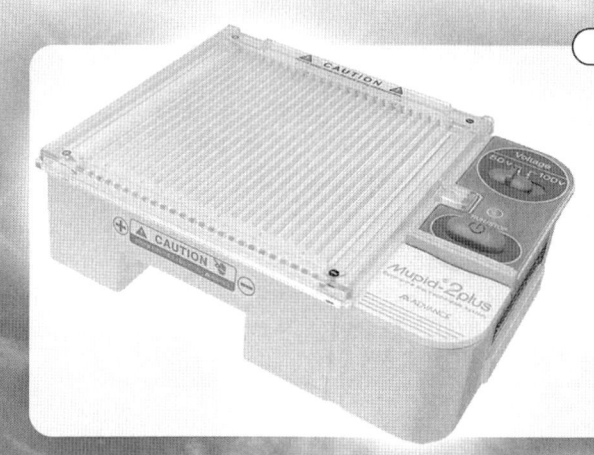

圧倒的な実績を誇るMupid-2の改良型

Mupid®-2plus

特徴
①高い実績・信頼性
②洗浄しやすい泳動層
③優れた機能的デザイン

(code:AD110) 定価￥33,800

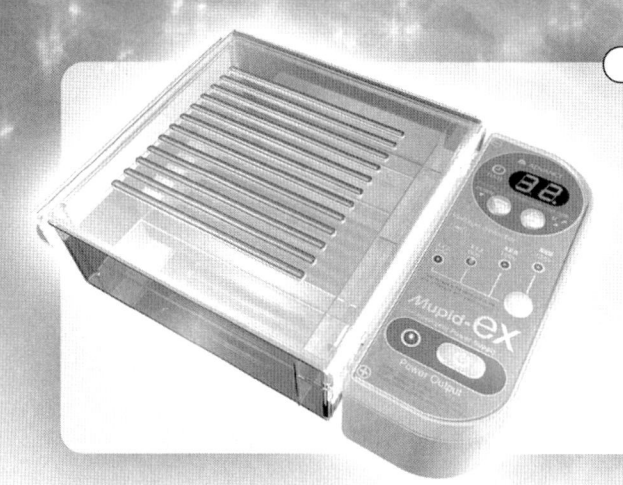

ワングレード上の新世代Mupid

Mupid®-ex

特徴
①マルチピペット対応
②UV完全透過性泳動層採用
③タイマー機能付
④4種類の出力電圧が選択可能

(code:AD100) 定価￥43,800

・上記製品は株式会社アドバンスの製品です。
・記載された価格はすべて税別です。
・「Mupid」は株式会社アドバンスの登録商標です。
・規格および仕様等は、改良等のため予告なく変更する場合があります。

販売元
タカラバイオ株式会社

東日本販売課　TEL.03-3271-8553　FAX.03-3271-7282
西日本販売課　TEL.077-565-6979　FAX.077-565-6978
TaKaRaテクニカルサポートライン
　　　　　　　TEL.077-543-6116　FAX.077-543-1977

アクセスはこちら
▼
http://www.takara-bio.co.jp

Z061

Ovation シングルピペット
BioNatural Pipette
容量変更のみをモーターで行うハイブリッドタイプ

手に取って初めてわかる使いやすさ

Ovation マルチチャンネルピペット
Multichannel Pipette

12チャンネル電動タイプ

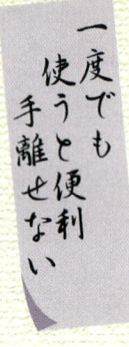

一度でも使うと便利 手離せない

- 可愛いカタチからは想像できない高性能ピペットです。
- 人間工学の粋を結集し、ピペット動作の負担を軽減します。
- 容量変更はモーターにおまかせ。チップはカチッと確実に装着でき、イジェクトも軽くワンプッシュです。

デモ承り中！ ※デモのご依頼は、最寄の当社販売店までお申し込み下さい。

VistaLab TECHNOLOGIES
Dispensing With Tradition.

研究用

輸入発売元
フナコシ株式会社

やさしさ＆ライフサイエンス

〒113-0033 東京都文京区本郷2丁目9番7号　http://www.funakoshi.co.jp/　e-mail：info@funakoshi.co.jp
試薬に関して：Tel.03-5684-1620　Fax 03-5684-1775　e-mail：reagent@funakoshi.co.jp
機器に関して：Tel.03-5684-1619　Fax 03-5684-5643　e-mail：kiki@funakoshi.co.jp